KB074930

가능한 최선의 세계
THE BEST OF ALL POSSIBLE WORLDS
: Mathematics and Destiny

가능한 최선의 세계

이바르 에클랑 지음 | 박지훈 옮김

THE BEST OF ALL POSSIBLE WORLDS
: Mathematics and Destiny

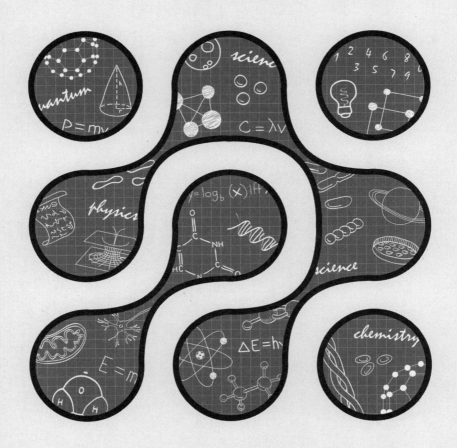

필로소픽

목차

서문

낙관주의자들은 우리가 사는 이 세상이 모든 가능한 세상 가운데 최고의 세상이라고 믿는다. 하지만 비관주의자들은 이 세상이 정말 최고의 세상이면 어쩌나 하고 두려워한다. 삶 속에서 일어나는 일들은 사람들의 예상을 벗어나기 마련이며, 인류는 태곳적부터 '왜'라는 의문을 품고 그 해답을 성직자나 철학자들에게서 구하고자 했다. 하지만 1600년부터 1800년 사이에 활동했던 일부 과학자들은 이 문제의 해답에 다가섰다고 생각했다. 이 가운데 모페르튀라는 프랑스 석학을 주목할 수 있다. 한때 탐험가였던 그는 과학자이자 철학자로서 왕을 보필했다. 그의 생각에 따르면 모든 물리 법칙은 한 가지 발상을 수학적으로 풀어낸 결과였다. 그는 이 원리를 가리켜 최소작용의 법칙the least action principle이라 불렀다. 이 법칙에 따르면 모든 현상은 작용이라 불리는 일정한 양quantity을 최소화시키는 방향으로 일어나며, 모든 물리학 법칙을 수학적 기법에 따라 유도할 수 있다. 그는 이와 유사한 법칙이 모든 창조의 과정에 깃들어 있고, 사람에게서 비롯되는 고통의 양이 일정하도록 신이 역사의 흐름을 좌우한다고 주장함으로써 과학과 형이상학 사이의 경계를 넘나들었다. 그의 주장은 열띤 논란을 일으켰다. 볼테르는 유명 소설 《캉디드Candide》에서, 레너드 번스타인은 뮤지컬에서 그를 웃음거리로 만들었다. 날이 갈수록 심해지는 재난을 겪으면서도, '모든 가능한 세상 가운데 최고the best of all possible world'의 세상 속에서, '끝이 좋으면 다 좋다'는 맹목적인 입장을 고수했던 낙천주의 철학자 팡글로스Pangloss와 같은 취급을 받은 셈이다.

모페르튀는 이런 취급을 받기에는 아까운 인물이다. 과학적으로 보면 그의 최소작용의 원리는 탄탄한 기반을 갖추고 있다. 이 법칙은 살이 붙고, 변형되고(아마도 원형을 알아볼 수 없을 수준까지), 지속적으로 개선되면서 최근에는 수학의 돌파구를 찾는 정도까지 진화했다. 필자는 이 연구에 몸담을 특별한 기회를 누릴 수 있었다. 이 연구가 매력적인 이유는 오랜 역사 속에 그 뿌리를 두고 있기 때문이다. 필자는 이러한 경험과 열정을 독자 여러분과 조금이라도 나누고 싶다. 덧붙이면, 모페르튀는 오늘날 최적화가 얼마나 중요한 개념으로 자리 잡을지를 이해한 최초의 인물로 평가할 수 있다. 최적화란 일정한 기준에 따라 최선의 방식으로 작동하는 체계를 고안한다는 뜻이다. 필자는 이러한 개념이 물리학에서 생물학으로, 나아가 사회과학으로까지 확장하는 것을 지켜보며 여기에 뒤쳐지지 않으려 노력했다. 이러한 여정은 대략 나의 인생과 일치한다. 나는 수학에 이어 역학을, 역학에 이어 경제학을 연구했고, 항상 이 과정에서 최적화를 따라 지식의 영역을 넓혀 왔다. 이 여정에서 필자의 과학적 관심사 또한 변화를 겪었고, 지금은 인간의 행동을 연구하고 있다. 마치 적합한 질문을 발견하기 위해 지식과 경험을 쌓아온 것처럼, 과학자의 인생을 살아가며 뒤로 갈수록 더 중요한 문제들이 나타나기 시작한다.

인간이란 무엇인가? 인간은 스스로와 환경을 위해 무엇을 노력하고 있는가? 이는 더 이상 철학적인 질문이 아니다. 지구의 자원을 소비하는 방식과 그 과정에서 벌어지는 인류의 분쟁은 이러한 질문을 시급하고도 실제적인 문제로 바꿔 놓고 있다. 필자는 과학이 발전하는 과정에서 이러한 질문이 어떻게 등장했는지를 보여 주고, 미래를 위한 방향을 조금이나마 제시해 보려 한다.

1
진동이여 영원하라

"책을 읽기에 앞서, 모든 추는 정교한 진동을 유지하며 고유의 진동과 다른 진동으로 움직이게 만드는 것은 불가능하다는 사실을 알아야 한다." 갈릴레오가 마지막 저서, 《새로운 두 과학에 대한 논의와 수학적 증명Discourses and Mathematical Demonstrations Concerning Two New Sciences》(1638)에서 언급한 말이다. 그는 4년 뒤 사망했으나 무수한 과학적 유산을 남겼고, 이 간단한 말 한 마디는 그가 남긴 과학적 유산 중에서도 가장 중요하다고 생각된다. 사실, 얼마 안 가서 이 말은 틀린 것으로 밝혀졌으나 물리적 운동에 대한 사람들의 생각을 바꾸고, 시간을 측정하는 새로운 기술이 태동하도록 영감을 불어넣었다.

실이나 막대기 끝에 작은 물체가 매달린 것을 추라 부른다. 추를 가만히 두면 수직으로 늘어지며, 수직 상태에서 벗어나도록 밀면 진동하기 시작한다. 갈릴레오는 모든 진동의 지속 시간은 항상 같다는 사실을 밝혀냈다. 이러한 시간을 가리켜 주기period라 부른다. 이러한 주기는 추의 길이에 따라 달라질 뿐, 진폭이나 추의 무게에 영향을 받지 않는다. 또한 주기는 길이의 제곱근에 비례한다. 주기를 두 배로 늘리려면 추의 길이를 네 배로 늘이면 된다. 추의 무게를 늘리거나, 더 세게 밀어도 주기는 변하지 않는다. 우리는 등시성이라 부르는 이러한 성질을 이용해 시간을 정확히 측정할 수 있다.

갈릴레오는 피사 대성당에서 일하다가 이러한 법칙을 발견했다고 전해진다. 그는 본당에 매달린 거대한 등잔의 진동과 자신의 맥박을 비교했다. 얼마나 절묘한 상징물인가! 우주의 주기, 연속되는 밤낮, 달의 위상, 밀물과 썰물, 사계절의 변화는 역사가 무대를 펼친 배경이었다. 하지만 우리 모두에게는 이보다 훨씬 약소하지만 우주의 시간, 생물학적 시간, 심지어 개인적 시간까지 측정할 수 있는 도우미가 있다. 우리의 맥박은 천연 손목시계다. 우리는 자연의 리듬을 혈류의 리듬과 비교하면서 시간에 대한 발상을 얻을 수 있었다. 이러한 시간은 등잔의 진동과 같이 보편적이며 모두에게 적용할 수 있고, 심장의 박동과 같이 균일하며 주기적으로 반복되는 두 가지 특징을 겸비했다. 이는 태곳적부터 쌓아온 인류의 경험과는 상반되는 정말로 혁신적인 발상이었다. 인간은 모든 대자연의 리듬이 가변적이고 불규칙하다고 생각해 왔으나, 실상은 그렇지 않다는 사실에 눈을 뜨게 된 것이다. 맥박은 사람마다 다르며, 같은 사람의 맥박도 심신을 긴장하면 달라지기 마련이다. 햇빛은 위도와 계절에 따라 바뀌며, 삭망월 또한 이 두 가지 변수에 따라 달라진다. 1년을 정확히 정의하는 것은 천문학의 주된 과제다. 이러한 모든 리듬을 종합해 크리스마스를 한겨울에 놓으려면, 윤년을 복잡하게 정의한 그레고리력이 필요했다. 하지만 이 달력만으로는 부족하다. 왜냐하면 리듬이 바뀌기 때문이다. 지구의 자전 속도가 느려지면서 하루는 조금씩 길어지며, 한 번씩 표준 시간을 측정하는 원자시계를 1초씩 당겨 맞춰야 한다.

　오늘날의 시간은 일정하다. 어디에서건 1시간은 1시간이고, 1미터는 1미터이고, 1파운드는 1파운드다. 하지만 이는 다분히 현대적인 사고다. 우리의 조상들에게 시간은 일정하지 않았다. 고대에는 해돋이와 해넘이 사이가 12시간, 해넘이와 해돋이 사이가 12시간이었다. 따라서 낮시간과 밤시간이 춘분과 추분을 제외하고는 서로 다를 수밖에 없었다. 11시가 되어 들판에 일하러 나오는 사람들은 하루의 대부분이 지나고 나서 일터에 나오는 것과 마찬가지였다. 성경의 우화처럼, 새벽같이 일터에 나온 사람들이 늦게 나온 사람들과 같은 품삯을 받는 것은 불공평했다. 시간의 처음과 끝은 계절과 장소에 따라 제각각이었고, 여름의 시간은 겨울의 시간과 다르며, 피렌체에서의 시간은 로마에서의 시간과 달랐다.(당시에는 각각의 시간을 직접 비교할 수 있는 방법이 없었다.)

　하지만 추의 진동은 달랐다. 피사 대성당에 매달린 거대한 등잔이 진동하는 광경은 누구라도 볼 수 있었고, 언제, 어떻게 흔들리건 진동이 지속되는 시간에는 아무런 변화가 없었다. 진동은 점차 잦아들어 마침내 멈추고야 말지만, 바람이 불거나 밧줄을 당기면 다시 진동이 시작되고 그러한 주기, 즉 진동이 지속되는 시간은 항상 동일했다. 로마로 가져온 등잔은 밤낮과 계절에 관계없이 피사에서와 똑같은 진동을 보여 주었다. 추는 보편적이고 동일한 방법으로 시간을 측정할 수 있는 자연적인 방법이라는 것, 이것이 바로 갈릴레오의 대발견이었다. 장소와 날짜에 따라 달라지는 년, 월, 일과 같은 개념과 달리, 시간을 보편적이고 항구적인 지속 간격에 따라 나눌 수 있게 된 것이다.

기원전 4세기부터 서기 4세기까지, 800년이 넘는 세월 동안 알렉산드리아에서는 그리스 수학자들로 구성된 학파가 융성했다. 기하학의 창시자인 유클리드와 수학계에 이름을 남긴 최초의 여성 히파티아 또한 이 학파의 일원이었다. 갈릴레오뿐 아니라 당시의 모든 과학자들은 이들의 학문적 업적을 잘 알고 있었다. 그들은 자와 컴퍼스가 말해 주는 모든 가능성을 뿌리에서부터 탐구했다. 당시에는 자와 컴퍼스 말고는 달리 활용할 수 있는 도구가 없었다. 직선과 원뿐 아니라 타원, 포물선, 쌍곡선과 같은 기하학의 기본적인 형태는 자와 컴퍼스만으로 구성할 수 있었다. 이러한 도형들에 대한 연구는 기원전 3세기에 알렉산드리아에서 저술된 아폴로니오스의 논문 이후로 더 발전할 것이 없었다. 이와 비슷한 시기에 또 다른 위대한 과학자, 아르키메데스는 이러한 곡면의 면적을 계산하는 방법을 알아냈다. 또한 그는 이 곡면을 축에 따라 회전시킨 물체의 부피를 계산할 수 있었다. 알렉산드리아의 기술도 이에 못지않게 인상적이었고, 갈릴레오가 사용했던 기술보다 낫다는 평가를 받기에 손색이 없었다. 다양한 건축 논문, 공학 논문이 보존되었고, 이러한 연구의 결과물은 수백 년 가까이 명맥을 유지했다. 아르키메데스가 발명한 전쟁 장비는 3년간 연안에 설치되어 시라쿠사를 포위한 로마군을 상대했다. 알렉산드리아 항구의 거대 등대는 48킬로미터 떨어진 바다에서도 알아볼 수 있었다.

갈릴레오는 고대의 위대한 기하학자들이 공간과 관련해 이룬 성과를 시간에 적용할 수 있었다. 그는 시간을 균일하고 측정 가능한 정량적 개념으로 바꿔 놓았다. 그리스인들이 정립한 공간에 대한 이론은 지금도 유용하게 활용되며, 19세기에 비非유클리드 기하학이 태동하기 전까지 부동의 지위를 구축해 왔다. 하지만 그리스인들은 시간과 관련해 이에 필적할 이론을 갖지 못했다. 그들은 정적인 것의 본질에는 다가섰으나, 동적인 것의 본질에는 비켜섰던 셈이다. 과녁을 향해 날아가는 화살, 거북이를 따라잡으려는 달리기 선수, 공중에 던진 돌 등, 모든 종류의 운동은 그들에게 수수께끼였다. 손을 떠난 돌은 어떤 힘에 따라 움직일까? 달리기 선수는 어떻게 거북이를 따라잡을 수 있을까? 거북이가 있는 지점을 표시하고, 달리기 선수가 그 지점까지 달려오기를 기다려 본다. 하지만 그 동안 거북이도 앞으로 기어가 새로운 지점으로 이동했다. 달리기 선수가 새로운 지점까지 달려오기까지는 또 시간이 걸린다. 하지만 거북이는 그새 또 새로운 지점으로 이동했다. 따라서 언제나 조금씩 앞서갈 수밖에 없으며, 달리기 선수는 거북이를 결코 따라잡을 수 없다. 이것이 바로 제논의 역설이며, 시간을 공간에 비해 이해하지 못한 사람만이 제기할 수 있는 의문임에 틀림없다.

기하학자들과는 달리, 그리스 물리학자들은 작용의 가능성이라는 문제를 고민하지 않았다. 그들은 작용을 하나의 사실로 받아들였고, 그 원인을 찾았다. 이 분야를 연구한 가장 영향력 있는 결과물은 기원전 4세기에 저술된 아리스토텔레스의《물리학Physics》이었다. 갈릴레오는 스스로 이름붙인 "신과학"을 수립하기 위해 아리스토텔레스의 학문과 맞서야 했다. 아리스토텔레스의 물리학은 이해하기 쉬웠다. 사물이 움직이려면, 다른 사물이 그 사물의 움직임을 유도해야 하고, 유도하는 힘이 멈추면 움직이던 사물 또한 멈추게 된다. 하지만 이러한 이론은 다음과 같은 문제점을 해결할 수 없다. 돌을 던져도 왜 손을 떠나자마자 땅에 떨어지지 않는 걸까? 갈릴레오 시대에 그린 포물체의 궤적을 보면 꽤 재미있는 사실을 발견할 수 있다. 당시의 그림에서는 포물체가 원호를 그리며 솟아오른 다음, 거의 수직으로 가파르게 떨어지는 모습을 볼 수 있다. 이것은 아리스토텔레스의 가르침과 일치한다. 그러나 실제로 일어나는 현상과는 거리가 멀다. 궤적의 2단계 또한 1단계와 대칭하도록 원호가 되는 것이 정상이다. 돌이 바닥에 떨어지는 이유는 분명했다. 하지만 처음에 왜 솟아오르는지를 설명하기 위해 갖가지 발상을 동원해야 했고, 공기가 포물체를 운반하는 데 모종의 역할을 담당한다고 추정했다. 요약건대, 그리스인들은 공간과 형상을 두고 개발한 이론을 시간과 작용에는 적용하지 못했던 것이다.

그다지 이상할 것도 없었다. 그리스 철학에서 작용이란 변화, 따라서 불완전성과 유사했다. 진정으로 완벽한 것은 변하지 않으며, 성장하거나 부패하지도 않는다. 그것은 불변하고 영원하다. 플라톤 철학에서는 완벽한 물체들이 존재하며, 이들은 단 하나뿐인 진정한 현실을 구성한다. 우리가 살아가면서 목격하는 것은 이러한 이상적인 물체들의 어설픈 잔영이자, 벽에 비친 그림자일 뿐이다. 우리가 먼지로 돌아간 다음에야 근본을 숙고하고 영원한 선, 영원한 진리, 영원한 아름다움을 알게 될 것이다. 그리고 후세에는 이러한 것들에 대한 기억의 조각들을 가져갈 수 있을 것이다. 우리는 수학적 진리를 발견하지 않는다. 다만, 바깥 세상을 경험하면서 습득한 진리들을 기억하는 것뿐이다. 대화편《메논Meno》에 나오는 유명한 장면이 있다. 여기에서는 소크라테스가 무지한 노예를 상대로 피타고라스의 정리(직각삼각형에서 직각을 낀 a변, b변의 제곱의 합은 빗변 c의 제곱과 같다.)에 대한 "기억을 되살리도록" 유도한다. 이 대화편은 읽어 볼 가치가 충분하며, 바람직한 교육법의 본보기다. 소크라테스는 노예를 상대로 아무것도 말해 주지 않는다. 그는 단지 적절한 질문을 적절한 순서에 따라 던질 뿐이며, 노예가 별안간 이 진리를 깨닫고 이미 이 진리를 알고 있던 것처럼 정말로 자명하게 느낄 때까지 탐구해 나가도록 유도할 따름이다. 플라톤이 말하길, 메논은 실제로 이러한 진리를 알고 있었다. 왜냐하면 그가 노예로 세상에 태어나기 이전에 이미 이러한 진리를 알았기 때문이다. 소크라테스는 자신의 직업은 그의 어머니와 마찬가지로 산파와 다름없다고 입버릇처럼 말했다. 왜냐하면 임산부가 보지 못한 아기를 임산부의 뱃속으로부터 끌어내듯, 소크라테스 또한 사람들 스스로 가져온 사실조차 깨닫지 못한 것들을 그들로부터 *끄*집어냈기 때문이다.

플라톤 철학에서 진리란 결코 발견되지 않으며 기억될 뿐이다. 연속한 삶 사이에서 영혼은 죽은 자와 태어나지 않은 자 사이의 영역을 돌아다니며 완벽하고, 불변하고, 항구적인 이데아들을 한 번 더 숙고한다. 이러한 이데아들은 지구를 여행하며 만나게 될 모든 것들의 청사진이다. 심지어 '정리theory'라는 단어조차 이러한 생각을 반영하고 있다. 그리스어에서 theorein이란 '보다'를, theoreia란 '보여진 사물'을 의미한다. 물리적 작용과 같은 찰나적인 것들은 이데아들 사이에서 자리 잡을 여지가 없다. 우리가 전생에서 '정리'를 가질 수 없었던 이유는 우리가 그것을 볼 수 없었기 때문이다. 오직 부동성immobility만이 이데아의 완성과 조금이나마 양립할 수 있으며, 실제로 그리스 물리학에서는 정지rest, 혹은 균형equilibrium에 관한 세련된 정리를 과학적인 용어로 마련하고 있었다. 가장 유명한 사례로는, 아르키메데스가 발견의 기쁨을 못 이기고 벌거벗은 채로 시라쿠사 거리를 뛰어다녔던 유체 평형의 정리theory of equilibrium of fluids가 있다.

물체가 스스로 균형점을 찾았다면 그 자리를 영원히 지킬 것이다. 이러한 균형점에서 벗어나게 만들려면 일정한 힘을 가해야 하며, 직접 손을 대는 것이 나을 수도 있다. 이러한 힘이 운동의 원인이며, 원인이 사라지는 순간 운동 또한 멈추어야 한다. 아리스토텔레스학파는 이러한 틀에 따라 이 세상에서 일어나는 다양한 운동을 이해했다. 어렵지 않은 방법이었다. 그들은 별을 보고 그들을 둘러싼 거대한 구에 반짝이는 점이 찍혀 있는 것으로 상상했고, 이러한 별의 운동을 설명하려면 천사와 악마를 끌어들여 천체가 회전하도록 밀어낸다는 이야기를 지어내야 했다. 고대와 중세 사람들의 눈에 보인 이 세상은 온갖 사물들이 균형점을 찾아가려는 혼란스러운 운동을 거듭하고 있었다. 이를 설명하는 일반적인 이론은 존재하지 않았다. 각 운동마다 왜 특별한 물체가 특별한 시점에 균형점을 벗어나는지, 어떠한 경로를 거쳐 새로운 정지점에 도달하는지를 알아내야 했다. 이는 쉬운 과제가 아니었고, 과학자들은 수백 년이 지나도록 몇 가지 의문을 해결하지 못했다.

예컨대 로마 시대 이후, 사람들은 펌프로 물을 한 번에 10미터 이상 퍼 올릴 수 없다고 생각했다. 더 높이 퍼 올리려면 더 많은 펌프가 필요했고, 펌프 하나가 양동이에 물을 퍼 올리면 다음 펌프가 대기하고 있었으나 각 펌프는 10미터 이상을 퍼 올릴 수 없었다. 당시 사람들은 이러한 현상을 다음과 같이 설명했다. 대자연은 진공 상태를 싫어하므로 균형점에 도달하기 전에 우주에 존재하는 모든 빈 공간을 채우려 든다는 것이다. 하지만 대자연이 왜 10미터 높이로 만족하며, 10미터 높이에서 진공 상태에 대한 불만이 멈추는지를 두고서는 그럴 듯한 상상력을 발휘할 수 없었다. 요약건대, 갈릴레오 시절까지는 물리적 운동이 고전 기하학으로 대변되는 우주의 근본적 질서를 흐트러뜨리는 것으로 생각했다. 운동은 곧 무질서였다. 물리적 실체의 자연적 상태는 움직이지 않는 정적인 상태였다.

바로 그날, 갈릴레오는 피사 두오모 성당에서 정반대의 현상을 목격했다. 대형 등잔이 앞뒤로 흔들리고 있었다. 수직 상태에서 벗어나 한쪽 방향으로 움직였다가, 잠시 머뭇거린 다음 다른 방향으로 움직인 것이다. 마침내 속도가 줄어들고, 같은 주기를 유지하면서 진동이 약해지다가 멈추는 현상을 목격할 수 있었다. 운동을 멈춘 등잔의 촛대에서는 연기가 수직으로 피어올라 금을 입힌 천장을 향했다. 멈춘 상태가 앞뒤로 움직이는 규칙적인 대칭 운동에 비해 더 자연스럽다고 생각해야 할 이유는 무엇일까? 등잔은 무엇 때문에 영원히 움직이지 못하는가? 그저 저절로 속도가 줄어드는 것일까? 혹은 공기 또는 밧줄에 작용한 마찰 때문일까? 일정한 주기를 지키며 같은 위치에서 영원히 벗어나지 않는 완벽한 진자 운동에 비해 불완전한 운동으로 파악하는 것은 무리일까? 촛불에서 피어오른 연기에서 드러나듯, 공기가 운동을 지속해 주지 못하는 것은 분명하다. 운동 자체가 스스로 지속하는 것이 분명하며, 주변 환경에 의해 속도가 줄어들 뿐이다. 만일 이러한 환경을 바꿀 수 있다면 성당 속에서 맥박이 고동치듯 진자 운동은 영원히 지속할 것이다. 그리고 등잔은 영원히 동일한 주기로 움직일 것이고, 줄자로 길이를 재듯 시간을 재는 용도로 활용할 수 있을 것이다.

갈릴레오의 진자이론(우리는 이론과 현실을 동일시했던 고대 그리스인들처럼 이 단어를 사용할 수 있다. 갈릴레오는 성당에서 진자 운동을 목격했고, 그 이후로 갈릴레오가 진행한 연구는 자신이 본 것을 기억하고 이해하는 과정이었다.)은 운동이 하나의 균형점에서 다른 균형점으로 이동할 필요가 없고, 진자가 영원히 진동하며, 방향을 바꾸기 전에 궤적의 최고점에서 잠시 두 번을 멈춘다는 통찰에 바탕을 두고 있다. 결국 속도가 줄어들어 멈추는 것은 고려되어야 하는 다양한 불완전한 요소들 때문이며, 불완전한 것들을 바로잡는다면 영구 운동은 아닐지라도 지속 시간을 늘릴 수 있을 것이다. 또 다른 위대한 발견은 큰 추이건, 작은 추이건, 추의 길이만 같으면 항상 지속 시간이 동일하다는 사실이었다.(앞서 언급한 것처럼, 이를 등시성이라 부른다.) 역사상 처음으로 인류는 갖고 다니며 시간을 정확히 측정할 수 있는 크로노미터chronometer라는 도구를 만들어 냈다. 파리에 있는 추와 로마에 있는 추는 길이만 같다면 운동의 세기와 관계없이 같은 주기로 흔들린다. 10인치 길이의 줄 또한 단순한 형태의 크로노미터가 될 수 있다. 추를 줄 끝에 매단 다음 다른 쪽 끝을 잡고 흔들어 보라. 추가 한 쪽 끝에서 다른 쪽 끝까지 한 번 흔들리는 데 약 1초가 소요될 것이다. 60번 흔들리면 1분, 3,600번 흔들리는 것을 지켜볼 수 있다면 1시간을 잴 수 있는 것이다. 길이가 네 배인 추는 두 배 느리게 흔들린다. 1미터 길이의 추는 2초의 주기로 흔들린다.

곧이어 수학자들은 공간을 정복한 것처럼 시간을 정복할 수 있었다. 추의 등시성은 현실에서 완벽히 구현되는 것은 아니다. 이것 또한 이상화된 이론이다. 기하학에서 배우는 직선과 원이 모래나 종이 위에 그린 도형을 이상화한 실체인 것과 마찬가지다. 실제로 추는 넓게 움직일수록 느리게 진동한다. 같은 길이의 추 두 개를 나란히 늘어뜨리고 다른 위치에서 민다면 이러한 현상을 쉽게 목격할 수 있다.

주기로 정의되는 진동의 지속 시간은 진폭에 따라 늘어난다. 늘어뜨려진 상태의 주변에서 일어나는 미소 진동small oscillation의 주기는 진폭이 큰 진동에 비해 주기가 작다. 진폭이 주기에 미치는 영향은 수직 상태로부터 크게 벗어나는 운동에만 감지되기 마련이다. 물론 아무리 미미한 불일치라 하더라도 하루, 일주일이 지나며 누적될 수밖에 없고, 이를 해결할 유일한 방법은 추를 똑같은 너비로 흔들리게 만드는 것이다. 이것이 바로 대형 괘종시계가 설계된 원리이자, 처음에 태엽을 감아야 하는 이유다. 하지만 갈릴레오의 생각 자체는 옳았다. 직선이 양방향으로 무한하고, 두께가 없다는 관념이 옳은 것과 마찬가지다. 우리 모두 종이 바깥으로 직선을 그릴 수 없다는 것을 알고 있으며, 직선이 연필 속 흑연의 두께라는 것을 알기 위해 굳이 확대경을 쓸 필요가 없다. 하지만 우리는 직선에 대한 관념을 이해하며, 이러한 관념을 다리나 도로를 건설하고 경계를 그리는 데 유용하게 활용한다. 마찬가지로, 갈릴레오의 이론에 따라 추가 움직이는 경우는 진폭이 작을 때로 국한되나, 일반적인 추의 운동을 이해하고 시계를 만들기 위해 꼭 필요한 출발점이 될 수 있다.

이는 진정한 갈릴레오의 혁명이다. 갈릴레오는 지구가 태양을 돈다는 코페르니쿠스적 사고를 부인하기 위해 제단 앞에 무릎을 꿇은 다음, 땅을 짚고 일어나 이렇게 말했다. "그래도, 움직이지 않는가!" 물론 지구가 움직이고 있다는 말이었으나, 그가 한 말은 추의 운동에도 딱 들어맞았다. 그의 천재성은 추를 수학적 사고로 전환시켰고, 추에 대한 수학적 사고는 원의 관념에 못지않게 유익하고도 날카로웠다. 주기 운동에 대한 사고는 공간과 시간을 잇는 사라진 연결고리였다. 운동은 더 이상 덧없고 찰나적인 현상이 아니며, 한 가지 균형점에서 다른 균형점으로 단순히 옮겨 가는 현상도 아니었다. 갈릴레오의 추는 영원히 움직인다. 이 운동을 유발하는 원인이란 존재하지 않는다. 처음도 없고 끝도 없다. 현세의 시간은 양끝이 존재한다. 우리들의 출생과 사망, 더 깊이 들어가면 우주의 탄생과 소멸로까지 확장할 수 있다. 그러나 갈릴레오의 시간은 이와 다르다. 그의 이상화된 추는 영원히 흔들리기 때문이다. 이러한 관점에서 시간은 기하학적 공간과 매우 유사하다. 위대한 알렉산드리아인들은 유클리드 이후로 시간을 공간과 유사하다고 정의했다. 하지만 지구나 천체의 제약으로 닫혀 있는 물리적 공간과 달리, 그들은 시간이 열려 있다고 이해했다. 이처럼 열린 공간의 중앙에 갈릴레오의 추를 놓고, 피사 성당의 등잔처럼 박자를 맞추면 지금 이 순간까지 과학의 틀로 쓰이는 최신의 우주를 갖게 되는 것이다.

우리는 갈릴레오의 발상 덕분에 시간을 측정할 수 있는 자연의 도구를 가질 수 있었다. 년이나 일과 같은 역법 단위로는 시간을 만족스럽게 측정할 수 없다. 위치와 날짜에 따라 시간이 변하기 때문이다. 게다가 이러한 단위는 긴 시간을 측정하는 용도로 적합할 뿐, 짧은 시간을 어떻게 측정할 수 있을지 모호하다. 하지만 10인치 길이의 추를 준비해 보라. 이 추의 주기, 한쪽 끝에서 다른 쪽 끝까지 움직이는 시간을 1초라 정의해 보자. 이러한 방식으로 시간을 정의하는 것은 과거에 길이를 정의했던 방식과 비슷했다. 예컨대 프랑스 혁명 당시에는 1미터를 백금과 이리듐의 합금으로 만든 막대기에 표시된 두 지점 사이의 거리로 측정했다. 이 귀중한 막대기는 1889년 9월 28일, 두 개의 복제품과 함께 파리 인근에 있는 브르테유 천문대의 지하에 엄숙히 매장되었다. 당시의 킬로그램 표준단위와 6개의 복제품 또한 이들과 같이 묻혔다. 더 많은 복제품이 정성스럽게 제작되어 원본과 일치하는지 점검을 거친 다음, 더 많은 복제품을 만들기 위해 다른 장소로 보내졌고, 마침내 학생용 자를 제조하기에 이르렀다. 시간의 표준단위 또한 비슷한 방법으로 규정할 수 있을 것이다. 예컨대 1미터 추 주기의 절반을 표준단위로 삼을 수 있다. 어떻게든 멈추지만 않는다면, 이 추는 길이와 무게의 표준단위와 함께 묻힐 자격이 충분하다. 이것은 물론 실질과는 다른 관념적인 정의를 따른다. 실제로 추의 주기는 중력의 세기에 좌우되며, 중력의 세기는 지구가 완벽한 구가 아닌 탓에 지리적 위치에 따라 변하기 때문이다. 표준 진자를 완벽히 복제해도 장소가 다르면 주기가 달라질 것이다. 하지만 갈릴레오의 꿈을 조금만 더 파고들어 보자.

  측정의 문제는 단위를 규정한다고 해서 완벽히 해결되지 않는다. 우리는 이러한 단위를 세부 단위로 나눌 방법을 찾아내야 한다. 길이를 재는 단위라면 어떨까. 그리스 기하학의 초창기에 활약했던 탈레스가 세운 이론이 이 문제를 해결할 수 있었다. 밀레토스 출신의 탈레스는 기원전 585년에 일어난 일식을 예언했다고 전해진다. 탈레스는 바빌로니아와 이집트 과학의 도움을 받았고, 실제로 이 이론은 워낙 측정이라는 작업의 근본에 자리 잡다 보니 더 일찍 발견되지 못한 것이 아쉬울 정도다. 탈레스의 이론에 따르면 단위를 10배로 늘리는 것이 가능하다면,(한 단위를 10번 복제해 복제한 단위를 일렬로 늘어뜨리면 된다.) 한 단위를 10으로 나눌 수도 있어야 한다. 물론 이 결과에서 10이란 숫자에 특별한 의미가 있는 것은 아니다. 미터법을 고집하지 않는다면 다른 숫자 또한 마찬가지다. 하지만 시간의 단위에는 이와 비슷한 이론이 존재하지 않는다. 한 시간은 확실히 60분이며, 분

단위를 셀 수 있다면 60번을 세면 한 시간이 지나간다. 하지만 이러한 방법을 쓴다 해도 100미터 달리기와 같이 1분도 걸리지 않는 사건을 재는 데는 별 도움이 되지 않는다. 추를 활용해 시간을 잰다면 해답은 간단해진다. 추의 진동을 10배 빠르게 하고 싶다면 추를 100배 짧게 만들면 된다. 1미터짜리 추의 진동이 2초 간 지속한다면 1센티미터짜리 추의 진동은 0.5초만큼 지속한다. 이러한 추는 만들기 어려울 뿐더러 진동을 유지하기도 그만큼 어렵다. 하지만 이 발상 자체에는 오류가 없다. 과학자와 시계공이 몇 백 년 후 이러한 추를 만들 수 있다면 놀랍도록 정확한 손목시계를 가질 수 있을 것이다.

정확성이 기하학에서 당연한 것으로 간주된 것과 달리, 시간의 측정에서는 새로운 개념으로 다가왔다. 예컨대 아르키메데스는 《원의 측정Measuring the Circle》을 집필해 P/D의 정확한 값을 찾아내는 데 매진했다. P는 원주를 의미하며, D는 지름을 의미한다. 이 값이 바로 그 유명한 파이(π)다. 아르키메데스는 이 값이 223/71과 221/70사이 어디엔가 있다는 것을 증명하며, 정확히 이 값을 계산하는 계산 과정을 제시한다. 아르키메데스의 계산 과정은 오랜 기간 정비되었고 1953년 프랑스 기하학자 비에트는 파이의 첫 일곱 자리, 3.1415926을 발견할 수 있었다. 오늘날에는 더 나은 계산법과 자동화된 계산기로 몇 십억 단위까지 계산할 수 있다. 사실 지금은 파이의 소수점 몇째 자리를 바로 계산할 수 있다. 여기에서의 핵심은 오늘날의 파이는 너무 정확해 물리적 원과 무관해진 지 오래라는 것이다. 갈릴레오 시절에 3.1415926과 3.1415927의 차이를 설명하려면 10억분의 1의 정확도로 길이를 측정하고 원을 그리는 도구가 필요했다. 이는 당시의 기술적 한계를 한참 넘어서는 일이었다. 파이의 소수점 열째 자리

이상을 현실에서 검증하려는 생각은 포기하는 편이 나을 것이다. 파이가 존재하는 이유는 물리적 이유가 아닌 수학적 이유 때문이다. 파이의 소수점은 무한하며, 현세의 인류 또한 500억 번째 자리 언저리 이상은 알지 못한다. 갈릴레오 이후, 똑같은 원리가 시간 측정에도 활용되었다. 1/1000초와 같은 아주 짧은 시간을 아무 무리 없이 설명할 수 있다. 1/1000밀리미터 길이의 추가 절반을 진동하는 시간이다. 물론 이러한 추를 만들기는 어렵고, 관찰하기 또한 쉽지 않을 것이다. 하지만 이론적으로는 아무런 난점이 없으며, 파이의 천 번째 자리와 마찬가지로 관념 속의 물체라면 얼마든지 가능한 일이다. 따라서 기하학과 같은 역학에서 정확성이란 수학적인 개념이며, 무한이라는 말과 일맥상통하고, 얼마든지 원하는 대로 계산을 늘릴 수 있다.

　측정의 정확성이 이처럼 새로워지면서 새로운 문제들이 등장할 수 있다. 길이를 측정하려면 일치성coincidence을 확보해야 한다. 말하자면, 두 가지 물체를 동일한 위치에 놓아야 한다. 여기에서 길이의 양 끝은 반드시 자의 눈금과 일치해야 한다. 시간을 측정하려면 동시성 simultaneity을 확보해야 한다. 쉽게 말하면, 두 사건이 동일한 순간에 일어나야 한다는 뜻이다. 달리기 선수는 추가 한 쪽 최고점에 다다를 때 스타트를 하고, 다른 쪽 최고점에 다다를 때 결승선을 통과하면 된다. 하지만 두 사건이 "동일한 순간"에 일어난다는 말은 무엇을 의미할까? 두 사건이 동일한 장소에서 일어나거나 서로 붙어서 일어난다면 혼란스러울 이유가 없다. 하지만 서로 멀리 떨어져 있다면 어떨까? 예컨대 너무 멀리 떨어져서 두 사건을 동시에 관측할 수 없다면? 갈릴레오는 피사 성당의 바닥에 무릎을 꿇고 앉아, 자신의 맥박과 거대한 등잔의 진동을 세어 볼 수 있었다. 하지만 같은 시간에 중국에서 벌어지는 일을 물어본다면 너무 심한 질문일까? 동시성은 거리를 아우를 수 있을까? 온 우주에 공통된, 한 순간의 시간을 상상할 수 있을까? 흔들리는 피사 성당의 등잔, 걷고 있는 황제, 공전하는 별, 소용돌이치는 은하수, 이 모든 운동을 동일한 시간에 포착할 수 있을까? 온 우주의 역사는 이러한 시간의 조각들이 연속된 결과물이다. 마치 사진의 연속이 활동사진인 것처럼.

만일 빛이 순식간에 전파된다면 아무런 문제가 없다. 멀리서 보아도 보이는 순간 해당 사건이 발생하는 것이므로 쉽사리 동시성을 확보할 수 있다. 하지만 현실은 이와 다르며, 관찰자로부터의 거리, 빛의 경로, 빛의 속도를 고려해야 한다. 달리 말하면, 동시성이란 동시적 발생coincidence과 마찬가지로 곧바로 수립되기 어려운 개념이다. 두 사건이 동시에 일어났다고 말하려면, 완벽한 빛의 이론이 필요하다.(두 사건이 다른 장소에서 일어나는 경우다.) 예컨대 우주가 그리스 기하학에서 언급한 3차원의 무한 공간 속에 존재하고, 빛이 초당 30만 킬로미터로 직진한다면 30만 킬로미터 떨어진 거리에서 보이는 사건은 1초 이전에 일어난 것이다. 이것은 갈릴레오가 생각했던 이론이었고, 이러한 발상으로 말미암아 온 지구와 온 우주에 보편적으로 적용할 동시성의 의미가 등장할 수 있었다. 성간을 꿰뚫어 지구의 대기와 피사 성당의 돔을 볼 수 있는 고성능 망원경이 있다면, 시리우스 별에서 등잔의 진자 운동을 볼 수 있을 것이다. 진자 운동의 지속 시간은 시리우스 별 사람이나 성당에 있는 사람이나 똑같을 테고, 이러한 진동을 활용해 시리우스 별과 지구에 같이 적용할 시간 단위를 정의할 수 있다. 시리우스 별 사람은 자신이 목격한 진동이 8.6년 전에 일어났고, 시리우스 별에서 8.6년 전에 일어났던 일과 동일한 시점에 일어났다는 사실 또한 알고 있다. 오랜 시간에 걸친 관찰 결과를 종합해보면, 천 년 전이나 수백만 년 전에 우주에서 일어났던 사건을 그려볼 수 있다. 빛의 여행이 길수록, 더 넓은 영역을 파악할 수 있다.

모든 우주의 활동을 특정 시점을 기준으로 파악할 수 있다는 발상은 이러한 점에서 합리적이었다. 분명 갈릴레오 또한 우리들과 마찬가지로 이러한 발상을 떠올리고 있었다. 예컨대 모든 은하수에 있는 모든 우주 비행사가 시계를 갖고 있으며, 모든 시계가 똑같은 날짜와 똑같은 시간을 가리키는 것을 생각할 수 있다. 이것이 바로 우주 표준 시간UST, Universe Standard Time을 의미한다. 두 우주 비행사가 언제, 어디에서 만나건 그들의 시계는 똑같은 우주 표준 시간을 표시할 것이다. 우주선을 타고 지구를 떠나는 여행자는 지구에 돌아왔을 때 지구에 있던 사람들과 똑같이 나이를 먹었을 테고, 그의 시계는 지구의 시계와 똑같은 시간을 가리키고 있을 것이다.

물론 이러한 설명은 상대성 원리라 불리는 오늘날의 빛의 이론과 완전히 배치된다. 아인슈타인이 발견한 이 원리에 따르면 우주 여행을 마치고 온 우주 비행사의 시계는 지구에 있던 시계보다 느려진다. 지구에서는 우주에서보다 더 많은 시간이 흘러 있는 것이다. 이러한 이론에 따르면 우주 표준 시간을 정의할 수 없다. 그리고 서로 다른 장소에서 일어난 사건이 동시에 일어났는지, 다른 시간대에 일어났는지를 확정할 수도 없다. 그렇다면 우주 비행사는 어떻게 우주에서의 달력을 지구에서의 달력에 맞게 조정할 수 있을까? 그는 2년 전 (우주 시간), 또는 20년 전(지구 시간)에 지구를 떠났다. 우주 비행사나 지구에 머물렀던 사람들은 이러한 이야기에 고개를 끄덕일 수 있다. 그들은 비행사가 지구를 떠났을 때 같이 있었고, 우주 여행을 마치고 돌아온 비행사와 시계를 비교해 볼 수 있기 때문이다. 하지만 우주 비행사가 지구에 와서 3년 전에 어머니가 돌아가셨다는 말을 듣는다고 상상해 보라. "그때 난 뭘 하고 있었지?"라는 질문이 상식적일까? 상대성 원리에 따르면 질문 자체가 틀렸다. 동시성이란 같은 장소에서 일어나는 사건에만 적용할 수 있다. 시간을 한 장소에서 다른 장소로 이동할 방법은 어디에도 없다. 내 손목시계를 우주 표준 시간을 가리키는 시계에 맞춘 다음, 다른 장소로 이동해 다른 시계를 내 손목시계에 맞춘다. 우주 표준 시간을 가리키는 시계는 내 시계와 다르게 가고 있을 것이다! 다른 시계가 여전히 우주 표준 시간을 가리킨다고 말할 수 있을까? 빛의 속도에 가깝게 이동한 순간이 없다면, 두 시계의 차이는 극히 미미할 것이고 실제로 차이를 감지하기도 어렵다. 하지만 이동 속도가 빛의 속도에 근접한다면, 이러한 차이는 상당히 커지게 되어 반드시 고려되어야 한다. 이러한 현상은 아원자 단계에서 종종 일어난다.

각기 다른 범위에서 갈릴레오의 이론도 옳고, 아인슈타인의 이론도 옳다. 실제로 19세기 말에 이르러 빛과 전자기장을 연구하기 전까지는 갈릴레오의 시공간에 대한 이론으로 충분했다. 당시까지 우주 표준 시간에 관한 관념은 견고하기 그지없었고, 아주 거대한 대상(우주)이나 아주 작은 대상(아원자 입자)이 아닌 이상, 오늘날의 과학에도 여전히 유효하다. 파리 시간(또는 그리니치 시간)을 정확히 측정할 수 있는 휴대용 시계를 만드는 일이 중대한 기술적 과제로 부상했다. 세계 어디를 돌아다녀도, 때로는 열악한 환경에서도 이러한 시계를 휴대할 수 있어야 했다. 이것은 갈릴레오의 발상을 현실로 옮기는 문제에서 나아가, 바다를 항해하는 배의 정확한 위치를 아는 문제라는 점이 더욱 중요했다. 위도와 경도, 두 가지 숫자가 필요했다. 위도를 알려면 지평선 위에 뜬 태양이나 별의 최고도를 측정해 천문 지도와 비교했다. 천문 지도는 이러한 고도에 따라 위도와 날짜의 정보를 제공했다. 그러나 위도를 안다는 것은 쉬운 일이 아니었다. 위도를 알려면 정확한 망원경과 믿을 만한 숫자표가 필요했기 때문이다. 이러한 기술은 고대로부터 전수되었고, 아랍인들에 의해 개선되었다. 위도와 달리 경도를 결정하는 문제는 풀리지 않는 수수께끼였다. 이론적으로는 아주 쉬웠다. 태양의 고도가 가장 높을 때 정확히 12시를 맞추면, 그 자리에서의 정오를 알 수 있다. 그 시점의 파리 시간(또는 그리니치 시간)을 알 수 있다면, 그 차이를 통해 파리(또는 그리니치)의 자오선에서 얼마나 떨어져 있는지를 정확히 알 수 있다. 경도는 이러한 방식으로 계산될 수 있다.

　라디오가 발명되기 전까지는, 파리의 시간을 알려면 시계를 갖고 다니며 시계가 맞기만을 바라는 수밖에 없었다. 1714년, 영국 의회는 0.5도, 즉 오차 범위 60해리의 경도 측정법을 찾는 사람에게 2만 파운드의 상금을 약속했다. 이는 곧 오차 범위 2분짜리 크로노미터를 제작하는 것과 마찬가지였다. 이 상금을 타 간 사람은 존 해리슨 John Harrison이었다. 그는 항해용 크로노미터 H4를 갖고서 1762년 대서양을 횡단했다. 81일간 항해하면서 발생한 시간의 오차는 5초 이내였다. 당시 배로 항해하는 여건이 어떠했을지 상상해 보라. 배는 끊임없이 흔들리고, 파도가 선체를 때리거나 돌풍이 돛에 몰아치면 엄청난 충격이 고스란히 전해졌다. 템스 강과 미국 동부 해안의 기온,

습도, 기압차 또한 무시할 수 없었다. 해리슨의 크로노미터는 놀라울 정도의 정확성을 자랑했다. 시간의 오차가 5초 이내라면 경도를 1.15 해리 내의 오차로 측정할 수 있었다. 이로써 전 세계의 항로를 정확히 그릴 수 있게 되었고, 위험한 해변과 무인도의 위치 또한 환히 알 수 있었다. 해리슨에게 이 상금이 돌아간 것은 당연한 결과였다. 그 뿐 아니라 이것은 갈릴레오의 보편적, 절대적 시간 개념을 확인해 준 쾌거였다. 완벽한 시계를 들고 있다면 세상 어디를 돌아다녀도 제자리에 왔을 때 정확한 시간을 가리키고 있을 것이다.

정확한 시계를 고안하기 위해 갈릴레오의 이론을 어떻게 활용했을까? 이를 연구해보면 아리스토텔레스의 물리학과 갈릴레오가 이룬 혁신을 알 수 있다. 고대의 다양한 해시계는 태양의 궤적을 가리켰다. 그림자의 위치로 시간을 알 수 있었고, 그림자의 길이로 날짜를 알 수 있었다. 하지만 그 어떤 해시계로도 15분 이하의 시간 단위를 잴 방법이 없었고, 해가 구름에 가리면 아예 시간 측정을 포기해야 했다. 따라서 고대와 중세 시대에는 다른 도구들이 개발되었다. 당시 만든 도구들은 어떤 체계가 한 곳에서 다른 곳으로 옮겨 가는 데 걸린 시간을 측정했고, 이러한 발상은 아리스토텔레스의 물리학이 제시하는 내용에서 벗어나지 않았다. 모래나 물이 위에서 아래로 떨어지게 만든 모래시계나 물시계가 대표적이었다. 무게추 덩어리가 떨어지도록 만든 장치도 있었다. 이것이 바로 추시계의 원리였다. 이러한 시계들은 시작과 끝이 있는 일시적 운동transitory motion을 활용했는데, 멈춘 작용을 다시 시작하려면 인위적인 힘이 필요했다. 물시계는 물을 채워야 했고, 모래시계는 뒤집어야 했고, 추시계는 태엽을 감아야 했다. 그렇다고 이러한 도구들을 원시적이라 말할 수는 없었다. 오히려

28

독창성이 돋보였고, 제작 과정에서 다양한 기술적 문제점들을 해결해야 했다. 예컨대 물시계에서는 상층부의 수위가 낮아져서는 곤란했다. 그렇지 않다면 밑으로 물이 떨어지는 속도가 줄어들면서, 정확한 시간을 측정할 수 없기 때문이다. 불완전한 부분을 개선하면서 요구사항들이 많아졌고, 중세 말에 이르기까지 날짜, 달의 주기, 성간에서의 태양의 위치를 알려주는 시계 등이 개발되었다.

하지만 이 모든 도구들은 정확하지 못했다. 흐르는 물이나 떨어지는 물체는 시간을 완전히 같은 구간으로 나눌 수 없었다. 추의 진동주기를 재보면 동일한 시간 주기를 쉽게 측정할 수 있었다. 하지만 물시계나 모래시계로는 이러한 작업이 너무도 어려웠다. 같은 양의 물이 흘러내렸는지, 같은 높이로 물체가 떨어졌는지를 알아야 했다. 갈릴레오 또한 물체의 낙하 운동을 실험할 때 동일한 문제에 맞닥뜨렸다. 그는 처음에 물시계를 이용했다. 하지만 작은 시간 단위를 측정하기 어려운 문제를 해결하고자, 높은 곳에서 바로 떨어뜨리지 않고 완만한 경사에 공을 굴리는 장치를 만들어 낙하 속도를 줄일 수 있었다. "시간을 측정하기 위해, 특정 높이에 매달린 커다란 양동이에 물을 채우고, 양동이 밑에 접합된 작은 관으로 소량의 물을 흘려보내 작은 유리잔을 채운다. 이 과정에서 공은 계속 움직이고 있다. 물의 양은 아주 정밀한 저울로 측정하며, 무게의 차이와 비율이 시간의 차이와 비율을 알려 준다."[1]

이러한 측정 방법이 과연 정확한지 실감이 나지 않을 것이다. 특히 이러한 작용은 속도를 늦춘 다음에도 몇 초밖에 지속하지 않았기 때문이다. 실제로 갈릴레오의 연구에서는 새로운 물리학 법칙을 실험보다는 수학이나 철학적 주장이 뒷받침하는 경우가 더 많았다. 실험이 워낙 부정확해서 결론을 도출하기에는 무리이거나, 이론과 맞지 않는 경우가 많았기 때문이다. 예컨대 1641년 3월 13일자 편지에서 빈센초 레니에리Vincenzo Renieri는 갈릴레오에게 피사의 사탑에 올라가 하나는 납, 하나는 나무로 만든 똑같은 크기의 공 두 개를 떨어뜨리자 납으로 된 공이 더 빨리 떨어졌다고 말했다. 납으로 만든 공이 땅바닥에 떨어진 순간, 나무로 만든 공은 땅바닥에서 3야드나 못 미친 상태였다. 1640년~1650년 사이, 지오바니 바티스타 리치올리Giambattista Riccioli는 볼로냐에서 몇 가지 실험을 시도했다. 같은 크기에 무게만 다른 진흙공 두 개(각각 10온스, 20온스)를 312피트 높이에서 떨어뜨리자, 15피트의 차이를 두고 무거운 진흙공이 먼저 떨어졌다. 이러한 실험들을 종합해 보면, 진공 상태에서 모든 물체는 같은 속도로 낙하한다는 갈릴레오의 법칙이 틀린 것 같았다. 레니에리와 리치올리의 실험에서 드러난 낙하 시점의 차이는 공기 마찰 때문이었다. 하지만 공기가 독립된 매개체라는 개념이 모호했던 당시에는 매우 곤혹스러운 결과였다.

갈릴레오는 진자 운동에서도 난항에 부딪혔다. 오늘날, 진폭과 무관하게 모든 진동의 지속 시간이 같다는 이론은 명백히 틀린 것으로 밝혀졌다. 실제로 진동의 지속 시간은 진폭에 따라 증가하며, 이런 사실은 쉽게 확인할 수 있다. 막대기를 준비한 다음 한 쪽 끝을 잡고 있으면 아주 괜찮은 진자를 갖게 되는 셈이다. 한쪽 끝을 수평에 비해 치켜 올라갈 정도로 세게 밀어 보자. 세게 밀수록 진동의 주기는 눈에 띠게 길어질 것이다. 실제로 진폭이 최대에 이르는 상태는 막대기의 아래쪽이 180도 위로 올라가 완전히 아래 위가 뒤집힌 상태이며, 막대기는 여기에서 균형을 이루게 되고 진자는 전혀 진동하지 않게 된다. 수학자는 이 상태를 무한 주기를 지닌 진자 운동으로 간주할 것이다. 이러한 균형 상태는 아슬아슬하다. 막대기를 살짝만 건드려도 흔들리기 시작하며, 처음에는 느리게 흔들리다가 점점 빠르게 흔들리기 시작한다. 첫 진동을 아주 많이 늦추면 원하는 만큼 진동을 늦출 수 있다. 따라서 진동의 지속 시간에 해당하는 진자의 주기는, 첫 위치가 거꾸로 뒤집힌 상태에 가까울수록 늘어난다. 1644년 메르센은 이미 주기가 진폭에 비례한다는 사실을 지적했다. 그가 만든 장치는 똑같은 진자 두 개를 동시에 다른 각도로 밀어낼 수 있었다. 더 많이 밀어낼수록, 진동은 확실히 늦어졌다. 진폭이 작을 때 미미했던 차이는 진폭이 클수록 확대를 거듭했다. 하지만 메르센은 갈릴레오의 법칙에 따라 주기가 추의 무게나 재질과 무관하며, 길이의 제곱근에 비례한다는 사실에도 주목했다.

하지만 갈릴레오는 마치 실험이 입증한 진리인 듯 등시성에 집착했다. 그는 등시성이 낙하체의 운동을 두고 자신이 발견한 불변의 법칙이라고 생각했다.《새로운 두 과학에 대한 논의와 수학적 증명Discourses and Mathematical Demonstrations Relating to Two New Sciences》에서, 그는 같은 길이의 실에 매달린 공 두 개가 같은 주기로 운동하는 원리를 설명한다. 여기에서 갈릴레오는 공 하나는 납, 다른 공 하나는 코르크로 만들었고, 납공 추의 진폭이 훨씬 길다는 것을 가정한다. 또한 매우 다양한 위치로부터 수평에 이르는 수준까지 추를 밀어보았으나, 작은 진폭과 큰 진폭 모두 뚜렷한 차이를 보이지 않았다고 확언하며 이를 공기 저항만 없다면 모든 물체가 같은 속도로 떨어진다는 증거로 제시한다. 추의 등시성 원리는 갈릴레오가 자신의 운동 원리를 정립하는 데 결정적인 영향을 미쳤다. 워낙 중요한 결론이다 보니, 실제 현상이 조금 다르더라도 이론을 수정하기 어려웠다. 갈릴레오 또한 이론과는 다른 실험 결과를 외면했던 것이다. 갈릴레오는 이론을 실험에 비해 우선한 최초의 인물도, 최후의 인물도 아니었다. 과학에서 이론가와 실험가의 관계는 늘 불편했다. 아인슈타인이 자신의 상대성 이론과 다른 실험 결과를 접하고서 다음과 같이 일축한 일화는 유명하다. "이론에는 문제가 없습니다." 갈릴레오 또한 자신의 이론을 정립했고, 여기에 추의 등시성은 핵심적인 부분을 차지했다. 실험 결과가 그의 생각을 비켜갔지만, 그는 스스로 확신했던 것은 물론, 부정적인 사람들을 설득할 수학적 증거를 찾아냈다.

안타깝게도 갈릴레오의 증거는 틀렸다. 그는 흥미로운 기하학적 의문을 던진다. 땅바닥의 A 지점과 B 지점을 이어줄 가장 빠른 미끄럼틀을 만든다고 가정해 보자. 미끄럼틀을 어떠한 형태로 만들어야 할까? 달리 말하면, A 지점에 있는 물체를 힘을 가하지 않고 오직 중력의 힘으로만 B 지점까지 내려 보낸다. 마찰을 무시한다면 A지점에서 B 지점으로 내려오는 데 걸린 속도는 미끄럼틀의 모양에만 좌우되며, 이 시간을 최소화하는 쪽으로 미끄럼틀을 만들어야 한다. 나는 이렇게 최적화된 형태가 어떤 모습일지 짐작할 수 있다. 물체가 처음부터 속도가 나도록 A 지점 쪽의 경사는 가팔라야 하고, B 지점 쪽에서는 수평이어야 한다. 갈릴레오는 한 걸음 더 나아가 최적 형태는 A 지점과 B 지점을 포함한 원호 모양이라고 단언했다. 하지만 그의 생각은 틀렸다. 갈릴레오는 이를 바탕으로 추의 등시성을 입증하려 했지만, 이 또한 틀린 것은 마찬가지였다.

수학에서 늘 있는 일이지만, 실수가 유익한 결과를 가져오는 경우가 있다. 갈릴레오가 씨름했던 문제는 겉으로 보이는 바에 비해 훨씬 민감한 문제였기 때문이다. 당시의 위대한 과학자들 일부는 이 문제를 직접 풀어보려 나섰다. 진폭에 관계없이 주기가 일정한 완벽한 등시추가 존재할 수 있을까? A 지점과 B 지점을 잇는 미끄럼틀의 최적 형태는 무엇일까? 이 두 가지 질문에서 기하학의 양면이 드러난다. 첫 번째 문제의 핵심은 다음과 같다. 곡선을 미끄러져 내려오는 점(또는 곡선을 굴러 내려오는 공)이 낮은 지점에 닿기까지 걸리는 시간은 출발점과 무관하다는 것이다. 두 번째 문제의 핵심은 다음과 같다. A 지점에서 B 지점으로 내려오는 시간을 최소화할 수 있는 A-B 곡선을 찾는 것이다. 실제로 이 두 곡선이 동일하다는 갈릴레오의 생각은 옳았다. 갈릴레오는 이 곡선이 원형의 곡선에서 벗어난 호의 형태라고 생각했다. 당시에는 룰렛roulette, 지금은 사이클로이드cycloid라 불리는 이 형태는 17세기의 가장 흥미로운 발견에 속한다. 파스칼은 이를 가리켜 다음과 같이 묘사했다. "룰렛은 직선과 원으로 구성되는 매우 흔한 형태의 곡선이다. 워낙 흔하기에 왜 고대 사람들이 이것을 고려하지 않았는지 의아할 정도다. 이에 관한 내용이 과거의 문헌에서 전혀 발견되지 않기 때문이다. 바퀴가 땅을 구를 때, 바퀴에 박힌 못은 허공에 궤적을 그린다. 이 궤적이 바로 룰렛 곡선이다. 못이 땅바닥에서 솟아올라 다시 땅으로 내려가는 순간까지 바퀴는 한 번을 구른다. 한 바퀴 도는 사이에 그린 못의 궤적이 룰렛 곡선이며, 바퀴는 완벽한 원형이고, 못은 원주에 박혀 있고, 땅바닥은 완전히 평평해야 한다."[2]

파스칼이 지적하듯, 고대 그리스인들은 이 곡선을 연구할 수학 장비가 없었다. 컴퍼스와 자만으로는 이 곡선을 그릴 수 없다. 또한 산술적 등식으로도 설명할 수 없다. 17세기에 라이프니츠와 뉴턴이 미적

[그림 1] 위 사진이 바로 18세기에 제작된 목제 룰렛이다. 피렌체의 역사과학박물관에

분학을 도입한 다음에야 룰렛을 연구할 수 있었다. 로베르발Roberval
의 첫 발견은 매우 중요했다. 그는 1638년에 룰렛의 호 아래쪽 면적
이 룰렛을 만든 바퀴 면적보다 3배 크다는 사실을 입증했다. 갈릴레
오도 룰렛을 잘 알고 있었으나, 자신이 제기한 문제를 풀기 위해 룰
렛을 활용할 수학 장비가 없었다. 마침내 이 문제를 푸는 영광은 크
리스티안 하위헌스와 베르누이 가문의 형제, 야코프와 요한에게 돌
아갔다. 베르누이 형제는 뒤집힌 룰렛(배가 땅을 향한)을 활용해 두
가지 문제를 풀 수 있다는 것을 보여 주었다. 하위헌스는 1659년 룰
렛 모양의 추가 오차 없는 등시성(현실로 구현하려면, 뒤집힌 룰렛 위로
공을 굴리면 된다.)을 보여 준다는 사실을 증명했고, 베르누이 형제는
1697년, 뒤집힌 룰렛 모양의 미끄럼틀이 두 지점 사이를 잇는 가장
빠른 경로임을 보여 주었다. 이 두 가지 발견은 변분법의 역사에서
중대한 이정표를 세웠다. 새로운 수학 원리로 등장했던 변분법은 갈
릴레오의 발상으로부터 발전한 고전역학의 핵심 수단이었고, 다음

소장된 이 유물은 룰렛의 두 가지 수학적 성질을 증명할 수 있다. 첫 번째 성질은 등시성이다. 레일 끝에 공을 놓으면 바닥으로 굴러 내려갔다가 반대편 끝으로 솟아오른 다음, 다시 바닥을 향해 내려갔다가 공을 놓았던 첫 지점을 향해 솟아오른다. 마치 추처럼 운동하나, 진동 주기는 진폭과 무관하다. 다른 방향, 다른 높이에서 공 두 개를 동시에 놓아도, 정확히 밑바닥(중앙의 최저점)에서 만나는 현상을 목격할 수 있다. 두 번째 성질은 최단 강하선으로, 룰렛의 레일이 바닥에 이르는 최단 경로임을 의미한다. 공 하나를 룰렛의 끝에서 떨어뜨리고, 다른 공 하나는 바닥까지 반듯한 막대기 레일의 끝에서 떨어뜨려 본다. 동시에 공을 놓으면 룰렛 위로 굴린 공이 바닥에 먼저 도달할 것이다.

다음과 같은 세 번째 수학적 성질은 룰렛을 제작하는 데 활용할 수 있다. 원주에 M이라는 점을 찍은 다음(예컨대 자전거 바퀴에 흰 점을 찍어도 된다.) 평평한 바닥에서 원을 굴린다.(자전거를 타면 된다.) M점(자전거 바퀴의 흰색 점)은 허공에 룰렛의 궤적을 그리게 된다. 이러한 룰렛의 모양은 밑으로 볼록한 모양이 아니라 위로 볼록한 모양을 그린다.(이것이 바로 제대로 된 룰렛의 형태다. 따라서 피렌체의 목재 룰렛은 뒤집힌 룰렛이다.) 룰렛의 최정점(호에서 가장 높은 지점)은 M점이 가장 높았던 지점이며, 최저점은 M점이 땅바닥에 닿았던 지점이다.

장에서 이를 더욱 자세히 설명하기로 한다.

이렇게 이론이 발달하면서 기술 또한 진보할 수 있었다. 기술이 진보하면서 과학자들은 시간을 정확히 측정할 수 있는 새로운 방법을 역사상 처음으로 기대할 수 있었다. 1637년 갈릴레오는 네덜란드 기자에게 보낸 편지에서 진자의 원리를 바탕으로 설계한 시계를 소개했다. 갈릴레오에 따르면 이 시계는 "워낙 정확해서 장소, 계절을 불문하고 아무리 작은 시간 단위라도 오차 없이 측정할 수 있다." 늘 그렇듯이, 이러한 생각을 현실로 옮기기에는 시기상조였다. 갈릴레오의 시간 측정법에 대한 관심은 여기까지였고, 그가 추시계를 정말 만들었는지는 알려져 있지 않다. 그의 아들 빈센초와 동료 빈센초 비비아니가 그린 추시계의 설계도가 일부 남아 있으나, 한참 원시적인 수준에 그치고 있다. 갈릴레오의 꿈을 현실로 옮겨 기계식 시계를 만든 인물은 하위헌스였다.

하위헌스는 추시계의 제작에 얽힌 이론적, 실제적 문제를 해결하기 위해 인생의 상당 부분을 바쳤다. 1673년, 하위헌스는 '시계 진동 Horologium Oscillatorium'을 주제로 다룬 멋진 책을 출판했다. 이 말은 '추시계에 관하여'라는 뜻으로, 그는 이론과 실제를 모두 중시했다. 그는 문제를 수학적으로 푸는 것에만 만족하지 않고 당시의 기술을

[그림 2] 빈센초 갈릴레이와 빈센초 비비아니의 그림(1659)으로 현재 피렌체의 과학사 박물관에 있다.

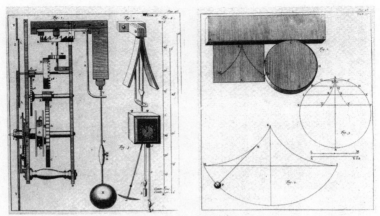

[그림 3] 룰렛의 동시성을 바탕으로 한 하위헌스의 추시계 설계도.
그의 책《시계진동Horologium Oscillatorium》(Paris, 1673) 발췌.

활용해 풀어낸 해답을 현실로 옮기려 했다. 예컨대 이미 살핀 것처럼
그의 발견에 따르면 룰렛 형태의 추는 완벽한 등시성을 보여 줄 수 있
었다. 풀어 말하면, 진동의 주기가 진폭과 무관하게 일정한 것으로,
바람직하지만 원형 진자가 가질 수 없는 성질이다. 하지만 어떻게 해
야 이러한 추를 만들 수 있을까? 원형 진자를 만드는 방법은 간단하
다. 실에 추를 매달기만 하면 된다. 하지만 추가 룰렛 형태의 궤적을
그릴 수 있는 방법은 무엇일까? 하위헌스는 아주 탁월한 해법을 찾아
냈다. 줄을 허공에 매달지 않아도, 이 줄을 곡선 날 두 개 사이에 걸어
놓으면 날 주변에서 알아서 방향을 잡아 거리를 최소화한다. 날의 형
태가 올바르다면, 자유롭게 움직일 수 있는 줄의 끝은 룰렛을 따라
움직일 것이다. 하위헌스는 날의 형태를 어떻게 만드느냐는 수학적
문제를 멋지게 풀어내며 모든 곡선들 가운데 또 다른 룰렛 곡선을 찾
아낸 것이다.

　1657년 하위헌스는 추시계를 제작한 최초 인물의 명단에 이름을

올렸다. 1659년 그는 또 다른 시계를 제작했다. 이 시계는 추가 아닌 평형 바퀴balance wheel를 진자로 활용했다. 평형 바퀴는 실태엽으로 평형을 잡아 주었다. 하지만 진동을 꾸준히 지속해야 했다. 하위헌스는 이 문제를 해결하기 위해 탈진기라는 기계 장치를 발명했다. 이 장치는 평소에는 떨어져 있다가 평형 바퀴가 평형에 달하면 살짝 바퀴를 때려 주었다. 오늘날에도 평형 바퀴와 탈진기는 모든 기계식 시계의 기본 부품으로 사용된다. 하위헌스는 자신의 사재를 털어 넣는 등, 최선의 노력을 경주했다. 하지만 이러한 노력에도 한 가지 야망은 이룰 수 없었다. 그는 거친 바다 환경을 견딜 수 있는 해상용 크로노미터와 경도를 측정할 수 있을 만큼 정확한 시계를 만들고 싶었다. 물론 해결하기 어려운 문제가 버티고 있었다. 그가 생각한 시계는 온도 변화(철제 막대기로 만든 추는 기온이 1도 오르면 하루에 0.5초가 느려졌다.)와 중력 변화(다른 조건이 동일하다면, 극지에서 적도로 이동한 추시계는 하루에 226초가 느려질 것이다.)에 둔감해야 했다. 앞서 언급한 것처럼, 50년 후에야 존 해리슨이 이러한 시계를 만들 수 있었다. 하지만 하위헌스는 현대식 시계 제작술의 창시자로 자리매김했다. 이는 기술자가 아닌 과학자와 이론가에 의해 기술이 진보한 사례로, 역사적으로도 흔치 않은 사례에 속한다.

하위헌스가 무엇에 이바지했는지 음미하려면, 몇 년 전으로 돌아가 갈릴레오 시대에 1초 주기의 진자를 만들기 위해 얼마나 많은 노력을 들였는지 생각해 보라. 실제로 유럽의 과학자들이 갈릴레오의 낙하체 운동 법칙을 검증하고, 이와 관련한 물리 상수를 측정하리라 마음먹으면서 가장 필요해진 것은 정확한 시계였다. 모든 의문점은 다음과 같은 질문으로 축약된다. 물체를 떨어뜨리면 첫 1초간 낙하

하는 거리가 얼마인가? 하지만 이 문제의 답을 찾으려면 1초라는 시간을 정확히 측정할 수 있어야 한다. 분명 1초는 하루의 1/86,400이지만, 어떻게 해야 이 짧은 시간을 정확히 측정할 수 있을까? 갈릴레오 시대 이후, 하위헌스 시대 이전에는 정확히 하루에 86,400회 진동하는 추를 제작하는 것이 해답이었다. 메르센은 이 문제를 파고들어 1636년에 3피트(프랑스 방식으로 32.87센티미터가 1피트)길이의 추가 이 문제의 해답이라고 결론지었다. 그는 이 추를 이용해 자유 낙하 시 첫 1초간 이동한 거리가 12피트라는 사실을 밝혀냈다. 갈릴레오가 측정한 거리가 메르센이 측정한 거리의 절반 남짓이었다는 것을 생각하면, 얼마나 갈릴레오의 실험이 부정확했는지를 알 수 있다. 몇 년 뒤, 볼로냐의 리치올리 신부는 같은 문제를 풀어보려 했다. 그는 3피트 4.2인치(볼로냐 방식으로 29.57센티미터가 1피트) 길이의 추를 제작했고, 9명의 예수회 신부들과 함께 하루의 진동수를 측정했다. 1642년 5월 12일에 측정한 하루 동안의 진동수는 86,999회였고, 이를 바탕으로 올바른 추의 길이는 3피트 3.27인치라고 추론했다. 곧이어 리치올리는 자유 낙하하는 물체가 첫 1초간 이동한 거리는 15피트라는 사실을 밝혀냈고, 이 또한 갈릴레오가 측정한 거리의 두 배 이상이었다.

지금은 이러한 영웅시대와는 많이 다르다. 오차 범위가 100억 분의 1에 불과한 오늘날 1초의 정의는 세슘 133 원자의 바닥상태에 있는 두 초미세준위간의 전이에 대응하는 복사선의 9,192,631,770 주기의 지속 시간이다. 또한 이러한 정확성을 갖춘 시계도 우리 곁에 존재한다. 갈릴레오를 마지막으로 변호해 보자. 갈릴레오의 주장과는 달리, 실제 추의 주기는 진폭에 영향을 받는다. 하지만 100년에 걸친 노력 이후, 갈릴레오의 발상을 활용해 믿을 만한 시계를 만들 수 있었다. 그의 측정 결과는 부정확했다. 실험적 증거가 없는 것은 아니었으나, 그의 이론은 실험적 증거보다는 이론의 일관성과 과학자로서의 명성에 더 많은 것을 의지했다. 하지만 오늘날에는 갈릴레오의 발상을 확정해 줄 이상적인 추를 찾아냈다. 우리는 이 추의 진동을 세어 시간을 측정할 수 있다. 이러한 추는 사람이 만들지 못한다. 이 추는 빛의 파동으로 구성되며, 하위헌스의 위대한 통찰과 일맥상통한다. 하위헌스는 빛이 입자가 아닌 파동으로 구성된다는 것을 처음으로 주장했고, 파동과 진동을 체계적으로 연구한 최초의 물리학자였다.

갈릴레오가 자신의 발상을 현실로 구현한 것은 아니다. 갈릴레오는 빛의 파동을 몰랐고, 크로노미터를 개발하지도 않았으나 그가 구상한 관념 속의 추는 과학사에 상당한 영향을 미쳤다. 시간은 이 추 덕분에 균일한 양적 실체로 탈바꿈했다. 길이나 무게처럼 동일한 단위로 분해되어 세는 것이 가능해졌고, 다양한 길이의 시간을 비교하고 측정할 수 있었다. 이 시점 이후, 수학이 무대 위에 등장했다. 고대 그리스인들이 공간의 수학을 발견했던 것처럼, 갈릴레오는 시간의 수학을 발견했던 것이다.

2

근대 과학의 탄생

수학의 영역은 기하학에 국한되지 않는다. 수학은 기하학의 범주를 훨씬 뛰어넘어 현상의 가장 깊은 본질에까지 다가선다. 갈릴레오는 이처럼 위대한 발견을 후세를 위해 다음과 같이 기록한다. "우리 눈앞에 영원히 펼쳐진 이 위대한 책(곧 우주를 의미한다.) 속에 철학이 쓰여 있다. 하지만 이 책의 언어를 배우지 않고, 이 책의 문자를 읽을 수 없다면 이 책을 이해할 수 없을 것이다. 이 책은 수학적 언어로 쓰여 있고, 이 책이 사용한 문자는 삼각형이나 원과 같은 기하학적 도형들이다. 이러한 수단이 없다면 인간의 힘으로 우주를 이해하기란 불가능하며, 오직 미로 속을 목적 없이 헤매게 될 것이다."[1]

갈릴레오 이후 400년이 지난 오늘날에도, 왜 등식과 연산으로 구성된 수학적 관념이 만물의 물리적 행동을 예측하고 읽어낼 수 있는지 궁금할 것이다. 1960년 물리학자 유진 위그너Eugene Wigner는 〈자연과학에서 수학의 불합리한 효용성에 관하여〉라는 제목의 유명한 논문을 발표했다.[2] 수학의 세상은 사고와 관념이 지배하며 여기에는 진리를 가늠하는 논리적 기준이 존재한다. 하지만 물리적 세상은 사물과 사건으로 구성되며, 여기에서는 우리의 오감이 진리를 가늠하는 유일한 기준이다. 이 두 세상 사이에는 분명 격차가 존재한다. 그렇다면 이 두 세상은 어떻게 이어지고 있을까? 연산이나 논리적 주장으로 은하수나 원자의 행로를 어떻게 설명하는 것일까? 의식과 지식은 물리적 현실에 어떻게 나타나는 것일까?

하지만 이 두 세상은 엄연히 이어져 있다. 갈릴레오의 발견은 근대 과학의 효시로 자리매김했다. 그는 길을 보여 주었고, 17세기의 모든 과학자들이 그의 길을 따랐다. 예컨대 데카르트는 오랜 기간 매진해 온 자신의 연구를 다음과 같이 표현했다. "난 특별히 수학을 좋아했다. 수학으로 증명된 주장은 믿을 수 있고, 자명하기 때문이다. 하지만 나는 수학의 참된 용도를 몰랐다. 그때만 해도 수학은 단지 기계 공학에만 쓰일 수 있다고 생각했기 때문이다. 그토록 확고한 기반 위에 더 큰 의미가 담긴 무언가를 세울 수 있다고는 미처 생각지 못했기 때문이다."[3]

몇 년 뒤, 데카르트는 기하학과 대수학을 통합하며 현대 수학을 창시했다. 그가 창시한 수학은 갈릴레오의 발상을 운동의 원리로 발전시킬 정밀한 수단으로 자리 잡았다. 데카르트의 위대한 업적으로 꼽히는 분석 기하학은 모든 기하학 문제를 연산으로 풀 수 있는 대수학의 문제로 바꿔 놓았다. 수학은 더 이상 기하학과 대수학으로 양분되지 않고 하나의 통합된 이론으로 탈바꿈했다. 역학은 운동을 연구하는 학문이며, 17세기 말부터 분석학적 성격을 띠기 시작했다. 이는 역학이 곧 대수학으로 압축되어 역학의 문제를 대수학의 문제로 풀어낼 수 있고 운동방정식을 직접 도출할 수 있다는 것을 의미했다. 운동의 원리를 발견한다는 것은 곧 방정식을 푼다는 의미였다. 데카르트 이후 300년간, 기하학과 역학은 연산의 문제로 압축되었고 대응하는 방정식을 풀면 문제를 해결할 수 있었다. 20세기 말, 앙리 푸앵카레Henri Poincaré는 이러한 접근법의 한계를 명확히 밝혔다.

데카르트의 수학은 갈릴레오의 발상을 표현하고 전개하는 수단으로 안성맞춤이었다. 수학은 왜 이토록 강력한 걸까? 베르톨트 브레히트의 《갈릴레오의 생애》에서 해답을 찾을 수 있다.[4] 이 책은 교황 우르반 8세에 오른 바르베리니 주교와 갈릴레오 사이의 생동감 넘치고 재미있는 대화를 묘사하고 있다.

바르베리니: 친애하는 갈릴레오, 당신은 천문학자들이 지향하는 목표가 삶을 편하게 하는 것 이상이라고 확신하나요? 당신은 원, 타원, 균일한 속도, 단순한 동작 등 당신이 머리로 이해할 수 있는 것을 생각하지요. 신께서 당신이 창조하신 별이 이렇게 움직이길 원했다고 생각해 보세요.(그는 일정하지 않은 속도로 손가락을 움직여 매우 복잡한 경로를 허공에 그린다.) 당신의 계산은 어떻게 변할까요?

갈릴레오: 폐하, 신께서 세상을 이런 식으로 창조했다면(그는 바르베리니가 그린 경로를 그대로 따라 그린다.) 우리의 뇌 또한 이런 식으로 만드셨을 겁니다.(그는 똑같은 경로를 다시 한 번 그린다.) 따라서 우리에게는 이러한 길이 가장 단순합니다. 저는 이성의 힘을 믿습니다.

바르베리니: 나는 이성의 힘이 별로인가 봐. 저 사람 입 닫고 있는

걸 보라고. 워낙 예의 바른 사람이라 내 이성의 힘이 별 볼 일 없다
는 말은 차마 못 할 거야.

갈릴레오의 친구로 그를 높이 평가했던 바르베리니는 아주 흥미로
운 질문을 던지고 있다. 과학에서 단순성이란 무엇을 의미하는가?
단순한 설명이란 과연 무엇이고, 물리 법칙은 왜 단순해야 하는가?
예컨대 천문학에서는 우주를 여러 가지 모형에 따라 설명한다. 여기
에서 모든 우주 모형은 단순성을 지향한다. 고대와 중세에는 일정한
속도의 원운동을 가장 단순한 운동으로 생각했다. 당시 사람들은 일
정 속도의 등속선형운동이 불가능하다고 믿었는데, 우주가 별이 박
힌 거대한 고형 구체로 둘러싸여 있어서 직선으로 움직이면 경계에
부딪힐 것이라 생각했기 때문이다. 오랜 시간이 걸려서야 일정한 속
도의 등속선형운동이 물리적으로 가능하다는 사실을 받아들일 수 있
었고, 그것이 원운동보다 단순한 운동이라는 것을 깨닫기까지는 더
오랜 시간이 걸렸다.[5] 갈릴레오조차 등속원운동의 굴레에서 벗어나
지 못했다. 모든 운동 가운데 등속선형운동이 가장 간단하다는 것을
명시적으로 주장한 최초의 인물은 데카르트였다. 또한 그는 점 하나
가 우주에서 어떠한 외부의 영향도 받지 않고 움직인다면, 직선을 따
라 일정한 속도로 움직일 것이라고 처음으로 주장했다.[6]
　　하지만 수백 년 동안, 등속원운동은 모든 운동 가운데 가장 간단한
운동으로 생각되었다. 프톨레마이오스에서 시작해 아랍인들에게까
지 승계된 천문학을 비롯해, 다양한 천문학적 세계관들은 이처럼 잘
못된 단순성에 집착하면서 달과 별의 움직임을 등속원운동에 끼워
맞추려 애썼다. 바퀴 하나가 다른 바퀴를 굴리고, 다른 바퀴는 또 다

른 바퀴를 굴리고, 또 다른 바퀴는 행성을 굴리는 장면을 상상해 보라. 이 모든 바퀴들은 각기 다른 속도로 돌아간다. 이러한 운동은 단순함과는 거리가 멀다. 프톨레마이오스식 우주관을 자세히 듣고 난 이후, 지혜로운 자the Wise라는 별명으로 불렸던 카스티야의 알폰소 10세는 신이 세상을 창조하기에 앞서 자신에게 상담하는 영예를 내려주셨다면 아주 괜찮은 조언을 해 드렸을 것이라고 말했다.

　케플러는 단순성을 위해 등속원운동을 진행하는 모든 바퀴들을 없애버리고, 태양을 우주 한가운데에 똑바로 배치했다. 그가 구상한 모형에 따르면 지구를 비롯한 태양계의 모든 행성들은 타원 궤도를 따라 태양 주위를 가변 속도로 회전했다. 이러한 행성들은 태양에 가까워질수록 빨라지며, 태양에서 멀어질수록 느려진다. 뉴턴 또한 단순성을 위해 케플러의 실험법칙을 더 심도 있는 수학적 법칙으로 대체했다. 이 법칙은 태양 주위를 공전하는 행성들뿐 아니라, 더 일반적인 상황도 설명할 수 있었다. 그러나 안타깝게도 이처럼 새로이 발굴한 단순성은 허상에 불과한 것으로 드러났다. 뉴턴의 법칙을 따르는 운동은 유달리 복잡해질 수 있다. 제일 중요한 사례들의 운동방정식을 풀 수 없고, 태양계의 장기 안정성 같은 기본적인 문제도 오늘날까지 풀지 못하고 있다. 마지막으로, 아인슈타인이 갈릴레오의 세계시世界時에 대한 관념을 폐기한 것도 이러한 단순성을 위해서였다. 아인슈타인의 일반상대성이론에 따르면, 시간과 공간은 명확히 구분되지 않는다. 그 대신 시공간에 대한 일반 기하학이 존재하며, 이러한 기하학이 제시하는 수학 관계식에는 뉴턴의 중력의 법칙 또한 특별한 실례로 다루고 있다. 돌이켜 보면 원운동은 타원운동으로, 타원운동은 점차 복잡해지는 수학 관계식으로 발전해 왔다. 이것은 진정 단순성을 위한 길일까? 바르베리니가 핵심을 잘 짚었다. 과학자들이 단순한 설명을 통해 뜻하려는 바는 무엇일까?

14세기 초, 영국 오컴 출신이자 프란치스코 수도회의 수사였던 윌리엄은 이 질문에 대한 첫 번째 해답을 제시했다. 그는 오늘날 '오컴의 면도날'이라 알려진 법칙을 주장했다. 면도날이라는 이름이 붙은 이유는, 무언가를 설명할 때 주장의 본질을 해치지 않는 범위에서 모든 것을 잘라내야 한다는 의미를 함축하기 때문이다. 이 법칙은 "개념을 필요한 범위 이상으로 확대하면 곤란하다." 또는 "더 적은 것으로 할 수 있는 일을 더 많은 것으로 하는 것은 무의미하다." 등으로 표현할 수 있다. 널리 받아들여진 일반 법칙으로부터 도출되는 논거는 매우 특별한 상황을 위해 시도되는 새롭고 생소한 설명보다 항상 강력하다.

위대한 천문학자 피에르 라플라스는 천체 역학에 관한 방대한 논문을 기술하고 나서 나폴레옹 황제로부터 다음과 같은 질문을 받았다. "우주 속에 신이 있을 자리는 어디요?" 라플라스는 이렇게 대답했다. "폐하, 그러한 가정은 전혀 불필요합니다." 이것은 오컴의 면도날로 설명할 수 있는 멋진 사례다. 하지만 라플라스의 답변이 보기보다는 모호하다는 사실을 주목해야 한다. 예컨대 뉴턴에게는 이러한 가정이 필요했다. 그는 행성들의 속도가 결국에는 느려지고, 행성이 섭동(천체의 궤도에 교란이 미치게 하는 인력 – 옮긴이) 탓에 궤도에서 벗어나므로 제자리, 제 속도로 돌려놓기 위해 신의 손이 필요하다고 생각했다. 하지만 라플라스는 달랐다. 그는 뉴턴의 법칙을 적용하고 필요한 계산을 수행하는 것만으로 천체의 모든 움직임을 설명할 수 있다고 생각했다. 이 법칙을 정립하려면 시공간에 대한 갈릴레오식 사고뿐 아니라 질량과 힘에 대한 역학적 사고가 필요했다. 라플라스는 이러한 사고에 따라 자연 현상을 충분히 설명할 수 있다면, 신의 존재라든가 인간을 위한 신의 배려 같은 기타 법칙들은 과학의 범주에서 벗어나는 피상적이고 형이상학적인 개념이 되리라고 생각했다. 200년이 지나, 갈릴레오의 역학으로 설명할 수 없는 실험적 증거들이 누적되었다. 예컨대 태양에서 가장 가까운 수성의 궤도가 자꾸 틀리는 곤혹스러운 현상이 벌어졌다. 수백 년 이후 공전 궤도가 변했을뿐더러, 태양을 도는 속도가 매우 느려지는 현상이 특히 두드러졌다. (공전 궤도가 원이라면 목격할 수 없는 현상이다. 공전 궤도가 타원이라는 사실을 기억하라.) 이러한 현상이 발생하는 이유 중 하나는 다른 행성들이 수성을 끌어당기기 때문이다. 행성 하나하나에 작용하는 힘의 대부분은 태양에서 비롯되지만, 다른 행성들 또한 인력을 발산해 태양의 인력을 흔들어 놓는다. 수성의 경우, 100년마다 43초(시간이 아닌 각을 재는 단위)를 벗어나고 있다. 미미한 정도로 보일 수 있으나, 이는 천문 관측으로 측정한 정확한 수치다. 아인슈타인은 새로운 개념을 제시해 이러한 현상을 비롯한 여러 현상들을 설명했다. 아인슈타인의 새로운 시공간 이론은 갈릴레오의 틀을 대체했다. 상대성이론이라 불린 아인슈타인의 이론을 생각하면, 라플라스 이후에도 새로운 개념이 필요했다는 것을 알 수 있다. 라플라스가 이 사실을 알았다면 매우 놀랐을 것이다. 하지만 오컴의 면도날은 여전히 유효했다. 아인슈타인은 이미 알려진 현상을 설명하는 데 반드시 필요한 개념만을 소개했을 뿐이다.

실제로 뉴턴은 1687년에 출판한 역작, 《자연철학의 수학원리》제3권에서 동일한 이야기를 하고 있다. 그가 과학적 방법으로 소개한 법칙들은 다음과 같다.

1. 사실을 설명하기 위해 필요한 원인만을 인정해야 한다.
2. 동일한 효과는 항상, 할 수 있는 한, 같은 원인으로 설명되어야
   한다.
3. 늘어나거나 줄어드는 등의 변화를 겪지 않는 대상 및 실험 가능
   한 모든 대상에 적용되는 성질은 모든 대상에 보편적으로 적용
   된다고 간주되어야 한다.
4. 실험 철학에서, 사실을 통해 끌어낼 수 있는 명제는 반대되는
   가정이 있더라도 예외적인 사례가 사실로써 증명되거나, 더욱
   많은 사실로 이 명제가 확정될 때까지 진리나 진리에 가까운 것
   으로 추론되어야 한다. 그 어떤 가정도 경험에서 비롯되는 추론
   을 약화시키지 못한다.

수백 년의 세월이 흘러, 수차례의 과학 혁명을 겪은 오늘날에 이르
기까지 이 법칙은 전혀 수정할 필요가 없었다. 뉴턴은 천재임에 틀림
없다. 그는 깊은 사고를 간결하게 표현했다. 이는 나중에 소개할 모
페르튀가 감성적 토로에 익숙했던 것과는 확연히 구별된다. 뉴턴은
과학이 이론과 실험을 이어주는 연결고리라는 사실을 알고 있었으
며, 그 고리를 당겨 보며 끊어지지 않는다는 사실을 확인했다. 그가
말한 네 가지 법칙은 과학을 제대로 연구할 재료와도 같다. 첫 두 가
지 법칙은 오컴의 면도날을 설명한 것이다. 불필요한 관념과 원리를
새로 끌어들이지 말고, 할 수 있는 데까지 기존의 관념과 원리를 활
용해야 한다. 세 번째 법칙은 대자연의 균일성의 법칙principle of uni-

formity이다. 이 법칙 또한 오컴의 면도날과 비슷하며, 다음과 같은 내용으로 요약된다. 보이지 않는 것이 보이는 것과 아주 다르다고 짐작할 이유는 없다. 직접 보지는 못했더라도, 달의 뒷면이 눈이나 블루치즈로 덮여 있다는 생각은 합리적이지 않다. 뉴턴은 균일성의 법칙을 적용할 수 있는 또 다른 사례를 언급한다. "인간과 동물의 숨쉬기, 미국과 유럽에서의 돌의 낙하 운동, 불과 태양의 빛"과 같이, 짝을 이룬 두 가지 현상을 같이 생각해야 한다. 사람과 동물의 숨쉬기가 다르거나, 다른 장소에서 돌이 다르게 떨어진다거나, 태양이나 불이 뿜어내는 빛이 서로 다르게 진행한다고 생각할 아무런 이유가 없는 것이다.

뉴턴의 마지막 법칙은 이론과 실험 사이의 경계를 정하고 있다. 사실을 근거로 추론한 결과에 따라 이론이 정립되어야 하며, 이론이 다른 가정으로부터 비롯되어서는 곤란하다.(예컨대, 대자연은 일정한 목적을 달성하기 위해 분투한다는 가정 등) 이론은 일정한 명제로만 수용되며, 새로운 실험(새로운 가정이 아니다.)의 결과가 기존 이론의 한계를 보여 주고, 새로운 이론의 길을 열어 줄 때까지만 생명력을 유지한다. 이것은 1687년이라는 시대를 감안하면 놀라울 정도로 현대적인 과학관이었고, 20세기 중반에 칼 포퍼Karl Popper가 제창한 것과 매우 유사했다. 아마도 뉴턴은 개념과 법칙의 최소화를 강조했던 것 같다. 대자연에 균일성과 규칙성이 없다면 어떨까? 사람의 호흡과 동물의 호흡을 달리 설명해야 한다면, 유럽에서 돌이 떨어지는 낙하 원리와 미국에서 돌이 떨어지는 낙하 원리가 다르다면, 원인의 가짓수가 무한정 늘어날 테고 체계적인 지식은 불가능할 것이다.

물론 현실은 그렇지 않으며, 이는 주목할 만한 사실이다. 대자연은 지식을 낭비하지 않는다. 엄청나게 많은 개별 현상들은 일련의 논리적 연관성과 수학적 계산식으로 이어진 극소수의 일반 개념과 법칙으로 설명할 수 있다. 물론, 이를 설명할 수 있는 최적의 사례는 뉴턴의 중력 이론이다. 시공간에 대한 갈릴레오의 지식 체계에 단지 세 가지 개념, 가속도, 질량, 힘만 더해지면 중력 이론을 설명할 수 있다. 이 이론을 이해하면 중력의 법칙을 아주 간단한 명제로 정의할 수 있다. 두 가지 물체가 서로를 끌어당기며, 당기는 힘은 질량에 비례하고, 거리의 제곱에 반비례한다.(거리가 두 배 멀어지면, 당기는 힘은 네 배 약해진다.) 이 간단한 명제는 그 어디에도 적용할 수 있다. 이 법칙은 전 우주를 아우르며, 아주 특이한 상황에서도 적용할 수 있다. 뉴턴의 법칙에 따르면 밀물과 썰물, 일식과 월식, 지구를 도는 위성의 위치를 예측할 수 있다.

물론 모든 예측의 저변에 깔린 수학적 공식은 매우 어렵다. 뉴턴의 《프린키피아》는 시대를 초월하는 명저에 속하며, 이 책을 읽은 독자들은 뉴턴의 천재성에 압도당하기 마련이다. 뉴턴 이전에, 에드먼드 핼리Edmund Halley, 크리스토퍼 렌Christopher Wren, 로버트 후크Robert Hooke는 모두 역제곱법칙을 정립했다. 그들이 이 법칙을 정립한 데는 태양과 행성 사이의 거리와 1년이라는 시간이 어떤 관계가 있는지 관찰했던 케플러의 영향이 컸다.[7] 케플러가 발견했던 모든 사실들은 역제곱법칙이 말해 주는 논리적인 결론을 따르고 있었지만, 이러한 사실을 입증할 수학적 재능을 지녔던 학자는 뉴턴이 유일했다. 현대 수학의 다양한 체계를 마음껏 활용할 수 있는 오늘날에도, 필요한 계산을 하는 일은 결코 쉽지 않다. 뉴턴은 기초적인 수준의 기하학으로 이 문제를 해결했다. 고대 그리스인들도 알고 있었던 타원의 일부 성질을 활용했던 것이다.

어떻게 이런 일이 가능할까? 어떻게 물리적 현실을 몇 가지 법칙으로 설명할 수 있는 것일까? 어떻게 물리적 현실이 논리적 근거와 수학적 연산을 따르는 것일까? 이 질문에 대한 뉴턴의 답은 명확했다. 신이 하늘과 땅을 창조했기 때문이다. 모든 행성계는 우리의 지식을 뛰어넘는 법칙에 따라 창조되었다. 창세기에 나오는 것처럼 신은 당신의 모습을 따라 인간을 창조했다. 우리는 신의 완전성에서 비롯된 존재이므로, 여전히 같은 패턴에 따라 만들어진다. 따라서 우리는 창조주와 같은 부류이므로, 이 세상과 세상의 법칙을 이해하는 것은 당연하다. 행성의 운동이 역제곱법칙에 따라 설명된다면, 그 이유는 신이 물질을 창조하면서 역제곱법칙에 따르도록 마음먹었기 때문이다.

하지만 뉴턴은 역제곱법칙으로 모든 것을 설명할 수 없다는 점을 지적했다. 역제곱법칙은 운동이 어떻게 지속되는지를 보여 줄 수는 있어도, 어떻게 시작되는지는 알려 주지 못한다. "독창적이고도 규칙적인 궤도의 위상은 이러한 법칙에 따라 설명할 수 없다. 태양, 행성, 혜성의 신비로운 자리 잡기는 전지전능한 존재의 역작이라고밖에 볼 수 없다."[8] 달리 말하면, 세상은 기계이고, 과학은 설계도다. 설계도를 본들, 처음에 왜 기계를 만들었는지, 만든 목적이 무엇인지를 알 수는 없다. 과학은 아주 겸손한 역할만을 맡아 어떻게 기계가 작동하는지 알려줄 뿐이다. 더 심도 있는 설명은 다른 데서 찾아야 한다. 물론 발견할 수 있다는 것이 전제되어야 하겠지만 말이다.

뉴턴은 성경의 예언을 연구하는 데 많은 시간과 에너지를 쏟았다. 그가 요한묵시록을 연구하며 쓴 글의 양은 무려 30만 단어가 넘는다.[9] 그가 시간을 적절히 활용하지 못한 것은 아닐까 하는 생각도 들지만, 다음 질문을 통해 이 문제를 논의해 보자. 신이 세상을 창조하고 난 후에 한 일은 무엇일까?

데카르트의 제자인 니콜라 말브랑슈Nicolas Malebranche는 독실한 수도자였고,(그는 오라토리오 수도회의 수사였다. 이 수도회는 매우 경건한 곳이었다.) 그는 문제의 해답을 창세기에서 찾고 있다. "일곱 번째 날, 모든 일을 마치신 다음, 편히 쉬셨다." 마치 훌륭한 기술자가 아무런 문제없이 작동하는 기계를 보면서 즐거워하듯, 하느님은 이 세상, 즉 하늘과 땅을 창조하고 움직이게 만드신 다음 휴식을 취한 것이다. 첫 6일 동안, 신이 설계해 곳곳에 배치한 메커니즘은 만물을 움직이게 만들었고, 그 후로 신은 더 이상 손을 댈 이유가 없었다. 겉포장을 들어내고, 작동하는 모습을 관찰하면 이러한 메커니즘을 발견할 수 있으며 기계의 설계도를 그릴 수도 있을 것이다. 하지만, 말브랑슈에 따르면 설계도만 보아서는 기술자가 이러한 기계를 만든 목적이 무엇인지를 알아낼 수 없다. 성경이나 교회의 가르침을 통해서만 이러한 신의 목적을 알 수 있다. 이는 단순한 과학의 범주를 뛰어넘는 것이다.

뉴턴과 말브랑슈는 당시의 시대상을 다분히 대변하고 있다. 17세기와 18세기에는 물리적 세상을 창조주가 설계하고 운전하는 기계라고 생각했다. 일을 마치신 창조주는 무심히 서서 기계가 우직하게 돌아가는 광경을 바라볼 뿐이다. 이러한 세계관은 매우 조악해 보인다. 물리적 세상과 더불어 생물학적 세상이 존재한다는 것을 생각하면 특히 그렇다. 예컨대 데카르트는 동물 또한 또 다른 종류의 기계라고 생각했다. 지적 존재가 창조한 이성이 없는 기계라는 것이다. 이 세상은 물리적 세상과는 상극이므로 두 세상을 한데 끌어 모으기는 매우 어렵다. 한편의 세상은 순수한 주관성을 띠며, 모든 것을 포함하는 의식으로 특징된다. 이러한 세상은 신의 영원한 독백 중에 등장하는 덧없는 꿈같은 것이다. 다른 한편의 세상은 순수한 객관성을 띠며, 아무런 이성과 의식이 없는 기계로서 필요가 없으면 금세 기억 속에서 사라진다. 철학에서도 많이 찾아볼 수 있는 두 가지 대안의 조합들은 신과 세상의 창조 사이에서 유래한 대립의 구도를 형상화한 것이다. 영혼과 육신, 형상과 질료, 능산적 자연과 소산적 자연 등에서 보이는 것처럼, 이러한 대립은 쉽게 극복하기 어렵다.

더욱 중요한 또 다른 사례가 있다. 고대 철학에서 고전적인 주제로 다루었던 작용인efficient cause과 목적인final cause의 구분이다. 작용인은 기계의 설계도를 제공해 주며, 다양한 메커니즘과 작동을 설명한다. 한편, 목적인은 기술자가 가진 목적에서 시작해 기계의 설계를 설명한다. 플라톤은《파이돈》에서 이 두 원인의 차이를 매우 잘 설명하고 있다. 여기에서는 사형 선고를 받고 사형 집행을 기다리고 있는 소크라테스가 탈출할 기회를 노려야 하는지를 질문하고 있다. 소크라테스는 제자들에게 자신이 도망치지 않고 있는 이유를 두 가지로 설명한다. 하나는 도덕적 배경(목적인에 해당한다.)에 따라 결정했다는 설명이다. 작용인에 해당하는 다른 설명은 다음과 같다. "내 행동의 원인을 다음과 같은 방식으로 분석하는 사람을 가정해 보기로 하세. 그는 소크라테스라는 인간이 스스로 결정한 사항을 실행으로 옮기기 위해 지적 능력을 활용한다는 것을 부정하지는 않고 있어. 그는 우선 이렇게 말할 거야. 내가 여기 앉아 있는 이유는 내 육신이 뼈와 근육으로 만들어져 있고, 근육이 서로 이어진 단단한 뼈를 당기거나 풀어 주며, 근육의 힘이 뼈에 작용해 팔다리를 펼 수 있기 때문이라고, 그래서 내가 지금 자네 앞에 앉아 있는 거라고 말이야! 마찬가지로 그 사람은 우리 대화를 어떻게 묘사할까? 비슷한 다른 원인을 들거야. 소리가 발산되고, 진동이 귀에 다다르는 등등의 원인 말일세. 하지만 그는 진정한 원인을 말하고 있지는 않네. 아테네인들이 나에게 사형을 언도했고, 우리들 각자는 스스로 최선이라고 생각하는 바를 이행해야 하기에 내가 이 자리를 지키기로 결심했다는 것 말이지."[10]

실제로 뼈를 움직이는 근육의 관점에서 설명을 찾는 것보다, 위 대화처럼 소크라테스로부터 답을 듣는 것이 훨씬 만족스럽다. 안타깝게도, 우리는 신에게 이러한 식으로 의문을 제기할 수 없기에, 그가 세상을 창조한 목적(유일무이한 신이 세상을 창조했다면)은 미스터리로 남아 있다. 따라서 우리는 우리 스스로 이 해답을 찾아야 한다. 과학에서 목적인이란 존재할 수 없다. 따라서 우리는 유일하게 남은 다른 원인, 즉 작용인으로 만족해야 한다. 이는 곧 모든 현상을 너트와 볼트의 관점에서 설명해야 한다는 것을 의미한다. 예컨대 데카르트는 기계를 다음과 같은 모습으로 떠올리며 인체를 모방하는 것으로 생각한다.

이 기계가 수행하는 모든 작용들을 고려해 보십시오. 고기를 소화하는 일, 심장과 동맥의 박동, 팔다리의 발육과 성장, 숨쉬기, 잠자리에 들기와 일어나기, 빛, 소리, 냄새, 맛, 열 등을 오감 기관이 인지하는 작용 말입니다. 감각 기관에 어떤 형상으로 떠올라, 기억 속에서 어떻게 각인되고 남아 있는지를 생각해 보십시오. 정신과 열정의 내부 작용을 곱씹은 다음, 마지막으로 육체의 외부 작용을 천착하십시오. 육체의 외부 작용은 오감이 인지하는 사물의 작용과, 우리들의 기억 속에서 오감이 받아들이는 열정, 형상에 따라 민감하게 달라지므로 실제 인간의 행동을 완벽히 흉내 내기 마련입니다. 시계나 오토마톤의 동작이 추나 바퀴를 따르는 것처럼, 이러한 모든 작용들이 기계를 구성하는 부속들의 특징을 그대로 따른다는 것을 생각하기 바랍니다.[11]

동물은 기계이며, 인체 또한 마찬가지다.

이 세상이 하나의 기계이며, 과학이 우리에게 설계도를 제공해 준다는 관념은 기계의 목적을 말해 주지 못한다 해도 오늘날까지 지속되고 있다. 전혀 놀라운 일은 아니다. 르네상스 시절, 과학은 기술과 밀접한 연관을 맺기 시작했고(고대에는 전혀 그렇지 못했다.) 산업 혁명은 이러한 관계를 더욱 끈끈히 만들었다. 당시 최고의 과학자들, 레오나르도 다 빈치를 비롯해 갈릴레오, 하위헌스, 파스칼 등은 모두 기술자였고, 그들이 만든 도구는 과학 연구의 핵심을 차지했다. 기술자들이 무언가를 이해한다는 것은 그것을 만들 수 있다는 것을 의미한다. 무엇을 만들건, 그것을 만들었다면 그것을 완벽히 이해하고 있는 것이다. 세상을 이해할 수 있다면, 그것은 세상이 가장 위대한 기술자가 만든 하나의 기계이기 때문이다. 세상은 하나의 시계다. 우리는 시계를 보면서 시계를 만든 자가 있다는 사실을 알 수 있다. 피의 역사로 점철된 성경에서보다 경이롭게 정리된 물리적 세상으로부터 신의 업적을 볼 수 있으며, 그의 성격을 추론할 수 있다. 신은 무엇보다도 이성적인 존재다. 이러한 사고는 프랑스 혁명 당시 최고조에 달했다. 프랑스 전역에 걸쳐 이성의 여신에게 봉헌하는 사원이 건립되었고, 이 사원의 대문에는 다음과 같은 글귀가 새겨져 있었다. "프랑스인들은 절대적 존재와 영혼의 불멸을 알고 있다."

갈릴레오는 이성을 가장 높은 곳까지 올려놓았다. 당대의 과학자들과 철학자들은 이성이 만물의 정점에 자리 잡는다는 사실을 인정했다. 이성이란 세상과는 달리 창조된 것이 아니다. 이와 반대로, 이성은 창조를 주관한다. 말브랑슈와 같은 진성 기독교인조차도 "최고 이성은 신과 함께 영원하며, 신과 함께 공존한다."라고 말했다. 달리 말하면, 신은 이성적이거나 합리적인 존재가 아니라 이성 그 자체라는 것이다. 수학적 진리와 논리적 진리는 창조된 것이 아니며, 신성의 일부다. 신은 스스로를 바꿀 수 없는 것처럼 이러한 진리들 또한 바꿀 수 없다. 브레히트는 갈릴레오에게 신이 완전히 다른 세상을 창조했을 수도 있다는 발상을 주입했다. 그가 말한 세상은 타원과 원이 가장 단순한 경로가 아니라고 생각하는 다양한 사람들이 사는 세상이었다. 이러한 발상은 17세기와 18세기에는 매우 생소한 근대적 발상이었다. 당시에 신은 논리나 수학의 법칙을 만들지 않았다. 이러한 법칙들은 신 자체였으며, 모든 세상에 똑같이 존재했다.

여기에서 우리는 아주 흥미로운 질문과 맞닥뜨린다. 이 질문은 갈릴레오가 목성 주변에 위성이 돌고 있으며, 달의 표면에 산맥이 있다는 사실을 발견하고 나서 유행하기 시작했다. 다른 세상이 존재할 수 있을까? 지구가 과연 유일한 세상일까? 그렇지 않다면 정말 다른 세상이 존재할까? 사실, 신이 우리가 사는 세상을 창조했다면, 서로 다른 법칙을 지닌 다른 세상을 창조할 수도 있었을 것이다. 신은 동일한 논리의 법칙과 수학의 법칙을 고수해야 한다. 하지만 물리학에서는 어떨까? 예컨대 신은 역제곱법칙 말고 역세제곱법칙이 지배하는 세상을 만들 수 있었을까? 이러한 가상의 현실에서는, 두 물체가 당기는 힘은 거리의 세제곱에 반비례하며, 거리가 두 배 멀어지면 당기는 힘은 네 배가 아닌 여덟 배가 줄어든다. 이러한 세상은 우리들이 사는 세상만큼이나 논리적이고 수학적이다. 이러한 세상은 과연 존재할까? 존재한다면 어디에 있을까? 존재하지 않는다면, 왜 존재하지 않는 걸까?

이러한 물음의 답변이 과학에서 동떨어진 것만은 확실하다. 하지만 지구를 탐험하거나 하늘을 쳐다보는 것만으로도 새로운 세상을 발견할 수 있었던 당시에는 무시하기 어려운 질문이었다. 갈릴레오는 새로 개발한 소형 망원경으로 밤하늘을 바라보았고, 갈릴레오 이전에는 그 누구도 이러한 시도를 하지 않았다. 갈릴레오는 그때까지 몰랐던 수많은 별들을 발견할 수 있었다. 이 가운데 일부는 목성의 위성처럼 지구와 상당히 가까웠고, 일부는 낮은 등급의 별들처럼 지구로부터 멀리 떨어진 별도 있었다. 아주 익숙한 별이 미처 예상치 못한 남다른 특성을 지닌 사실도 발견되었다. 달에는 산맥과 바다가 있고, 태양에는 흑점이 있으며, 토성에는 고리가 있었다. 별들은 단지 하늘을 날아다니는 등잔이 아니었다. 지구와는 매우 다르고, 지구보다 큰 경우도 발견되는 하나의 완전한 세상이었다. 천문학자들이 천체를 탐험했던 것처럼, 다른 학자들은 눈길을 다른 쪽으로 돌려 현미경을 이용해 우리가 사는 세상의 미시적인 영역을 탐구하기 시작했다. 그들은 벌레들이 거대한 괴물로 탈바꿈할 수 있다는 사실을 밝혀냈고, 더 깊이 탐구하면서 우리 눈에 보이지 않는 미생물이 세상에 널려 있다는 사실도 알 수 있었다. 이 세상은 모든 단계별로 켜켜이 가득 찬 세상이며, 각 단계에서는 더 높은 단계와 더 낮은 단계를 무시하기 마련이다.

이러한 발견이 유도한 철학적 결론 또한 끝이 없을 정도다. 인간은 유한한 우주 속에서 태어났고, 이 유한한 우주는 별을 나르는 구로 둘러싸여 있다. 르네상스 시대에 인간은 무한한 우주에 등장했다. 이들은 외롭지 않았을 것이다. 왜냐하면 천문학자들이 발견하는 모든 새로운 세상들을 사막이라고 생각할 이유가 없었기 때문이다. 다른 세상에 생명체가 존재한다는 사실이 밝혀진다면, 또 다른 코페르니쿠스적 전회가 필요할 것이다. 지구가 우주의 중심이 아닌 것처럼, 인간은 더 이상 창조의 중심에 설 수가 없다. 또한 발밑에서 발견된 더 작은 세상에서도 놀라운 일들이 기다리고 있었다. 다양한 크기의 생물들이 넘쳐난다면, 왜 지적 능력을 갖고 있는 존재는 사람 크기의 생명체에만 허락된 것일까?

당시 철학계가 어떤 분위기였는지를 시사하는 볼테르의 이야기를 소개해 보자. 시리우스 별에는 미크로메가스(그리스어로 미크로는 '작다', 메가스는 '크다'를 의미한다.)라 불리는 자애롭고 학식 있는 거인이 있었다. 세상을 보고 싶어 했던 이 거인은 자신보다 훨씬 작은(하지만 우리들 눈에는 매우 컸다.) 여행 동료를 찾았으나, 자신의 편견을 다음과 같은 훌륭한 생각으로 극복했다. "겨우 키가 6,000피트밖에 안 된다는 이유로 생각하는 존재를 내쳐서는 곤란하지." 그들은 지구에 발을 디뎠으나, 아무런 생명체를 찾아볼 수 없었다. 그들의 시력으로는 사람과 동물 크기의 생명체를 알아볼 수 없었기 때문이다. 다행히도, 그들은 지구를 현미경으로 관찰해 보겠다는 똑똑한 아이디어를 떠올릴 수 있었다. 지구를 현미경으로 관찰하자, 조그만 생명체들이 땅을 달리고 물을 헤엄치는 광경이 보이기 시작했다. 이 대목에서 사람들은 스칸디나비아에서 모페르튀를 싣고 돌아오는 배를 떠올리게 된다. 모페르튀의 오랜 숙적이었던 볼테르는 모페르튀의 귀환마저 그를 조롱하는 기회로 활용했다.

다른 세상을 다룬 이야기, 소설, 논문들은 매우 많다. 대영제국에서는 존 윌킨스의《신세계 발견, 혹은 달에 살 수 있는 다른 세계가 있을 가능성을 증명하려는 담론Discovery of a New World, or a Discourse Tending to Prove That It Is Probable That There May Be Another Habitable World in the Moon》이 1638년에 출판되어 대박을 터뜨렸다. 프랑스에서는 퐁트넬(Fontenelle)이《다양한 세계에 대한 논고Discussions on the Plurality of Worlds》를 출간했고, 그가 사망한 1757년에는 무려 30쇄가 팔리고 있었다. 시라노 드 베르주라크Cyrano de Bergerac과 피에르 보렐Pierre Borel 또한 1657년 출판한《천체가 사람이 사는 땅이라고 증명하는 새로운 담론New Discourse Proving That Celestial Bodies Are Inhabited Earths》에서 다음과 같이 말했다. "인간은 마을 밖으로 한 번도 나가본 적이 없고, 세상에 자기 마을보다 장엄한 것은 없다고 철석같이 믿는 무지한 농부처럼 행동해서는 곤란하다." 이는 오늘날에도 통용될 수 있는 훌륭한 조언이다.

이 모든 작품들 가운데 가장 주된 작품으로 토마소 캄파넬라Tommaso Campanella가 옥중 집필해 1616년에 출간한《갈릴레오의 사과Apology of Galileo》를 꼽을 수 있다. 그는 포괄적인 시각으로 갈릴레오의 모든 천문학적 발견을 기술하며, 얼마나 갈릴레오의 발견이 정교하게 구성된 하나의 우주에 딱 들어맞는지를 보여 주고 있다. 예컨대, 텅 빈 공간 속에 지구가 떠다니고, 달이 지구 주변을 도는 모습을 상상하기는 어렵다. 하지만 목성이 하나가 아닌 다섯 개의 위성을 거느리며 똑같은 운동을 하고 있는 광경을 보기란 매우 쉽다. 마찬가지로, 달의 위상은 이제 달에만 국한된 현상이 아니다. 갈릴레오는 금성에도 위상이 있음을 밝혀냈다. 이로써 태양이라는 공통된 원인을 알아낼 수 있었다. 지구에 산맥이 있는 것처럼 달에도 산맥이 있고, 우리는 그림자를 통해 달의 산맥을 확인할 수 있다. 서로 다른 환경에서도 똑같은 현상이 벌어지는 것처럼, 지구에서의 현상이 다른 새로운 세상에서도 똑같이 일어날 것이라 추론할 수 있다. 몇 년 뒤, 아이작 뉴턴은 모든 우주의 현상을 설명할 수 있는 보편적 법칙을 증명하면서 캄파넬라의 통찰에 힘을 실어 주었다. 다른 행성이나 크기가 다른 사물에 별도로 적용할 자연법칙이란 존재하지 않으며, 모두에게 같은 법칙이 적용된다. 사실상 이 모두는 같은 세상의 일부이며, 따라서 우리는 다시 한 번 같은 질문을 풀어야 한다. 정말 다른 세상이 존재하는가? 그렇지 않다면, 왜 우리가 사는 세상만이 존재하는 것일까?

고트프리트 빌헬름 라이프니츠(1646~1716)는 이 질문에 대한 정교한 해답을 고심했던 유일한 철학자일 것이다. 그는 두말할 나위 없는 당대 최고의 지성으로, 뉴턴이나 스피노자와 같은 거장들과 어깨를 나란히 했다. 그는 과학자로서 미분학을 창시한 것으로 기억되고 있다. 뉴턴이 먼저냐, 그가 먼저냐 논란이 있으나, 라이프니츠 쪽으로 무게가 실리는 것이 사실이다. 현대 수학 또한 그가 소개한 개념과 그가 선택한 기호를 여전히 사용하고 있다. 그는 철학에서도 업적을 남겼으나, 사후에 그의 철학적 견해에 대한 논란이 들끓으면서 왜곡된 시각으로 알려진 것이 안타까울 뿐이다. 그는 우리가 모든 가능한 세상 가운데 최고의 세상에 살고 있다는 우스꽝스러운 발상을 옹호했던 것으로 기억되고 있다. 아주 대담한 발언이나, 라이프니츠가 순진해서 이런 말을 한 것은 결코 아니며, 허투루 넘겨들을 말도 아니다.

라이프니츠는 "가능한" 세상이라는 문구를 정확히 정의하는 것에서부터 시작한다. 신과 창조, 주관과 객관이 마주서는 실례처럼 앞서 언급했던 근본적인 대립구도에서부터 시작해 보자. 신은 다양한 방식에 따라 세상을 창조했으나, 몇 가지 논리 법칙과 비모순률law of noncontradiction을 따라야 한다. "to be"란 어떤 것이 된다는 것to be something을 의미하며, 당신이 어떤 것이라면 그와 동시에 다른 무엇이 될 수는 없는 일이다. 신조차 동시에 삼각형이기도, 원이기도 한 무언가를 창조할 수는 없다. 삼각형은 삼각형일 뿐이다. 삼각형은 세 변으로 둘러싸인 세 각으로 구성되어 있다. 원은 원일 뿐이다. 원은 중심점에서 같은 거리만큼 떨어진 점의 집합이다. 삼각형이 원이 되거나 원이 삼각형이 될 수 있는 방법은 어디에도 없다. 하지만 수학 이외의 영역에서는 이처럼 확실한 분류가 어려울 수도 있다. 예컨대 한 사람이 동시에 선할 수도 악할 수도 있는 것이며, 어른인지, 아이인지 구분이 명확하지 않을 수도 있다. 하지만 라이프니츠가 생각하는 방법은 데카르트식이다. 말하자면, 그는 모호하지 않은 확실한 정의로부터 개념을 끌어낸다. 비모순률은 동어 반복으로 축약되며, 이러한 동어 반복은 실증적인 내용과 독립적으로 순수한 형식적 사유에 적용될 수 있는 논리적 진술에 해당한다. "S"라는 명제가 무엇을 말하건, "S"와 그 반대 명제는 동시에 진리일 수 없다. 이것이 바로 논리의 힘이다.

라이프니츠에 따르면 신조차도 이러한 힘을 거스르지 못한다. 이 세상에 존재하는 만물은 비모순률과 동일률을 충족해야 한다.

S가 무엇이건 간에, S는 S이어야 한다. 라이프니츠 철학에서 존재란 비모순률과 동일률을 점검하는 방법이다. 두 가지를 모두 충족하는 관념은 "가능"하며, 신은 이러한 관념이 존재하도록 만들 수 있다. 하지만 모든 가능한 관념이 모두 존재하는 것은 아니다. 어떤 관념이 존재하도록 만들 것인지는 신의 선택에 달려 있다. 이 과정에서 신은 신만이 해결할 수 있는 문제를 고민하게 된다. 서로 모순되지 않도록 하기 위해 어떤 관념들을 선택하느냐의 문제다. 세상에 일련의 새로운 사건들을 일어나게 만든다면 사건 자체에 모순이 없어야 될 뿐 아니라 이미 존재하는 것들에 부합해서 모순을 일으키지 않아야 한다. 라이프니츠의 전문용어에 따르면 이 세상은 그 자체로 가능한 것들 뿐 아니라 다른 것들과 "공존이 가능한" 것들로 구성되어야 한다. 하지만, 세상에 현존하게 된 가능성과 그렇지 못한 가능성 사이에는 신에게 선택되었다는 사실 말고는 아무런 차이점이 존재하지 않는다. 신의 선택은 바깥에서 발생한 사건일 뿐이며 그들의 본질에 아무런 영향을 미치지 못한다. 이것은 마치 신이 어떤 사람들은 천국으로 보내고, 어떤 사람들은 지옥으로 보내는 것에 비유할 수 있다. 이러한 결과는 우리들의 성품이 가져온 논리적 결과일 수는 있다. 하지만 천국이나 지옥에 간 결과가 우리들의 성품 그 자체는 아닌 것이다. 모든 가능한 것들은 신의 의식 속에 공존한다. 라이프니츠의 말에 따르면, 이러한 신의 의식은 "가능한 현실의 대지"다.[12]

가능한 현실들 하나하나는 동일률과 비모순률로 완전히 둘러싸여 있다. 예컨대 신의 의식 속에는 1998년 맑은 여름 밤, 시카고에서 이 책을 집필하고 있는 이바르 에클랑이 존재한다. 이바르 에클랑을 의식한 특정한 생각 주위를 여러 가지 것들이 둘러싸고 있다. 어렸을 때 아팠던 일, 과학 논문, 에게 해海로의 크루즈 여행 등등. 사실, 이것은 태아 때부터 죽을 때까지 이바르 에클랑에 대한 자세한 것들을 모두 다룬 이야기일 뿐이다. 필자의 인생은 특정한 생각을 조금씩 펼치는 것에 지나지 않는다. 필자가 원에 대한 생각을 떠올리는 것처럼, 신은 당신의 의식 속에서 이바르 에클랑이라는 존재에 대한 특정한 생각을 바로바로 떠올릴 수 있다. 물론 결코 현세에 존재하지 않았던 '가능한' 이바르 에클랑들도 많다. 필자보다 하루 늦게 태어난 이바르 에클랑, 등교길에 차에 치였던 이바르 에클랑, 노르웨이에 살기로 마음먹었던 이바르 에클랑 등등. 이들 모두가 신의 의식 속에 있었다. 이들은 모두 이바르 에클랑이라 불릴 수 있었으며, 지금의 필자와는 다른 인생을 살았을 것이다. 이들 모두는 신의 의식 속에 공존했으나, 오직 현실로 존재하게 된 것은 한 명뿐이었다.

현실을 이처럼 바라보면, 인간의 숙명에 대한 해묵은 질문의 답을 알 수 있다. 어떻게 신이 나를 만든 걸까? 어떻게 자유의지를 갖도록 만든 걸까? 내가 지옥에 떨어진다면, 왜 나를 좀 더 착한 사람으로 만들지 않았느냐고 불평하면 안 되는 걸까? 내가 누군가를 죽였다고 가정해 본다면, 신은 모든 것을 알고 있으므로 내가 이러한 범죄를 저지르기 전에 내가 누군가를 죽일 것이라는 사실을 알고 있었다. 하지만 그렇다면, 나는 더 이상 내 자유의지로 살인을 저지를 수 없다. 나는 행위 당시에 총을 쏘느냐 마느냐는 나에게 달린 일이라 생각했을지도 모른다. 하지만 그게 아니다. 내가 어떤 행동을 선택할 것이냐는 오래 전부터 정해져 있었다. 태초부터 내가 그 사람을 죽이리라는 숙명을 타고난 것이다. 나는 아버지를 죽이고 어머니와 결혼할 운명이었던 오이디푸스와도 같은 존재다. 하지만 나는 오이디푸스보다는 운이 좋은 사람이다. 왜냐하면 신탁의 경고를 받아 사태를 자발적으로 피할 기회가 있었던 오이디푸스와는 달리, 나는 사전에 경고를 받은 바가 없으므로 죄의 크기도 덜할 뿐더러 내가 지은 죄는 오이디푸스가 저지른 죄만큼이나 극악하지도 않기 때문이다. 내가 정말 자유의지를 가졌다면, 내가 방아쇠를 당기는 순간까지 선택의 여지는 남아 있었을 것이다. 이미 결과가 정해져 있다는 것은 이 선택이 내가 하는 선택이 아니며, 내가 책임을 지지 않아도 된다는 것을 의미한다.

라이프니츠는 《신정론Theodicy》에서 위와 같은 사례를 들고 있다. 그는 이 사례를 루크레티아의 능욕이라는 로마사의 일화와 연관지어 설명한다. 이는 당시 매우 유명했던 일화로, 셰익스피어도 이 이야기를 장편 서사시의 주제로 삼았다. 이 이야기에 나오는 악당의 이름은 섹스투스 타르퀴니우스Sextus Tarquinius이다. 이 자 때문에 루크레티아는 수치심 속에서 자살했다. 그녀의 가족은 섹스투스의 아버지인 로마의 왕을 축출하며 복수에 성공한다. 이로써 로마의 왕정은 막을 내린다. 따라서 루크레티아를 능욕한 행위는 그 자체로는 악한 행위였으나, 역사를 긍정적인 방향으로 바꿔 놓았다. 부패한 전제정권을 바람직한 공화정체로 바꾸어 로마가 전 세계를 정복할 수 있었기 때문이다. 이것은 한 가지 행동이 다양한 결과를 초래할 수 있다는 실례이며, 특별한 경우에는 양화가 악화를 구축한다는 주장의 근거가 될 수도 있다. 하지만 라이프니츠의 관심은 섹스투스 자체였다. 그는 다음과 같은 주장을 펼친다. 신은 로마 공화국이 존재하리는 것을 이미 알고 있었으므로, 섹스투스는 루크레티아를 능욕하는 것 말고는 다른 선택의 여지가 없었다. 따라서 죄에 대한 책임을 그에게 물을 수도 없었다. 라이프니츠는 사건 당시에 신의 의식 속에는 다양한 섹스투스들이 존재하며, 이들 대부분은 자유의지에 따라 점잖게 행동하는 섹스투스들이라는 점을 지적한다. 불평을 늘어놓는 특정한 섹스투스 또한 다른 섹스투스들과 마찬가지로 자유의지에 따라 행동했다. 그의 불운은 신이 그를 선택해 세상에 내놓은 것이었다. 그는 루크레티아를 능욕하기로 마음먹었고, 신은 그를 현실에 존재케 하리라 마음먹었다.

따라서 모든 가능한 현실은 신이 현실로 끌어내는 순간 나름의 정체성을 드러낸다. 신이 단번에 통찰하는 것과는 달리, 현세에 등장한 현실은 천천히 자신의 생명력을 펼친다. 신의 의식은 호르헤 루이스 보르헤스Jorge Luis Borges가 널리 알려진 우화[13]에서 언급한 도서관과도 같다. 이 도서관은 끝없이 많은 서가에 끝없이 많은 책들을 두고 있으며, 이 책들은 가능한 인물, 말하자면 이바르 에클랑과 같은 사람의 일대기를 담고 있다. 하지만 필자가 이 책들을 이것저것 꺼내 본들 아무런 도움이 되지 않는다. 왜냐하면 어떤 책이 현실에 등장한, 또는 등장하게 될 진본인지를 알 수 없기 때문이다. 여러 책 가운데 한 권을 열어 보고, 지금까지 일어났던 일들과 부합하는지를 확인해 볼 수는 있다. 하지만 앞으로 일어날 일들을 기술한 부분이 맞는지 틀리는지는 확인할 수 없다. 이 도서관 말고도 무수히 많은 도서관들이 존재하며, 각 도서관은 다른 개인들의 '가능한' 일대기를 보관하고 있다. 신은 이 책들을 모두 읽어 보았고, 각 도서관마다 딱 한 권씩을 선택해 현실로 풀어내며, 모든 개인의 일대기들은 서로 모순되지 않아야 한다.

이것은 결코 쉬운 일이 아니다. 앞서 언급한 것처럼, 이러한 일대기가 그 자체로 모순되지 않아야 하는 것은 물론이며, 동일한 사건을 두고서는 다른 사람의 일대기와도 일치해야 한다. 두 사람이 만난 적이 있다면, 이 만남에 대한 각각의 기술은 아무리 세부적인 사항이라도 일치해야 한다. 이것 말고도 동물, 식물 등과 같은 다른 현실들도 고려해야 한다. 이들 또한 무수히 많은 가능성 가운데 선택되었으며, 역시 다른 것들과 모순을 일으키지 않아야 한다. 온 세상은 모순 없이 창조되어야 하며, 세상을 자세히 들여다보면 아니나 다를까 악마가 등장한다. 소설 속에서는 이러한 시도가 늘 엿보인다. 예컨대 프랭크 허버트Frank Herbert나 J.R.R. 톨킨Tolkien은 우리의 의식 속에 가상의 세상을 창조했다. 이러한 작업이 가능했던 이유는 모든 세부적인 것들 하나하나를 피나는 노력을 통해 가다듬어 전체적인 세상 속에 녹여냈기 때문이다. 톨킨은 가운데 땅의 설화와 역사를 엮어내 호빗Hobbit(톨킨이 만들어낸 난쟁이 종족 – 옮긴이) 빌보의 모험을 뒷받침했다. 프랭크 허버트는 듄Dune과 같은 메마른 행성에 어떠한 문화와 기술이 발전할 수 있는지를 매우 자세히 상상했다.

우리가 톨킨이나 허버트의 아이디어를 극한까지 확대해 호빗이나 인간뿐 아니라 모든 형태의 생명체를 기술하고, 특정한 세상에 적용될 자연법칙까지 도입할 수 있다면, 우리는 라이프니츠가 말한 "가능한" 세상의 실례, 완벽하고 일관된 가능한 현실 체계를 얻게 되는 셈이다. 가상의 영역이 아닐지라도 가능한 세상은 많을 수 있다. 예컨대 진주만 공습이 없었고, 미국이 1941년 참전하지 않은 세상을 상상해 볼 수 있다. 또한 진화가 다른 방향으로 진행되어, 공룡이 지금도 지구를 지배하는 현실을 상상할 수도 있다. 마지막으로, 태양으로부터 멀리 떨어진 성간 공간의 행성에 물과 화산, 대양과 대륙이 존

재하고, 이 행성 위에 생명체가 번성하는 현실을 상상할 수도 있다.[14]

왜 신은 굳이 이 세상을 존재하게 한 걸까? 현실을 경험한 사람들 다수는 세상이 돌아가는 방식에 불만이 많다. 《단자론Monadology》에 소개된 라이프니츠의 해답을 검토해 보자. 이 책은 라이프니츠의 유일한 철학 서적으로, 그의 이론을 90가지 명제로 간략히 기술한다.

53. 신의 의식 속에는 무한한 우주들이 존재하며, 이 가운데 오직 하나만이 존재할 수 있다. 신은 왜 저것이 아닌 이것이냐를 설명할 충분한 선택의 이유가 있어야 한다.

54. 이러한 이유는 오직 적합성에서만 찾을 수 있다. 적합성이란 이러한 세상들이 띤 완벽성의 정도를 의미한다. 각각의 가능한 세상들은 자신이 갖춘 완벽성에 따라 존재를 부르짖을 권리가 있다.

55. 이러한 이유에 따라 최상의 것이 존재하게 된다. 신은 지혜로써 최상의 것을 알아보며, 선으로써 최상의 것을 선택하고, 힘으로써 최상의 것을 만들어 낸다.[15]

결론은 이렇다. 이 세상은 모든 가능한 세상 가운데 최상이기에 선택되었다. 여기서 잠깐, "최상의 것"을 어떻게 골라낼 수 있을까? 제54명제에서처럼, 최상의 것은 가장 완벽한 것이어야 한다. 그렇다면 완벽이란 무엇일까? 다음 세 가지 명제가 이를 설명한다.

56. 모든 창조물은 서로서로 이어지고, 모든 창조물은 하나의 창조물에 적응하고 하나의 창조물은 모든 창조물에 이어지고 적응

한다. 이러한 이어짐으로 말미암아 모든 개별적인 창조물은 다른 모든 것을 표현하는 일정한 관계 속에 자리 잡는다. 따라서 모든 단일한 객체는 영원히 살아 숨 쉬며 우주를 반영한다.

57. 도시를 각기 다른 면에서 바라보면 완전히 다른 측면이 보이는 동시에 시야가 다양할수록 다양한 측면이 드러나는 것처럼, 단순한 객체를 무한히 증폭시키면 그만큼 많은 우주를 창조할 수 있다. 하지만 이는 같은 우주가 바라보는 관점에 따라 달리 나타나는 것뿐이며, 이러한 관점들은 각기 다른 단자monade로 특징된다.

58. 이것이 바로 최고의 가능한 질서와 최고의 다양성을 얻을 수 있는 수단이다. 달리 말하면, 완벽성을 최대로 확보할 수 있는 방법이다.

따라서 완벽이란 두 가지 것으로 구성된다. 하나는 다양성이며, 다른 하나는 질서다. 다양성이란 지칠 줄 모르는 자연 현상의 향연이며, 질서는 만물의 상호 연관성 및 자연법칙의 단순성을 의미한다. 라이프니츠는 다양성과 질서를 동전의 양면으로 파악한다. 1679년 말브랑슈에게 보낸 편지에서 그는 이렇게 설명한다. "신은 가능한 한 많은 것들을 창조합니다. 신이 단순한 법칙을 찾는 이유는 그토록 많은 창조물들을 서로 모순되지 않도록 맞추어야 하기 때문입니다. 신이 다른 법칙을 끌어들인다면, 그건 동그란 돌로 집을 짓는 것과 마찬가지입니다. 그런 돌로 집을 짓는다면 구멍투성이일 테니까요." 이러한 생각을 아무리 잘 표현한들, 가장 위대한 다양성과 가장 위대한 질서를 동시에 달성할 수 있는 방법은 알기 어렵다. 이 두 가지 기준을 어느 정도 타협하는 것이 나을지도 모른다. 라이프니츠는 여기에 관심을 기울이지는 않으며, 정량적인 부분을 최대화할 정량적 기준을 수립하려 들지는 않는다. 이보다 그는 풍부한 우주와 다양한 우주의 조화를 무엇보다도 중요하게 여기는 정성적定性的 변수에 더욱 관심을 갖는다.

라이프니츠의 세상을 이해하려면 오케스트라를 어떻게 구성하는지 생각해 보라. 우선 악기가 있어야 하고, 악기를 연주할 수 있는 연주자들이 있어야 한다. 이것은 부름을 대기하고 있는 가능한 현실들이다. 하지만 모든 연주자들이 연주할 수는 없으며, 선택을 받아야한다. 각 악기마다 따라야 할 규칙이 있다. 조화로운 음악이 나오려면 연주자들은 함께 모여 연습을 해야 한다. 여기에서 지휘자는 선택한 연주자들의 연주가 조화로운 앙상블에 녹아드는지를 점검한다. 이러한 오케스트라 하나하나가 바로 '가능한 세상'이다. 여기에서 어려운 문제가 등장한다. 최고의 것을 골라야 한다. 왜냐하면 최고의 것이 창조되기 때문이다. 오케스트라의 서열을 가릴 정량적 기준이나, 어느 시점에 어떤 오케스트라가 최고인지를 판단할 일반적인 합의가 존재하는지도 의문이다.

라이프니츠가 이 세상을 모든 가능한 것들 가운데 최고라고 말할때, 이처럼 원초적인 모델을 생각한 것은 아니다. 그는 수학적 공식을 염두에 두지 않았다. 또한 인간의 행복을 제일 우선지도 않았고, 아예 언급조차 없었다. 행복은 보편적 조화 속의 일부인 이상 모종의 역할을 담당할 수 있다. 하지만 이러한 역할은 본질적이지도, 중요하지도 않다. 물론, 무엇이 행복을 구성하느냐에 따라 다르다. 라이프니츠 또한 일부 철학자들과 마찬가지로 행복이란 신의 창조에 깃든 경이를 묵상하는 데 있다고 생각한다. 이것은 일상생활에 찌든 대부분의 사람들에게 너무 멀게만 느껴지는 생각이다. 이 세상이 모든 가능한 세상 가운데 최고라는 말이 반드시 살기에 좋다는 뜻은 아니다. 사실 이러한 세상은 할 수 있는 한 다양해야 하고, 할 수 있는 한 질서를 갖추어야 한다. 따라서 극도로 다른 것들이 단순한 법칙 아래 어울려 살아가도록 맞추어야 한다. 따라서 어느 정도의 타협이 불가피하며, 모두에게 항상 유리하기를 기대할 수는 없다.

우리는 라이프니츠의 생각이라고 오해받은 "끝이 좋으면 다 좋은 것이다."라는 초보적인 철학에서 한참 벗어나 있다. 또한 우리는 데카르트와 뉴턴이 생각한 기계론적 우주관에서도 한참 벗어나 있다. 라이프니츠는 이 세상을 기계로 보지 않고, '녹음이 가득한 정원, 물고기가 가득한 호수'로 바라본다. 다른 사람들이 기술자인 데 반해, 그는 자연주의자다. 그는 별을 향해 망원경을 들고, 머리 위의 무한한 우주를 바라보았던 갈릴레오와는 다르다. 오히려 그는 현미경을 발명해 발밑의 무한한 우주를 바라보고 물 한 방울에 깃든 세상을 탐험한 안톤 판 레벤후크Anton van Leeuwenhoek를 닮았다. 실제로 레벤후크가 로버트 후크Robert Hooke에게 보낸 편지의 일부를 나란히 놓고 비교해 보자.

마치 맨눈으로 작은 뱀장어들이 서로 엉겨 있는 것을 보는 것 같다. 모든 물은 이러한 미생물들로 살아 숨 쉬고 있다. 내가 자연에서 본 경이로운 것들 가운데 이것이 가장 경이롭다.

《단자론》의 다음 세 가지 명제를 살펴보자.

67. 물질의 모든 부분은 식물이 가득 찬 정원, 또는 물고기가 가득
    한 연못으로 생각할 수 있다. 나무의 가지, 동물의 팔다리, 이
    들의 체액 한 방울도 또 다른 정원, 또 다른 연못이 될 수 있다.

68. 정원의 식물과 식물 사이를 채운 흙과 공기는 식물이 아니며,
    물고기와 물고기 사이를 채운 물은 물고기가 아니지만, 이러
    한 틈새 또한 식물과 물고기로 채워진다. 하지만 가장 흔히 보
    이는 생명체들은 워낙 미소해 우리가 알아챌 수 없다.

69. 따라서 우주에는 척박하고, 메마르고, 죽은 것이란 존재하지
    않는다. 겉으로 보기엔 혼란스럽고 무질서해 보여도, 우주에
    혼란이나 무질서란 존재하지 않는다. 마치 멀리서 본 연못과
    도 같다. 한 마리 한 마리를 구분하지는 못하더라도, 꿈틀거리
    는 물고기떼처럼 혼란스러운 움직임을 인지할 수 있을 것이다.

　　이것이 바로 라이프니츠의 철학적 유산이다. 그가 죽고 50년이 흐
른 뒤, 그의 철학은 볼테르의 작업을 통해 매우 다른 종류의 철학이
라 할 수 있는 모페르튀의 정량적, 기계적 형이상학과 섞이게 된다.
이 형이상학에 따르면 "보통의 삶에서, 이익의 합계는 불운의 합계를
능가한다." 이러한 철학이 어떻게 등장했고, 라이프니츠의 철학과 섞
이게 되었는지를 다음 장에서 다루기로 한다.

3

최소작용의 법칙

1633년 6월, 갈릴레오는 유죄를 선고받았다. 6개월에 걸친 재판 끝에, 종교 재판정은 "이단의 혐의가 몹시도 다분하다. 성경의 말씀을 거스른 잘못된 원리를 믿고, 그러한 생각을 세상을 향해 풀어 놓았기 때문이다. 그는 태양이 세상의 중심이며, 태양은 동쪽에서 서쪽으로 움직이지 않고, 지구는 세상의 중심이 아니며, 움직이는 것은 지구라고 말했다. 이는 성경의 가르침에 어긋나게 하늘을 분석하고 주장한 것이다." 갈릴레오는 재판을 받으면서도 이러한 끔찍한 견해를 옹호하는 데서 멈추지 않았다. 그는 평민들이 쓰는 언어로 자신의 견해를 기술하는 등, 힘이 닿는 데까지 자신의 견해를 전파하고자 최선을 다했다. 판결문에 따르면, "그는 그 어떤 이방인도 생각지 못한 새로운 무기를 들고 코페르니쿠스의 견해를 설명했다. 또한 이러한 생각을 이탈리아어로 전파한 것 또한 잘못이다. 이탈리아어는 무지한 사람들을 자신의 편으로 만들기 가장 쉬운 언어였고, 잘못된 생각은 이처럼 무지한 사람들 사이에서 가장 쉽게 퍼져 나가기 마련이다."

기독교인의 입장에서는 자신의 견해를 라틴어로 개진하는 것이 현명하고 공정한 처사가 아니었을까? 성경을 읽은 배운 사람들조차 알기 어렵고, 새로운 사상에 깃든 위험성을 쉽게 발견하며 이러한 사상에 좀처럼 물들이 않을 성직자들조차 알기 어렵도록 만드는 편이 낫지 않았을까? 이 판결문은 갈릴레오의 변호를 배척한다. 갈릴레오는 실증적인 결과 없이 수학적 이론만을 전개했을 뿐이라고 스스로를 변호했다. "이 자는 수학적 가설을 논의했을 뿐이라고 주장하지만, 그는 물리적 현실을 수학적 가설에 연결시킨다. 이는 수학자들이 절대 해서는 안 될 일이다."

이는 경고가 아닌 유죄 선고였다. 1633년 6월 22일, 갈릴레오는 참회복을 입고서 종교 재판정을 주최한 성성聖省 주교 앞에 무릎을 꿇고 앉아 공식적으로 자신의 말을 철회했다. "진심 어린 마음과 가식 없는 신앙으로, 나는 내가 범한 오류와 이단을 저주하고 경멸합니다. 나는 앞으로 결코 말로나 글로서 비슷한 의혹을 불러일으킬 수 있는 생각을 표현하지 않을 것입니다. 이단자나, 이단이라고 의심되는 사람을 만나면 나는 그를 이 신성한 법정에 넘길 것입니다." 그는 평생을 갇힌 채로 살아야 했다. 처음에는 시에나에, 이후에는 피렌체 인근 아르체트리의 집에 연금되었다. 그는 1642년, 눈이 멀고 쇠약해져 세상을 떠날 때까지 평생 자신의 집 밖으로 나오지 못했다.

이 충격은 과학 공동체가 형성되고 있던 전 유럽을 강타했다. 인터넷이 보급되기 한참 전에, 사람들은 매일 편지를 주고받으며 정보를 공유했다. 메르센은 유럽 전역에 광대한 우편망을 두고 정보의 허브 역할을 담당했다. 그는 새 소식을 전하고, 성과를 기록하고, 해결해야 할 문제를 제시했다. 갈릴레오는 이러한 공동체의 핵심 인물이었다. 그의 발견은 모든 곳에 알려졌고, 그의 책 또한 모든 곳에서 인용되었다. 그는 목성이 지구처럼 위성을 거느리고, 금성은 달과 마찬가지로 주기를 지니고, 달 또한 지구와 같이 산맥과 바다가 있다는 사실을 발견했다. 그는 또한 토성의 모양이 원에서 원추형으로 변한다는 사실을 밝혀냈다. 그의 관측 도구는 토성에서 고리를 구분할 만큼 정교하지 않았다. 고대로부터 전해진 책들은 이러한 사실을 전혀 언급하지 않고 있다. 하지만 라틴어나 그리스어를 배우지 않더라도, 그 누구나 망원경으로 하늘을 바라보면 이러한 사실들을 확인할 수 있다. 실험적 방법이 활자화된 지식을 이겼던 것이다. 그 이후로 연구는 전통보다는 대자연의 탐구에 초점을 맞추었고, 지식의 외연이 꾸준히 넓어지며 과학의 발전이라는 개념이 자리 잡았다. 100년 전, 마르틴 루터는 기독교인들을 전통의 굴레에서 해방시키고 성경을 자유롭게 읽고 해석할 수 있는 권한을 부여했다. 갈릴레오는 자신의 눈으로 보고, 고대 철학자들의 글보다는 대자연 속에서 진리를 찾으라고 사람들을 가르쳤다. 나아가 갈릴레오는 정치적으로도 상당한 영향을 미쳤다. 그는 교황 우르반 8세의 친구였다. 우르반 8세의 이름은 마페오 바르베리니로, 그는 주교 시절부터 갈릴레오와 친분을 맺었다. 그가 몇 년 동안 주고받은 편지 속에는 갈릴레오의 과학적 업적에 대한 존경심이 담겨 있다. 갈릴레오는 베네치아 공화국과 피렌체 공작으로부터 상을 받았다. 갈릴레오는 목성의 위성을 새로 발견해 그에게 바쳤고, 이에 따라 이 위성은 메디치가家의 별이라 불리기도 한다. 그는 로마 교황청에도 친구가 있었다. 교황청에 있는 영향력 있는 친구들은 그에게 해를 끼치려는 움직임을 막아 주었다. 예컨대 1616년에 코페르니쿠스의 견해가 유죄를 선고받고 그의 책이 교인들에게 금서로 지정되었는데도, 갈릴레오는 "앞으로 그런 생각을 완전히 버리고, 어떤 경우에도 미련을 갖거나, 옹호하거나, 가르치는 일이 없어야 한다."는 경고만 받고 석방되었다.

하지만 이번에는 모든 일들이 일사천리로 진행되었다. 갈릴레오의 《대화: 천동설과 지동설, 두 체계에 관하여Dialogue on the Two Greatest Systems of the World, the Ptolemaic and the Copernican》는 1632년에 출간되었다. 피렌체의 종교재판관은 이 책의 배포를 금지했고, 10월에 갈릴레오는 로마로 소환되었다. 그는 1633년 1월에 로마를 향해 출발했고, 4월 12일에 재판정에 도착했다. 재판정은 두 달이 지난 6월 22일에 최종 선고를 내렸고, 다른 이들에 대한 본보기로 삼으려는 의도가 담겨 있었다. 같은 해 11월, 데카르트는 갈릴레오의 선고 소식을 듣자마자, 자신의 대표작, 《세계 혹은 빛에 관한 논문Treatise of the World, or Of Light》을 출판하지 않기로 마음먹었다. 그는 5년 전 네덜란드에 정착한 이후로 계속 이 주제를 연구해 왔고, 이 연구의 결과는 활자화되기만을 기다리고 있었다. 이는 중대한 결정이었다. 왜냐하면 《논문Treatise》은 그의 철학의 중추를 차지하며, 이를 통해 과학과 형이상학에서 데카르트가 이룬 성취를 잘 정돈된 전체로 파악할 수 있다. 데카르트는 이러한 일을 겪으면서 신중을 기하고, 생각을 모호한 공식으로 보호하려 드는 성향이 더욱 심해졌다. 데카르트 자신의 말에 따르면, 그 이후로 모든 일을 "가면 밑에서" 진행했다. 울름Ulm에서의 어느 날 밤, 그는 "경이로운 과학의 기초"가 떠올랐으나, 이날 밤의 신비로운 열정을 어디에도 드러낼 수 없었다.[1] 하지만 그의 묘비에 새긴 글귀에서는 첫 영감의 메아리를 들을 수 있다. "북방[2]에 머

76

무르는 동안, 그는 수학의 법칙과 대자연의 신비를 잇기 위해 대담하게도 열쇠 하나로 두 가지 비밀을 풀어보려 했다."

1637년, 데카르트는 또 다른 시도를 감행했다. 그는 세 편의 논문 《광학》, 《기상학》(무지개와 같은 대규모의 자연 현상을 의미한다.), 《기하학》을 종합해 익명으로 책을 출판했다. 그 밖에도 세 편의 논문들과 차별되는 총론서 한 권은 철학의 역사에서 가장 중요한 작품으로 자리매김했다. 《방법서설Discourse on Method》이라는 제목으로 널리 알려진 이 책은 데카르트는 철학의 기반을 형성하고 "과학적 진리를 찾는" 방법을 기술한 작품이다. 이 책은 갈릴레오가 수립한 사례를 따르고 있으며, 라틴어가 아닌 프랑스어로 서술되었다. 이상하게도 《방법서설》이 당시 많은 관심을 끈 것 같지는 않다. 오히려 사람들의 관심을 끈 것은 과학 논문이었다. 당시에 데카르트의 견해를 전파한 사람들은 토론과 논쟁에 몰두했다.

그로부터 《세계 혹은 빛에 관한 논문》을 구성하는 네 분야는 각자의 길을 걷기 시작했다. 《방법서설》은 단순한 과학 논문의 소개가 아닌, 고유한 철학의 업적으로 생각되었다. 《기하학》은 대수학과 기하학을 통합해 새로운 과학과 수학을 창조했다. 데카르트에게도 이러한 노력은 특별했다. 대수학은 숫자, 소수, 분수를 다뤘고, 기하학은 사각형이나 원과 같은 평면 도형과 정육면체나 구와 같은 입체 도형을 다뤘다. 데카르트는 두 가지 숫자로 평면 위의 점을 표시했고(이른바 데카르트 좌표계), 세 가지 숫자로 공간 속의 점을 표시했다. 이 방법을 통해 도형에 관한 모든 문제는 숫자의 문제로 전환될 수 있었고, 숫자의 문제 또한 도형에 관한 문제로 전환될 수 있었다. 따라서 기하학과 대수학은 동전의 양면으로 생각되었다. 《기하학》은 현대 수학의 첫 번째 논문으로 기억된다. 마찬가지로《광학》과《기상학》에서도 빛에 대한 종합적인 이론을 제시하고 있으며, 이 책에서 데카르트는 그의 제1원칙들에서 비롯되는 굴절의 법칙을 증명하고, 이를 원용해 무지개를 설명하고 있다. 하지만 이러한 학문적 성과는 물리학으로 읽히고, 물리학으로 이해되고 있으며, 수학과 철학과의 종합적인 연관성이 간과되고 있다.

데카르트가《세계 혹은 빛에 관한 논문》을 정상적으로 출간했다면, 이러한 오해가 없었을 것이다. 그의 사상 가운데 가장 중요한 것은 통합인데도, 그의 메시지 가운데 가장 핵심적인 부분이 간과된 것이다. 그가 죽은 후, 개인적으로만 보관했던 메모가 논문 사이에서 발견되었다. 메모에는 다음과 같은 글이 적혀 있다. "모든 과학은 인간의 지혜에 지나지 않는다. 이러한 지혜는 아무리 다른 객체에 적용한들, 항상 변하지 않고 유일하며, 이러한 객체들을 다양하고도 변화된 모습을 띨 수 있게 만드는 것은 오직 햇빛뿐이다."[3] 물론 이러한 인간의 지혜는 신의 지혜를 반영한 것뿐이며, 신이 세상을 창조한 규칙을 파악하는 능력일 뿐이다. 이러한 규칙 가운데 수학의 법칙이 핵심을 차지한다. 출간되지 못한《세계 혹은 빛에 관한 논문》에서 데카르트는 일부 지면을 할애해 다음과 같이 기술한다. "나는 경고하고 싶습니다. 내가 설명한 세 가지 법칙 말고도, 나는 오직 영원한 진리에서 비롯되는 것만을 가정할 것입니다. 수학자들은 가장 확실하고 가장 투명한 증거를 이 영원한 진리에 의지합니다. 이러한 진리는, 신께서 직접 알려준 바에 따르면, 신은 만물을 숫자, 질량, 단위로 재편했습니다. 우리에게 이러한 지식은 이제 너무 익숙해서 우리가 그러한 지식들을 명확히 인식할 때마다 너무나 확실하다고 생각할 수밖에 없으며, 신이 다른 세상을 창조했다 할지라도 다른 세상은 모든 면에서 우리들 세상과 마찬가지로 진리가 살아 숨쉬리라는 것을 의심할 수 없습니다. 이렇게, 진리의 결과 및 법칙의 결과에 주목하는 사람들은 원인에서 비롯되는 영향을 인식할 수 있습니다. 학문적인 용어로 표현한다면, 이 새로운 세상에 등장할 모든 것들에 대한 '선험적인' 증거를 갖게 되는 것입니다." 달리 말하면, 대자연의 법칙은 신이 이 세상을 만든 법칙에 지나지 않는다. 우리는 신이 곧 진리이기에 법칙을 알 수 있다. 신 또한 이러한 법칙에 매여 있다. 만일 신이 다른 세상을 창조했다면, 동일한 법칙을 똑같이 적용했을 것이다. 따라서 우리는 실험을 최소한으로 줄인다 해도, 기본적인 법칙에 따라 새로운 세상을 재건할 수 있다.

"물리학에서 수학이 갖는 비합리적인 효용"을 궁금해 하는 오늘날의 과학자라면, 위와 같은 생각에 동의할 것이다. 최고의 증거가 지닌 가치는 이러한 증거의 전제가 지닌 가치를 뛰어넘지 못한다. 이는 오늘날의 우리가 매우 잘 알고 있는 사실이다. 모든 과학 이론은 덧없고 일시적이며, 항상 더 나은 것을 기다리고, 실험적 결과가 예측과 맞아 떨어질 때까지만 생명력을 유지한다. 반면 데카르트는 과학이 영원한 진리에 의지한다고 믿었다. 그 결과 그는 실험적 결과를 폄하했고, 실험적 결과는 오류를 범하기 쉽고(당시로서는 과격하지 않은 주장이었다.) 정합적 이론에 비해 신빙성이 떨어진다고 생각했다. 그의 과학은 규범 과학이었고, 이러한 과학은 대자연에서 실제로 일어나는 현상을 관찰하면서, 바람직한 무엇이 아닌 당연히 일어나리라 생각되는 것을 말해 주었다.

1650년 데카르트가 세상을 떠난 이후 제자들이 그의 사상을 보전했다. 이 가운데 클로드 클레르슬리에Claude Clerselier, 1614~1684는 1677년《세계에 관한 논문》을 세상에 내놓았다. 17세기 내내, 아니 18세기에 이르기까지, 데카르트 학파는 데카르트의 사상을 위해 투쟁했고 당시 태동한 뉴턴의 물리학에 반기를 들었다. 곧 다루게 될 페르마와의 논쟁(1662~1665), 모페르튀의 북방 여정(1736~1737)은 이 길고 지루한 전쟁의 처음과 끝으로 기억되며, 이 전쟁은 뉴턴 물리학의 승리로 마지막을 장식했다. 실험 과학으로 무게 중심이 옮겨간 실례는 또 다른 위대한 물리학자, 하위헌스의 내적 변화에서도 찾아볼 수 있다. "데카르트의《법칙Principle》[4]을 처음 읽었을 때, 나는 전반적으로 내용을 이해하는 데 무리가 없었어. 하지만 이해하기 어려운 부분이 등장했고, 그의 생각을 완전히 이해할 수 없는 것은 내 탓이라고 생각했지. 그때 내 나이가 15살, 16살 정도였을 거야. 하지만 완전히 틀린 것이 확실하고, 도무지 납득이 안 가는 내용을 발견한 다음부터는 태도를 바꿨어. 지금은 그의 물리학, 형이상학, 기상학 등 모든 분야에서 옳다고 말할 만한 게 하나도 없는 것 같아."[5]

여기에서 데카르트의 논문《광학Optics》을 펼쳐 보자. 이 논문은 1637년에 출판된 책의 일부를 구성한다. 제1장에서는 빛이 균일하고 투명한 매질 속에서 직선으로 뻗어나간다고 말한다. 이러한 빛은 광선이라 불린다. 그토록 많은 이야기 중에 빛이 입자로 구성되었다는 말은 한 마디도 없이, 데카르트는 빛을 비스듬히 쳤을 때 다른 각도로 튀어 오르는 테니스공에 비유한다.[6] 제2장은 빛의 굴절을 다룬다. 굴절이란 빛이 공기에서 물로 진입할 때 방향을 바꾸는 현상이며, 여러 가지 착시의 원인이다. 막대기 한쪽 끝을 연못에 담그면 수면에서 꺾인 것처럼 보인다. 강둑에 앉아 작살로 물고기를 잡으려 들면 곤란하다. 물고기는 눈에 보이는 곳에 있지 않으니까.

데카르트는 공기에서 물로 진입하는 빛을, 앞으로 진행하는 테니스 공이 수평 속도는 유지하면서 수직 방향으로 가속되는 현상에 비유한다. 여기에서 그는 그 유명한 "사인 법칙"을 도출한다. 이 공식은 $\sin i = n \sin r$로 정의되며, i는 빛의 수직선을 기준으로 한 입사각(공기 속에서)을 의미하고, r은 수직선을 기준으로 한 굴절각(물속에서)을 의미한다. 여기에서 n은 단순한 가속 계수로, 빛이 공기에서보다 물에서 얼마나 더 빨리 진행하는지를 알려 준다.

$$n = \frac{\text{물 속에서의 빛의 속도}}{\text{공기 속에서의 빛의 속도}}$$

굴절률이라 불리는 n의 수치는 1.33이다.

이 법칙은 이미 1620년에 네덜란드 과학자, 빌레브로르트 스넬Willebrord Snell이 발견했다. 하지만 재미있는 것은 데카르트가 이를 증명했다는 사실이다. 그의 학설은 아무리 보아도 수학적, 논리적으로 타당하다. 따라서 이러한 전제를 인정한다면 빛이 물속에 진입하는 순간 가속한다는 결론이 뒤따를 수밖에 없다. 여기에서 실질적인 질문이 등장한다. 정말로 빛은 공기에서보다 물에서 더 빨리 진행하는가? 데카르트가 스넬의 굴절 법칙으로부터 도출한 결론이 맞다는 이유만으로, 이 질문의 답을 예라고 말할 수는 없다. 올바른 명제들이 잘못된 전제로부터 도출된 경우도 허다하다. 200년이 흐른 1850년, 레옹 푸코Léon Foucault와 이폴리트 피조Hippolyte Fizeau가 빛이 물에서 진행하는 속도를 측정할 때까지 이 질문은 풀리지 않았고, 어떤 견해를 취하느냐의 문제로만 남아 있었다. 대부분의 사람들은(뉴턴을 포함) 빛은 소리와 마찬가지로 공기보다 물에서 더 빨리 진행한다는 견해를 고수했다. 이와 반대의 견해를 지닌 사람은 극소수였고, 아마도 이러한 소수의견을 주장한 최초의 인물은 피에르 드 페르마 Pierre de Fermat, 1601~1665였을 것이다. 페르마는 당시 프랑스에서 배출한 위대한 수학자들 가운데 한 명이었다.

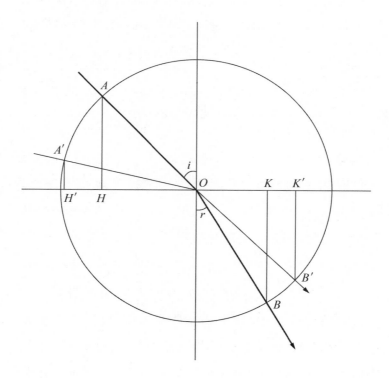

[그림 4] 스넬의 법칙
공기에서 물속으로 진입하는 빛의 입사각과 반사각은 비례하지 않는다. 다시 말해 입사각이 두 배로 커졌다고 하여 반사각이 두 배로 커지는 것은 아니다. 하지만 두 각의 사인 값은 비례한다. 이때 비례계수 n은 굴절률을 의미하며, 약 1.33이다. 따라서 위 그림에서 선분 OH의 길이는 선분 OK의 길이에 1.33을, 선분 OH'의 길이는 선분 OK'의 길이에 1.33을 곱한 값과 같다.

페르마는 특출한 천재였다. 그는 직업이 변호사였고, 툴루즈 의회의 의원이었다. 이처럼 몹시 바쁜 직장 생활을 하다 보니 남는 시간에만 과학을 연구할 수 있었다. 수학계에서, 그가 그리스어 논문의 여백에 쓴 명제는 매우 유명하다. 그는 이 명제를 적으며 적을 공간이 부족하니 다른 곳에 증거를 남기겠다는 메모를 덧붙였다. 페르마의 '위대한' 또는 '마지막' 정리로 알려져 있는 이 명제는 1993년에 와서야 앤드루 와일스Andrew Wiles에 의해 증명될 수 있었다. 수학계에서 이 명제를 정복하는 데 무려 300년이라는 시간이 걸린 것이다. 우리는 페르마가 어떤 증거, 아니 어떤 생각을 가졌는지는 모른다. 하지만 그의 통찰은 옳았다. 빛의 속도에 관한 문제에서는 그가 옳았던 것이다. 1637년, 그는 데카르트의 견해에 이의를 제기했고, 해가 갈수록 점점 더 비판적인 태도를 취했다. 1662년, 그는 다음과 같이 기술했다. "데카르트는 자신의 법칙을 증명한 적이 없다. 비교는 증거의 기초가 될 수 없기 때문이다. 나아가 그는 증거를 제대로 활용하지도 못하며, 빛이 가벼운 물체보다 조밀한 물체를 더 쉽게 투과한다고 가정한다. 이러한 가정은 아무래도 틀린 것 같다."

빛의 반사는 굴절에 비해 더욱 쉬운 문제이며, 고대 사람들도 이 원리를 이해했다. 광선이 반사면에 닿으면 입사각과 똑같은 각도로 뻗어나간다.(단, 수직선을 기준으로 다른 방향으로 진행한다.) 데카르트가 죽은 지 7년이 지난 1657년, 페르마는 마랭 퀴로 드 라 샹브르Marin Cureau de la Chambre라는 사람으로부터 《빛에 관하여On Light》라는 제목의 논문 한 편을 전달받았다. 이 논문은 일반 법칙으로부터 반사의 법칙을 도출하고 있었다. 저자가 전제로 삼은 '대자연은 운동 시 최단 거리를 선택한다.'라는 일반법칙에 따르면, 빛은 두 점 사이를 잇는 최단 경로로 진행한다. 퀴로가 이러한 견해를 처음 소개한 것은 아니다.(그 또한 자신이 처음이라고 주장하지 않았다.) 최초로 이 견해를 주장한 사람들은 서기 100~200년 무렵의 과학자, 기술자들이었고, 알렉산드리아의 헤론이 쓴 다수의 논문에서도 동일한 내용을 찾아볼 수 있다. 이는 대칭의 원리에 바탕을 둔 절묘한 주장으로, 독자들의 이해를 돕기 위해 자세한 내용을 아래 소개한다.

페르마는 퀴로에게 답신을 보내 감사의 인사를 전했다. 그는 답신을 통해 헤론의 일반 법칙에 동의한다는 뜻을 전하며 새로운 의문을 제기한다. "반사를 연구하는 데 유용했으니, 굴절을 연구하는 데도 유용하지 않을까요?" 얼핏 보면 그럴 것 같지는 않다. A점에서 B점으로 가는 가장 짧은 거리는 항상 직선이 될 수밖에 없다. 하지만 A점이 공기 속에 있고, B점이 물속에 있는 경우에는 빛이 직진하지 않는다. 페르마가 기술하기를, 물에서보다 공기에서 빛이 더 빠르게 진행한다고 가정한다면 A와 B를 잇는 직선, 즉, AMB는 가장 빠른 경로가 될 수 없다. 그림에서처럼 접점인 M을 살짝 O점 쪽으로 움직여 M'으로 정한다면, 공기를 지나간 거리는 늘어나는 반면, 물속을 지나간 거리는 줄어든다. 헤론의 법칙에서처럼 공기를 지나간 거리와 물속을 지나간 거리를 합한 전체 거리는 확실히 늘어난다. 그리고 공기에서 보낸 시간은 늘어나며, 물속에서 보낸 시간은 줄어들 것이다. 하지만 각 매질에서의 속도가 다르므로, 공기 속에서 잃어버린 시간과 물속에서 이득을 본 시간은 같을 수 없다. 정확히 말하면, 손해를 본 시간이 이득을 본 시간보다 짧다. 모든 것을 감안하면, 꺾인 선 $AM'B$가 직선 AMB보다 빠르다. 사실 빛은 이 땅에서 저 땅으로 건너가는 자전거 선수처럼 움직인다. B점이 까다로운 지형에 놓여 진행이 더디다면, 이 지형의 땅으로 넘어가기 전에 쉬운 지형에 최대한 오래 머무르는 것이 가장 나은 선택이다. 예컨대 자전거 선수는 K점을 목표로 삼을 수 있다. K점은 쉬운 지형 중에서도 B점과 가장 가까운 지점으로, K점으로 가면 까다로운 지형에서 보내는 시간을 최소한으로 줄일 수 있다. 따라서 K점이 A점에서 너무 멀다면, 자전거 선수는 중간에 있는 H'점으로 가서 시간을 벌 수 있다. 가장 좋은 타협점은 O'이며, 페르마 또한 이 지점을 짚고 있다.

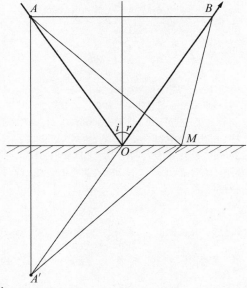

[그림 5] 반사

거울에 반사되는 광선의 입사각 i와 반사각 r은 각도가 동일하다. 알렉산드리아의 헤론은 여기에 깃든 놀라운 물리적 성질에 주목했다. A점에서 B점으로 이동하는 빛은 A점과 B점을 잇는 최단 경로를 따라 진행한다. 헤론은 이에 대한 수학적 증거도 제시했다. 입사 광선 상의 임의의 지점을 A점, 반사 광선 상의 임의의 지점을 B점로 표시한 다음, 거울을 기준으로 A점과 대칭되는 지점을 A'로 표시한다. AOB와 $A'OB$의 거리는 같으며, 거울 표면에 임의의 점 M을 표시하면 AMB와 $A'MB$의 거리 또한 같아진다. 여기에서 $A'OB$는 직선이므로 $A'MB$에 비해 짧기 마련이다. 따라서 AOB 또한 AMB보다 짧다. 여기에서 충돌점 O는 AOB가 최단 거리를 이루도록 정해진다는 사실이 증명된다.

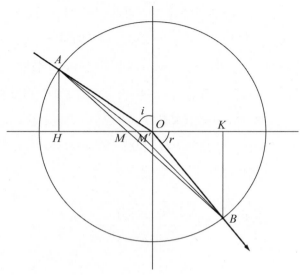

[그림 6] 굴절

수평선의 위는 공기, 아래는 물이다. A점과 B점을 잇는 최단 경로는 직선 AMB이며, 빛이
공기에서도 물에서와 같은 속도로 진행한다면 AMB는 최속 경로가 될 수 있다. 그러나
빛은 공기 속에서 더 빠르게 진행하므로 실제로는 AMB보다 AM'B를 따르는 것이 빠르
다. A에서 O까지 가는 시간도 O에서 B까지 가는 시간보다 더 걸린다. 종합하면 AM'B가
AMB보다 거리는 길어도 더 빠른 경로가 되는 것이다. 페르마는 A점에서 B점에 이르는
최속 경로가 AOB라는 사실을 증명했다. 이 경로에서 입사각 i와 반사각 r은 스넬의 법칙
sin i = sin r을 충족한다.

　페르마가 퀴로에게 보낸 편지는 아주 특별하다. 이 편지는 수학적
모델링에 성공한 최초의 사례에 속한다. 우선 이 편지는 다음과 같은
물리학의 일반 법칙을 제시한다. 빛은 한 지점에서 다른 지점으로 이
동할 때 가장 빠른 경로(가장 짧은 경로가 아닐 수도 있다.)를 택한다는
것이다. 이 법칙을 빛의 굴절이라는 새로운 상황에 적용하면 또 다른
수학적 문제가 등장한다. A점과 B점 사이를 가로지르는 선 S를 긋고,
AM + nMB의 길이가 최소화되는 S선상의 M점을 찾는다. 굴절이라
는 물리적 현상과 수학적 모델의 관계는 n이라는 숫자로 표현되며,

이 숫자는 빛이 물보다 공기 속에서 얼마나 빨리 진행하는지를 알려준다. 페르마는 실제로 A에서 B까지를 잇는 최단 경로를 찾고 있었다.

이 편지가 새로운 화두를 제시하고, 해답에 꽤 근접하고 있는 것은 사실이지만, 문제를 실제로 풀어내지는 못하고 있다. 페르마는 이 문제의 해답이 데카르트나 스넬의 사인 법칙일 것이라 말하며 수학적 증거를 제시할 수 있다고 자신한다. "당신이 원한다면 언제든 해답을 찾아주겠다고 미리 약속하지요. 우리 생각이 진리라는 것을 확고히 입증할 결과를 끌어내겠어요. 우선은 다음 사항을 추론할 겁니다. 수직으로 진행하는 광선은 곧게 진행하나, 표면에서 꺾인 다음 방향을 바꾸지 않고 직진합니다. 꺾인 광선은 성긴 매질에서 조밀한 매질로 넘어갈 때 수직선에 더 가까워지며, 조밀한 매질에서 성긴 매질로 넘어갈 때에는 더 멀어집니다. 이러한 이론으로 모든 현상을 정확히 설명해 보일 겁니다."

5년이 지난 1662년, 페르마는 결국 해냈다. 그는 퀴로에게 해답이 담긴 편지를 보냈다. 열정이 넘치는 이 편지를 읽어 보면, 수학자가 승리의 개가를 울리는 흔치 않은 장면을 엿볼 수 있다. "내 연구는 그 누구도 예상치 못한, 가장 특별한 진가를 보이며 그 어느 때보다도 큰 행복을 안겨주었죠. 나만의 풀이법에 필요한 방정식, 곱셈, 대조, 그리고 다른 방식들을 적용해 문제를 풀어내니, 내 법칙이 데카르트가 발견한 굴절의 법칙과 똑같은 명제를 제시하고 있었지 뭡니까. 동봉된 문서를 직접 뜯어 보세요. 난 뜻밖의 결과에 완전히 정신을 빼앗겼어요. 놀란 마음을 진정시키기 어려웠죠. 몇 번이고 계산을 다시 해 보아도 결과는 같았어요. 빛이 조밀한 매질보다 성긴 매질에서 더 빨리 진행한다는 증거를 가정했는데도 이런 결과가 나왔단 말이죠.

난 이 증거가 옳고, 반드시 필요하다고 믿지만, 데카르트의 가정이
완전히 나와 반대라는 것 또한 분명해요."

　매우 주목할 만한 상황이었다. 역사상 가장 위대했던 수학자 두 사
람이 정반대의 가정에서 출발해 같은 결론에 도달하고 있었다. 데카
르트는 빛이 공기보다 물에서 더 빨리 진행한다고 가정했으나, 페르
마는 이와 정반대로 물보다 공기에서 더 빨리 진행한다고 가정했다.
두 사람 모두 굴절계수 n의 효용을 인정하며 물/공기의 표면에서
1.33이라는 숫자를 기록한다는 데 동의했다. 하지만 두 사람은 이 계
수의 의미를 달리 해석했다. 데카르트는 빛이 물 속에서 1.33배 빨
리 진행한다는 의미로 해석한 반면, 페르마는 1.33배 느리게 진행한
다는 의미로 받아들였다. 두 견해는 완전히 다르며, 옳더라도 하나만
이 옳을 것이다. 이러한 논쟁은 곧 싸움으로 비화되었다. 데카르트
학파는 세상을 떠난 스승을 옹호하기 위해 한데 모였고, 페르마에 대
해 예의를 차리는 척 하면서도 뒤로는 칼을 갈고 있었다. 아주 어려
운 임무였다. 데카르트가 세상을 떠난 지금, 페르마는 당대 최고의
수학자로 인정받고 있었고 자신이 제기한 문제를 스스로 풀었다는
것 또한 의심할 여지가 없었다. 평면으로 나뉜 두 종류의 매질에 점
을 하나씩 찍어 보자. 두 번째 매질보다 첫 번째 매질에서 n배 더 빨
리 움직일 수 있다면 두 점 사이를 가장 빨리(가장 짧은 경로가 아니
다.) 이동할 수 있는 경로는 무엇인가? 이 질문의 답은 바로 사인법칙
($\sin i = n \sin r$)이다. 그러나 이 법칙이 공격받을 여지는 여전히 남아
있었다. 순전히 수학적인 페르마의 문제를 물리적 현상인 굴절과 어
떻게 연관지을 수 있을까? 지친 여행자라면 집으로 가는 가장 빠른
길을 찾으려 들고, 수학적 계산에 의지할 수도 있을 것이다. 하지만

빛도 그럴까? 빛은 의식도, 목적도 없으며 특정한 지점에 얼마나 빨리 도달할 수 있을지 아무런 관심을 두지 않는다. 빛이 가장 빠른 경로를 알고 있더라도, 굳이 그 경로를 선택할 이유가 없는 것이다. 그렇다면 페르마의 주장을 뒷받침할 근거는 무엇일까?

1662년 5월, 페르마는 클레르슬리에로부터 두 통의 편지를 받았다. 당시 클레르슬리에는 데카르트 학파를 진두지휘했고 15년 후 데카르트의 《세계에 관한 논문》을 출판해 세상에 내놓았다. 이 편지에서 그는 페르마의 접근 방식에 몇 가지 이의를 제기했다. 이 가운데 일부는 방금 언급한 내용이다. 클레르슬리에의 글솜씨를 높이 평가하기는 어려우나, 그는 다음과 같이 표현하고 있다.

'대자연은 가장 짧고, 가장 단순한 경로를 택해 움직인다.' 당신은 이 법칙에 의지해 주장의 근거를 마련하고 있습니다. 하지만 이 법칙은 도덕률이 될 수는 있을지언정 물리적 법칙이 될 수는 없습니다. 또한 현상의 원인이 아닐 뿐더러, 원인이 될 수도 없습니다. 현상의 원인이 아닌 이유는 다음과 같습니다. 대자연은 법칙에 따라 움직이는 것이 아니라 만물에 깃든 신비로운 힘과 미덕에 따라 움직이기 때문입니다. 이러한 힘과 미덕은 법칙에 따라 결정되지 않습니다. 일정한 작용에 일관되는 원인들이 존재하는데, 이러한 원인들에도 모종의 힘이 깃들어 있고, 모종의 힘이 작용한 객체는 특정한 성향을 띠고 있습니다. 방금 언급한 모종의 힘과 이 힘이 작용한 객체가 지닌 특정한 성향, 이 두 가지가 앞서 언급한 신비로운 힘과 미덕을 결정합니다. 현상의 원인이 될 수 없는 이유는 다음과 같습니다. 현상의 원인이라면 대자연이 무언가를 의식한다고 가정할 수밖에 없습니다. 우리가 말하는 대자연은 이 세상에 그냥 그 모습대로 존재하는 질서와 법칙, 말하자면 미리 생각하지도, 무언가를 선택하지도, 필요한 결정을 내리지도 않고 작동하는 질서와 법칙을 의미할 뿐입니다.

클레르슬리에에 따르면 대자연은 무언가를 의식하지 않는다. 이동 시간을 최대한 줄이려는 등, 대자연이 어떤 목적을 갖고 있다는 설명은 비과학적이며 이러한 추론에서 비롯되는 결론 또한 채택하지 말아야 한다. 대자연은 "미리 생각하지도, 선택하지도 않으며" 앞일을 내다보지도 않고, 무언가를 선택하는 상황에 놓이지도 않는다. 가까운 미래, 혹은 먼 미래에 미칠 결과를 생각해 몇 가지 가능성을 고민하지 않으며, 아무 때라도 열린 문을 찾아내 통과할 뿐이다. 모든 줄거리는 정해져 있고, 바꿀 수 없으며, 정해진 줄거리가 펼쳐지는 장면을 바라볼 뿐이다. 미래를 더 알고 싶다면 현재의 정보를 더 아는 수밖에 없다.

오늘날에는 이러한 세계관을 결정론determinism이라 부르며, 클레르슬리에에가 상당 부분 이 용어의 단초를 제공했다. 훗날 뉴턴의 발견은 결정주의에 더욱 큰 힘을 실어 주었고, 20세기 초 양자물리학이 등장할 때까지 과학계의 지배적인 견해로 자리매김했다. 양자물리학에서는 대자연도 때때로 무언가를 선택해야 한다. 대자연은 이러한 경우 정해진 기준 없이 임의로 선택하며, 몇 가지 가능성이 주어진다면 가능성들 사이에 깃든 확률을 끌어당긴다. 하지만 이러한 견해는 오늘날에도 생소하며, 결정론적 우주관이 더욱 편안하게 느껴진다. 아인슈타인도 결정론을 옹호하며 다음과 같은 말을 남겼다. "신은 주사위를 던지지 않는다."

페르마에게 반기를 든 이 견해에 따르면, 대자연은 미리 생각하지도, 선택하지도 않는다. 클레르슬리에는 뉴턴의 법칙을 알지 못했고, 물체는 직접적인 접촉에 의해서만 상호작용한다는 데카르트의 물리학을 바탕으로 자신의 과학적 견해를 수립했다. 크고 작은 물체들은 일정한 법칙에 따라 끊임없이 충돌하고, 만물은 이러한 충돌의 법칙에서 태동한다. 따라서 당시 많은 과학자들은 두 개 이상의 물체가 충돌할 때 어떤 현상이 일어나는지 연구하기 위해 많은 노력을 쏟았다. 그들은 한 물체가 다른 물체에 부딪혔을 때, 충격을 받은 물체가 어느 정도의 속도로 튕겨나가는지를 알고자 했다. 무언가에 부딪힌 물체의 궤적은 직선을 그린다. 이것이 바로 갈릴레오의 관성의 법칙이며, 클레르슬리에는 이 법칙에 의지해 페르마를 반박했다. "가장 빠르므로 가장 짧다는 생각은 오류로 빠지는 지름길에 불과하다. 대자연은 이러한 경로를 따르지 않을 뿐더러, 따를 생각도 없다. 대자연의 모든 작용은 정해져 있다. 대자연은 오직 직선으로 움직이려 들 뿐이다."

이것은 페르마를 반박할 또 다른 논거다. 우리는 이미 갈릴레오의 관성의 법칙을 알고 있으며, 관성의 법칙은 결정주의의 필요조건(앞을 내다보지 않고, 선택의 상황에 놓이지 않는)을 충족한다. 이를 다른 법칙, 예컨대 빛은 가장 빠른 길을 선택한다는 등의 발상으로부터 도출하는 것은 불필요하며, 오컴의 면도날로 끊어낼 수 있다. 이 논거는 클레르슬리에가 페르마의 최소 시간의 법칙을 반박하는 데 활용한 것처럼 훗날 모페르튀의 최소작용의 원리를 반박하는 데 원용되었다. 예컨대 에른스트 마흐Ernst Mach는 1883년에 출판한《위대한 역학의 역사》에서 다음과 같이 기술했다. "역학에서 소개되는 최소 작용의 원리를 비롯한 모든 최소 법칙들은 모든 경우를 막론하고 다음과 같은 이야기를 하고 있을 뿐이다. 실제로 발생한 현상은 주어진 환경에서 발생할 수 있는 현상 가운데 하나이며, 환경이 무엇을 고르던 하나만을 골라낸 결과라는 것이다." 그는 여기에서 나아가 다음과 같은 결론에 도달했다. 페르마의 법칙이나 이를 더욱 일반화한 모페르튀의 최소작용의 원리는 모든 자연 현상이 발생 당시의 환경에 따라 전적으로 결정된다는 일반 법칙일 뿐이다. 하지만 클레르슬리에도, 마흐도 페르마의 법칙을 반박할 신빙성 있는 논거를 제시하지 못했다. 실제로 두 사람 모두 틀렸다. 최소 법칙은 대자연이 결정주의를 따른다는 일반 명제로부터 논리 필연적으로 도출되지 않는다. 최소 법칙은 세상에 대한 또 다른 정보를 담고 있다.

물론 페르마가 클레르슬리에에게 보낸 편지에서 250년 후에 제기될 화두를 언급하기는 어려웠다. 하지만, 특이하게도 양자역학의 근간을 화두로 닐스 보어와 알버트 아인슈타인 사이에 벌어진 유명한 논쟁의 맹아를 엿볼 수 있다. 여기 편지의 내용을 소개한다.

핵심 주제로 돌아가면, 드 라 샹브르 씨와 당신에게 종종 말했던 것 같습니다. 내가 대자연의 비밀스런 신념을 꿰뚫고 있다거나, 한때 그랬다고 우기는 것은 아니라고 말입니다. 대자연의 방식은 모호하고도 은밀합니다. 나는 이 비밀을 꿰뚫었던 적이 없습니다. 나는 굴절의 문제를 설명하는 데 필요하다고 생각되는 경우에 한해 간단한 기하학적 공식을 제공했을 뿐입니다. 하지만 귀하가 굴절의 문제를 기하학적 공식 없이도 풀 수 있다고 말씀하셨고, 그것이

바로 데카르트의 방식에 부합하는 것이기에, 저는 성심으로 겉치레에 불과했던 제 물리학적 성과를 당신에게 맡기겠습니다. 단, 기하학의 문제는 저에게 맡겨 주십시오. 서로 다른 매질을 관통하는 물체의 경로를 알려주고, 가능한 한 빨리 운동을 끝내려 드는 순수하고도 추상적인 기하학 말입니다.[7]

　페르마는 수학적 문제(모델)를 물리적 현상(굴절)과 연관지었다. 그러나 클레르슬리에는 수학적 모델에 합리적인 의미를 부여할 수 없다고 반박했다. 클레르슬리에에 따르면 실제로 사물은 수학적 모델에 따라 작동할 수 없으며, 빛은 빨리 진행하려 들 생각이 없고, 가장 빠른 경로를 계산할 수도 없다. 하지만 페르마는 빛이 이러한 의도와 수단을 갖고 있는 것처럼 대답한다. 수학적 문제가 매우 심오한 현실에서 일어나는 일을 정확히 대변하지는 않더라도, 실험으로 증명되는 예측 정도는 가능하다는 것이다. 따라서 이 모델은 새로운 모델로 대체될 때까지 과학자들의 연구 수단으로 남아야 하며, 왜 이것이 작동하고 무엇을 의미하는지의 문제는 철학자들의 과제로 남아야 한다.
　이는 매우 현대적인 입장이며, 보어가 아인슈타인에 대해 취하고 있는 입장과 비슷하다. 수학적 모델이 논리적으로 일관되고 현상을 설명하는 이상에는, 수학적 모델의 의미를 우려할 필요가 없다. 아인슈타인은 신이 주사위를 굴리지 않는다고 주장했다. 하지만 보어는 이렇게 대답했다. "나도 모릅니다. 내가 말할 수 있는 전부는 양자역학과 확률이론을 활용해서 아주 정확한 예측을 할 수 있다는 것뿐입니다." 클레르슬리에는 대자연이 목적을 보여 줄 수 없다고 주장했다. "나도 모릅니다. 내가 말할 수 있는 전부는 최소 법칙과 몇 가지 계산을 활용해서 빛의 굴절을 설명할 수 있다는 것뿐입니다." 페르마와 보어는 신이 분명한 목적을 갖고 이 세상을 창조했다는 라이프니츠의 견해에서 크게 벗어나지 않았다. 신은 최대한 이 세상을 완벽하게 만들고자 했고, 이 목적은 모든 물리적 법칙의 숨겨진 의미이자 모든 물리적 법칙의 핵심을 차지한다. 모든 물리적 법칙은 이처럼 단순한 발상으로부터 복원될 수 있고, 진정한 과학자라면 이 같은 현실의 핵심을 파고들어야 한다고 생각할 수 있다. 이것이 바로 다음 세기에 이르러 모페르튀가 주장한 내용이다. 하지만 페르마의 입장은 확고했다. 그의 생각에 과학에서는 이러한 것들이 필요 없었다. 두 사람의 논쟁을 관전했다면 아주 흥미로웠을 것이다. 안타깝게도, 페르마는 3년이 지난 1665년 세상을 떠났다. 하지만 데카르트 학파는 아이작 뉴턴이라는 더욱 강력한 상대를 만나게 된다.

뉴턴의 학설은 영국에서조차 바로 성공을 거두지 못했다. 프랑스에서는 데카르트 학파의 영향 탓에 50년 동안 저항의 축으로만 남아 있었다. 프랑스에서는 데카르트 물리학에 대한 저항이 데카르트 철학, 나아가 기성 체계에 대한 저항이라는 의미를 담고 있었고, 앙시엥 레짐이라 불렸던 구체제는 1789년 프랑스 혁명으로 종말을 고하게 된다. 이 싸움을 진두지휘한 인물은 볼테르였다. 그는 지성인으로의 삶 면면에서 놀라운 활동을 보여 주었다. 1733년, 그는 영어와 프랑스어로 총 24편에 이르는《영국민에 대한 서간들Letters Concerning the English Nation》을 출판했다. 이 책은 뉴턴 물리학을 매우 열성적으로 설명하고 있다. 그와 막역했던 샤틀레 후작 부인marquise du Châtelet 은《프린키피아Principia》의 불어판을 훌륭히 집필했고, 볼테르는 시로 쓴 서문을 그녀에게 헌정했다.

[그림 7] 피에르 모로 드 모페르튀(1698~1759)

이 초상화의 주인공인 모페르튀는 오른손으로 지구를 납작이 누르고 있다. 이러한 모습은 1736~1737년에 북방으로 탐험을 떠났던 그의 여정을 대변한다. 그림의 하단에는 썰매를 끄는 순록이 나와 있다. 이는 모페르튀가 프랑스로 돌아오는 여정을 생생히 묘사한 장면이다.

파리 과학아카데미Paris Academy of Sciences에서는 지구의 모양이라는 특정한 문제를 두고 논쟁이 가열되었다. 1520년에서 1522년 사이, 스페인에서 서쪽으로 출발한 마젤란의 배가 다시 스페인으로 돌아오면서 지구는 둥근 것으로 밝혀졌다. 하지만 지구는 완벽한 구형이 아니었다. 뉴턴은 지구를 액체였던 공이 경화된 것으로 생각했다. 따라서 액체였을 당시 회전하다 보니, 적도 부근은 툭 튀어나오고, 극지방은 평평해졌을 것이라 짐작했다. 왕립학회의 회원이었던 프랑스 천문학자, 카시니는 이와 정반대의 주장을 펼쳤다. 그는 열렬한 데카르트 지지자로, 지구를 극지방에서 뾰족한 레몬 형태라고 생각했다. 극지 쪽에서의 자오선과 적도 쪽에서의 자오선을 측정해보면 이 문제를 풀 수 있다. 실제로 자오선은 지구 중심에서 정확히 1도 각도로 바라본 지표의 두 점 사이의 거리로 측정된다. 지구가 완벽한 구형이라면, 지구 어디에서건 자오선의 길이는 동일하며, $P/360$으로 표시될 수 있다. 여기에서 P는 구의 둘레를 의미한다. 만일 지구가 완벽한 구형이 아니라면, 이 길이는 어디에서 측정하느냐에 따라 달라진다. 뉴턴이 옳다면, 극지가 적도보다 짧을 테고, 카시니가 옳다면 그 반대일 것이다.

이 숙제는 데카르트 학파와 뉴턴 물리학의 승부를 가리는 리트머스 시험지나 다름없었다. 그래서 프랑스 과학 아카데미는 자오선의 길이를 측정하기 위해 여행자 두 명을 파견했다. 1736년에 한 명은 페루를 향해, 다른 한 명은 라플란드를 향해 출발했다. 라플란드로 떠난 사람은 34살의 수학자, 피에르 모로 드 모페르튀Pierre Moreau de Maupertuis였다. 그는 1732년, 중력에 대한 멋진 에세이를 발표했고, 특이한 면모가 넘쳐나는 가장 두드러진 인물 가운데 하나였다. 페루로의 여행은 10년이 걸렸으나, 모페르튀는 떠난 지 6개월이 지난 1737년에 이미 본국으로 돌아올 수 있었다. 그가 측정한 결과를 파리의 위도에서 측정한 자오선의 길이와 비교해 보니 뉴턴이 옳은 것으로 밝혀졌고, 모페르튀는 하루아침에 영웅으로 떠올랐다.

그와 같이 떠났던 우티에Outhier 신부는 여행 일지를 남겼다. 그는 북방을 여행하며 겪은 다양한 고초를 묘사하고 있다. 모기와 파리에 물리고, 발에 이상한 판자를 묶은 다음 막대기를 이용해 몸을 추진하고, 계속 쓰러지며 일어나기 어려웠던 기억들을 기록하고 있다. 그의 책에서는 "양발에 소나무판을 묶고, 눈에 빠지지 않도록 한쪽 끝에 원을 단 막대기를 들고 눈 위를 가로지르는 라플란드 사람"이 묘사되어 있다. 모페르튀는 이러한 설명에 정확히 부합하는 최초의 스키 한 벌을 프랑스에 가져왔다. 라플란드 소녀 두 명이 그를 따라왔고, 두 소녀는 파리에서 배우자를 만나 무사히 정착했다. 모페르튀는 엄청난 명성을 누렸고, 1745년, 철학자로도 유명했던 프로이센의 프리드리히 황제는 베를린으로 그를 불러 새로이 설립한 과학 아카데미 Academy of Science를 맡아 달라고 부탁했다. 그는 1759년에 세상을 떠날 때까지 수학, 물리학, 생물학에 걸친 다양한 과학 분야를 연구했다. 예컨대 그는 동식물이 진화할 수 있다는 발상을 처음으로 제시했다. 실제로 그는 《물리적인 비너스The Physical Venus》, 《하얀 흑인The White Negro》이라는 특이한 제목의 책을 저술해 외부 환경 및 오래도록 누적된 변화들로 말미암아 인류가 진화할 수 있다는 생각을 펼치고 있다. 물론, 이러한 혁명적 발상을 뒷받침하는 진지한 증거를 보여 주지는 않는다. 하지만 태초부터 코끼리가 존재했다고 믿는 사람들에게 이러한 이야기를 들려주는 것만으로도 나름의 가치를 찾을 수 있었다.

모페르튀는 인상적인 성취가 만발한 파란만장한 인생을 살았다. 그는 이 세상에 분명한 족적을 남겼고, 프랑스 계몽주의를 이끌었던 인물 가운데 한 명으로 기록되고 있다. 안타깝게도 그는 프랑스에 머무를 무렵, 볼테르와 충돌했다. 파리의 문학계와 유명 살롱에서는 누가 더 재치 있는지를 두고 서로 끊임없이 경쟁했고, 대상이 무엇이건 날카로운 독설을 퍼부어야 높이 평가받는 분위기가 만연했다. 이런 분위기 속에서는 우호적인 관계가 싹트기 어려웠다. 시대를 주름잡던 지성인들은 서로 으르렁거리기 일쑤였다. 볼테르는 루소와 대립했고, 달랑베르는 디드로와 등을 돌렸다. 하지만 모페르튀는 볼테르로부터 남달리 미움을 받았고, 당시에는 납작 엎드렸으나 언제든 기어오를 준비가 되어 있었다. 모페르튀가 북방의 여정에서 귀환해 모든 파리 사람들의 칭송을 한 몸에 받을 무렵, 볼테르는 다음과 같은 시로 찬물을 끼얹었다.

그대는 아주 멀고도 외로운 길을 떠났구려.
뉴턴이 책상을 떠나지 않고서도 늘 알고 있던 사실을 확인하기 위해.

'진정한 천재는 집을 떠나지 않지만, 그보다 평범한 사람들은 라플란드로 달려가야 했다.'는 말이 칭찬일 리는 없다. 시간이 흐를수록 상황은 몹시 악화되었다. 볼테르는 프로이센의 프리드리히 2세와 오랜 기간 연락을 주고받았고, 마침내 포츠담의 왕궁으로 오라는 초청을 받아들였다. 그러나 두 사람은 사이가 틀어졌고, 몇 년 후 볼테르는 모페르튀에 대한 극도의 적개심을 품고 수치스럽게 프로이센을 탈출했다. 당시 모페르튀는 베를린의 아카데미를 맡아 프리드리히 대왕의 지적 대변자를 자처했다. 그 이후로 모페르튀를 조롱하는 것은 왕에게 복수하는 것이나 다름없었고, 볼테르는 무슨 일이 있어도 이 기회를 놓치지 않았다. 실제로 1753년, 7년 전쟁이 한창일 무렵 모페르튀는 당시 프로이센과 총구를 겨누던 오스트리아의 포로로 사로잡혔다. 그는 비엔나로 압송되었으나, 과학자로서의 명성 덕분에 방면될 수 있었다. 어느 모로도 수치스러운 일화로 보기 어려우나, 볼테르는 이 이야기를 다음과 같이 엮어 내고 있다. "모라비아 농노들이 그를 사로잡아 발가벗긴 다음, 주머니 속에서 50개가 넘는 학설을 끄집어내 텅 비워 버렸지."

여기에서 더 나가지는 말고, 당시 모페르튀라는 인물을 있는 그대로 바라보자. 그가 관심을 보인 다양한 과학 분야 가운데, 늘 돋보이는 것은 뉴턴의 역학이다. 예컨대 1732년, 그는 중력의 법칙을 다룬 과학 논문을 발간했다. 그가 라플란드 원정대를 인솔하게 된 것은 이 논문의 역할이 컸다. 1744년, 그는 베를린을 떠나기 직전에《지금까지 양립하지 못하는 것으로 보이는 자연의 일부 법칙간의 협정Agreement between Several Laws of Nature Which until Now Had Seemed Incompatible》이라는 제목의 논문을 파리에서 발간했다. 모페르튀는 이처럼 거창한 제목을 달아 데카르트와 페르마에 이어 빛의 굴절이라는 문제를 다시 세상 밖으로 끌어냈다. 그는 두 대선배의 이론을 모두 반박했다. 모페르튀가 보기에 데카르트는 빛이 공과 유사하다고 생각한 점이 틀렸고, 페르마는 빛이 물에서보다 공기에서 더 빨리 진행한다고 가정한 점이 틀렸다. 그는 다음과 같이 자신의 생각을 개진한다. "이 문제를 깊이 생각해 봤는데, 빛이 한 매질에서 다른 매질로 건너갈 때 직선이라는 최단 거리를 포기하는 것처럼, 가장 빠른 거리도 고집할 이유가 없다는 결론에 도달했어요. 시간과 공간 사이에 우선순위가 있을 리 없잖아요? 빛이 가장 짧은 거리와 가장 빠른 거리를 동시에 선택할 수 없다면, 왜 이걸 선택하고 저걸 선택하지 않는 걸까요? 아무 것도 선택하지 않는다는 결론이 논리적이죠. 빛은 더 장점이 많은 길을 선택하게 될 겁니다. 따라서 빛이 취하는 경로는 작용량이 최소가 되는 길이겠죠."

여기에서 바로 모페르튀의 엄청난 오만이 엿보인다. 그의 이러한 오만은 동료들 사이에서 명성을 얻는 데 별 도움이 되지 못했다. 그는 작용action 또는 작용량quantity of action이 무엇을 의미하는지 설명한다. 여기에서 어려운 것은 모페르튀가 염두에 둔 의미가 직관적으로 다가오는 의미와 동떨어져 있다는 것이다. 모페르튀는 이렇게 말한다. "물체가 한 지점에서 다른 지점으로 이동하려면, 일정한 작용이 필요하다. 이러한 작용은 인체가 움직이는 속도 및 인체가 이동한 거리에 달려 있다. 속도가 빠르고 거리가 길수록 작용량은 늘어난다. 작용량은 이동한 거리의 합계에 비례하며, 각 거리는 해당 구간을 이동한 속도에 따라 배가된다."

달리 말하면, 물체가 A점에서 B점을 향해 일정한 속도에 따라 직선으로 이동한다면, 이 운동의 작용량은 세 변수를 곱한 mvl로 정의된다. 여기에서 m은 물체의 질량, v는 속도, l은 A와 B사이의 거리에 해당한다. A에서 B까지의 경로가 반듯하지 않고 꺾여 있다면, 일정한 속도로 진행하는 구간이 여럿이라면, 각 구간의 작용량은 앞선 공식에 따라 계산되어야 한다. 그리고 A에서 B로 이동하는 데 소요된 총작용량을 알려면 이 수치를 합산해야 한다. 모페르튀는 굴절에서의 사인 법칙이 이 공식으로부터 도출되는 것을 보여 주고 있다. 공기에서보다 물에서 n배 빨리 진행하는 것을 의미하는 굴절 계수 n을 바탕으로, 공기 속의 A점과 물 속의 B점을 잇는 최소작용의 경로를 찾으면 $\sin I = n \sin r$이라는 공식이 도출된다. 모페르튀는 "대자연은 이 정도의 작용량을 소모하며, 빛이 진행하는 동안 할 수 있는 데까지 작용량을 절약하려 애쓴다."

모페르튀가 그렇게 거만을 떨었는데도, 결국 옳았던 인물은 페르마였다. 빛은 물에서보다 공기에서 더 빠르게 진행한다. 모페르튀가 잘못된 가정을 세우면서도 사인 법칙을 도출할 수 있었던 이유는 예전에 범한 실수가 잘못된 가정을 키우지 않고 오히려 바로잡아 주었기 때문이다. 달리 말하면, 그의 물리학은 연거푸 틀렸고, 연달아 틀리다 보니 운 좋게도 올바른 수학적 결론을 얻게 된 것이다. 모페르튀는 데카르트의 틀을 따라 빛이 무수히 많은 입자로 구성되었고, 이러한 입자들이 물속에 들어가는 순간 가속된다고 생각했다. 100년 뒤, 카를 야코비는 모페르튀의 최소작용의 원리이 에너지가 운동 중에 바뀌지 않는 경우(이른바 보존계)에만 유효하며, 따라서 모페르튀가 자신의 법칙을 빛의 굴절에 적용한 것은 불합리하다. 따라서 결론이 맞은 것 또한 엉터리에 지나지 않는다.

1744년 논문을 주목할 수 있는 이유는 빛뿐 아니라 모든 역학 문제에 적용할 수 있는 보편적인 최소 법칙을 다루고 있었기 때문이다. 실제로 모페르튀는 이 논문의 끝을 "모든 굴절 현상은 대자연이 늘 가장 단순한 방법으로 작동한다는 대원칙과 부합한다."라고 마무리했다. 이듬해, 모페르튀는 베를린에 머물며 《형이상학적 원리에서 유추된 운동과 정지의 법칙The Laws of Motion and Rest Deduced from a Metaphysical Principle》이라는 제목의 새로운 논문을 출판했다. 모페르튀의 말에 따르면, 이러한 제목은 "대자연에 모종의 변화를 초래하는 데 필요한 작용량은 항상 최소치가 되려는 속성을 지닌다."라는 일반 원칙을 의미했다. 따라서 이 원칙은 최소작용의 원리Least action princi-ple로 알려졌다. 예컨대, 모페르튀는 이 법칙으로부터 탄력을 받은 두 물체가 어떻게 운동하는지를 도출하고 있다. 이와 더불어 레온하르트 오일러는 《곡선의 최대 최소 정리A Method for Finding Curves Which Are Maximizing or Minimizing》이라는 제목의 책을 라틴어로 출판했다. 이 책의 부록에서 그는 최소작용의 원리에서 파생되는 결과를 더욱 많이 다루고 있다.

모페르튀는 수학을 더 재능 있는 이들의 몫으로 남겨둔 채, 형이상학을 다듬으며 자신의 발견에서 더욱 깊은 의미를 찾았다. 1752년, 그는 《우주론에 관한 논술Essay in Cosmology》를 출간했고, 겸손한 자세로 다음과 같이 술회한다.

"이 문제를 연구한 수많은 대선배들이 있습니다. 하지만 내가 모든 운동의 법칙을 아우르는 원리를 발견했다고 감히 말할 수 있습니다. 탄력성 있는 물체뿐 아니라 강체에도 적용할 수 있는, 모든 사물의 운동을 설명할 수 있는 원리 말입니다. … 이 법칙은 우리가 사물을 두고 즐길 수 있는 발상과 부합하며, 세상을 창조주의 힘이 자연스레 원하는 상태로 남겨 둡니다. 창조주의 힘이 발휘되면서 이 법칙은 자연스럽게 세상에 드러납니다. … 만물을 설계한 창조주가 이 세상의 모든 현상을 유지하고자 물질 속에 수립한 유일한 법칙, 이토록 아름답고 단순한 법칙을 탐구하는 인간의 정신은 얼마나 만족스러울까요." 실제로 그는 최소작용의 원리를 창조주의 흔적으로 받아들였고, 순전한 과학적 방법을 통해 이를 발견하는 몫이 자신에게 떨어졌다고 생각했다. 그의 생각에는 신이 대자연을 어떻게 움직이는지가 확실히 드러났고, 신은 항상 mlv로 표시되는 신비로운 최소량만을 소비했다. 이는 성스러운 목적을 알려주는 의심할 수 없는 증거였고, 필연적으로 창조주의 존재를 증명하는 확실한 증거였다. 물리 법칙은 수학적 연료를 최대한 적게 소비하려는 단일한 목적을 지닌다. 이러한 진리를 깨달은 사람들은 물리 법칙이 우연이 아니라 설계된 것이라는 데 동의할 것이다.

신이 세상을 설계하면서 더 좋은 세상을 만들려는 목적 말고 다른 목적을 가질 수 있을까? 최소작용의 원리가 지배하는 이 세상은 가능한 세상 가운데 최고여야 하고, 작용량은 어떻게든 선한 것의 총량을 반영해야 한다.(또는 악한 것의 총량을 반영하기도 한다. 신은 악한 것을 최소화하려 들기 때문이다.) 1752년 저서에 기술된 모페르튀의 말에 따르면, "운동의 법칙이 '더 나은 것'의 원리에 근거한다는 사실을 알게 된다면, 운동 법칙들이 전지전능한 존재로부터 비롯된 것임에 이의를 달지 못할 것이다. 전지전능한 존재는 만물이 서로 작용할 수 있도록 힘을 부여하거나, 아직 우리가 알지 못하는 다른 방법을 쓸 수도 있다." 실제로, 그는 물리학과 형이상학, 심지어 도덕에까지 이르는 나름의 대통합을 주장한다. 그는 이후 저술한 책을 통해 다음과 같이 주장한다. 일정한 양의 선한 것(또는 악한 것)이 우리의 행위에 결부되어 있고, 신은 선을 늘리고 악을 줄여 최대한 균형을 이룰 수 있도록 세상을 설계했다.[8] 달리 말하면, 이것이 바로 모든 가능한 세상 가운데 최고의 세상이다. 그 후로 모페르튀는 소설 《캉디드 Candide》에 나오는 구제불능의 낙천주의자, 팡글로스로 묘사된다. 볼테르가 쓴 이 소설의 주인공은 엄청난 재앙을 겪으면서도 눈곱만한 결과를 찾아내 좋은 것이 항상 나쁜 것을 능가한다는 증거라고 끊임없이 자위한다.

이는 볼테르 입장에서도 쉬운 일은 아니었다. 모페르튀는 베를린 과학 아카데미의 수장으로 강력한 입지를 구축하고 있었고, 이 지위를 어떻게 이용할지도 알고 있었다. 볼테르가 모페르튀와 처음 맞붙었을 때 기회가 찾아왔다. 1751년 3월, 모페르튀의 오랜 친구였던 네덜란드 교수 쾨니히Koenig는 유명 저널《학술 동향Acta Eruditorum》에서 최소작용의 원리를 검토했다. 그는 여기에서 1707년에 라이프니츠가 쓴 편지를 언급했다. 논문의 부록으로 소개된 이 편지에는 다음과 같은 내용이 실려 있다. "작용이란 당신이 생각한 것과는 다릅니다. 시간이라는 개념을 삽입해야 합니다. 거리와 시간이 질량에 영향을 미치면서 작용이 일어납니다. 작용은 운동에 의해 변경되는 과정에서 최대치나 최소치가 되기 마련입니다. 몇 가지 명제로부터 대단히 중요한 의미를 끌어낼 수 있습니다. 하나 혹은 여러 개의 물체가 다른 물체를 끌어당길 때 어떠한 궤적을 그리는지 알 수 있습니다."

위 내용을 읽으면 마치 라이프니츠가 모페르튀보다 최소작용의 원리를 먼저 발견한 것 같다. 하지만 이것만으로는 모페르튀의 명성을 훼손하지 못한다. 자신의 견해가 배척되어서 역학 연구를 포기했다고 말하는 라이프니츠의 편지(쾨니히의 복사본이라고 말하는 편이 정확하다)를 보면 더욱 그렇게 생각할 수 있다. 최소작용의 원리를 과학계에 소개한 인물은 누가 뭐래도 모페르튀이지만, 수학적 작업을 완성한 인물이 라이프니츠는 사실은 어렴풋이 기억될 뿐이다. 생각만 말하고 검증을 다른 사람에게 맡기는 것은 과학적 발견이 될 수 없다. 예컨대 뉴턴은 중력의 법칙을 처음 발견한 인물로 공인되나, 그가 중력의 법칙을 최초로 주장한 것은 아니었다. 로버트 후크도 뉴턴보다 먼저 중력의 법칙을 주장했다. 한편, 뉴턴은 케플러의 세 가지 법칙이 수학식으로 도출될 수 있다는 것을 처음으로 증명했다. 《프린키피아》에는 후크를 인용한 부분이 없다. 하지만 뉴턴이 다른 학자에게서 역제곱법칙의 영감을 얻었다 할지라도, 고를 수 있는 다른 발상들 또한 무수히 많았다. 뉴턴이 대단한 이유는 올바른 발상을 제대로 골랐기 때문이다. 그리고 특별한 수학적 재능과 물리학적 통찰을 활용해 엄청나게 많은 결과들 가운데 정확한 결론을 도출했다.

라이프니츠가 최소작용의 원리를 주장하거나 출판한 적이 없으므로 모페르튀는 이 문제를 덮어둘 수도 있었을 것이다. 쾨니히의 검토가 공격적이지 않았기에 문제를 확대할 이유는 더욱 없었다. 하지만 그는 어리석게도 쾨니히를 위조 혐의로 고발했고, 베를린 아카데미를 위기에서 구하려 했다. 쾨니히는 라이프니츠가 쓴 편지의 원본을 내보여야 했다. 그는 자신의 친구 헨지의 집에서 이 편지를 보았다고 주장했다. 하지만 헨지는 1749년 참수형을 당한 것으로 밝혀졌다. 헨지의 논문에서는 라이프니츠의 편지가 일절 발견되지 않았고, 1753년 4월 13일, 아카데미는 다음과 같은 입장을 표명했다. "이 부분은 위조된 것이 확실하다. 위조한 의도는 모페르튀를 깎아내리거나, 위대한 라이프니츠에 대한 칭송을 부풀리려는 선의에서다." 여기에서, 1913년에 라이프니츠의 편지 필사본이 하나 더 발견되었다는 역사적 사실을 빠뜨릴 수 없다. 따라서 오늘날에는 쾨니히가 인용한 편지의 진위 여부를 아무도 의심하지 않는다. 쾨니히로서는 가만히 있기 어려웠을 것이다. 같은 해 9월, 그는 《대중에 호소Appeal to the Public》이라는 제목의 책을 출판했다. 이후 볼테르가 이 싸움에 합세했다. 볼테르가 쓴 《아카키아 박사와 생 말로의 원주민 이야기Story of Doctor Akakia and the Native of Saint-Malo》는 모페르튀를 반박하는 논문의 모음

집이다.

이 책의 이토록 말도 안 되는 이야기들이 저명한 베를린 과학 아카데미의 수장 이름으로 최근에 출간되었다는 것은 어불성설이므로 진본일 리가 없고, 볼테르가 정체를 밝히게 될 젊은 모방쟁이의 작품이라는 것이다.

책은 첫 문장을 다음과 같이 시작한다. "생 말로의 원주민[9]은 오래전부터 필리토미아[10] 또는 필로크라시아[11]라 불리는 만성 질환에 시달려 왔다. 이 강력한 질환은 뇌까지 파고들어 뇌졸중을 일으켰고, 의식에 혼란이 생긴 원주민은 의학과 신의 존재를 부정하는 글을 쓰기 시작했다. 때로 그는 지구의 중심까지 땅을 파고 들어가는 자신의 모습이나 라틴인들의 마을을 짓는 모습을 상상했다. 심지어 그는 원숭이를 해부해 영혼의 활동에 대한 계시를 얻었다. 그는 키가 5피트에도 못 미치면서, 이전 세기에 활동했던 라이프니츠라는 거인보다 자신이 더 크다고 착각하는 지경에 이르렀다."[12] 물론 이러한 이야기는 모페르튀의 생각이나 실험을 앞뒤 맥락을 자르고 언급한 것에 불과하다. 이후 이 모방쟁이는 지혜로운 교수진에게 재판을 받는다. 재판부는 다음과 같이 판정한다. "이 젊은 친구는 라이프니츠의 생각을 절반이나 베끼고 있어요. 모두 알아요. 이 친구가 라이프니츠의 학설을 전부 이해하지 못한 걸 말이죠." 그가 이런 일을 벌인 이유는 물론 능력이 부족해서다. 그밖에도 이름 없는 아카데미에는 "기억될 자리"가 마련되어 있다. 아카데미의 수장은 이 자리에 앉아 자신의 생물학적 발상을 뒷받침하려 애쓴다. 당나귀와 공작을 교배하고, 싹이 튼 밀알은 어느 새 숙녀들에게 대접할 생선 테린 요리로 탈바꿈한다. 마침내 젊은 모방쟁이는 용서를 구한다. "신이 존재한다는 증거가 A와

B의 합을 Z로 나눈 것밖에 없다고 주장한 저의 잘못을 용서해 주십시오. 일반인 배심원 여러분, 우리들에게 너무 혹독한 처분을 내리지는 말아 주십시오. 당신들도 나에 비해 아는 것이 없지 않습니까."[13] 모페르튀의 생각이라는 것도 참. 그는 최소작용의 원리가 대자연에 닿은 신의 손길을 보여 준다고 생각했다.

볼테르의 논문은 즉시 유명해졌고, 모페르튀는 유럽 전역의 웃음거리로 전락했다. 1759년, 그는 패배자의 모습으로 바젤에서 세상을 떠났다. 하지만 그가 진정한 결정타를 입은 것은 세상을 떠난 다음이었다. 볼테르의 걸작인 《캉디드》는 철학적 낙천주의를 비판한 작품으로 오늘날까지 읽히고 있다. 모페르튀는 이 책에서 "모든 가능한 세상 가운데 *최고의 세상*에서는, 끝이 좋으면 다 좋은 것이다."라고 말한 의사 팡글로스로 재탄생한다. 끊임없는 재앙이 그에게 닥친다. 툰데르-텐-트롱크 백작Baron de Thunder-ten-tronckh이 아름다운 성에서 그를 철학 교수로 모시고 있었으나, 이 성은 파괴되고 그의 후원자들 또한 목숨을 잃는다. 그는 유럽과 남아메리카를 떠돌며 전쟁에 휘말리고 노예로 전락하는 공포스러운 현실을 목격한다. 그는 1755년 11월 1일, 리스본에서 태어났다. 이 날에는 지진이 도시를 덮쳐 4만 명이 목숨을 잃었다. 하지만 그 무엇도 팡글로스의 낙천적인 성격을 되돌리기에는 역부족이었다. 소설의 말미에 그는 정원에 앉아서 이 모든 일들이 일어나지 않았다면 피스타치오를 먹으며 그늘 밑에 앉아 있지 못했을 거라고 자위한다. 하지만 이러한 비유가 모페르튀의 과학과 철학을 올바르게 평가했다고 보기는 어렵다.

하지만 과학계에서 모페르튀의 명맥은 유지되었고, 그의 법칙도 깊이 연구되었다. 그가 주장한 최소작용의 원리에 따르면 대자연은 모든 가능한 운동 가운데 작용량이 최소화되는 운동을 선택한다는 것이다. 이는 단순한 명제로 보일수도 있으나, 실제로 보면 그렇지 않다. 이 명제는 몇 가지 의문을 불러일으킨다. 첫 번째 질문은 작용량을 정확히 정의하는 방법이며, 모페르튀가 이 질문에 어떻게 답했는지는 앞서 다뤘다. 하지만 다른 질문들도 남아 있다. "가능한" 운동이란 무엇을 의미할까? 우리는 실제로 일어나는 운동을 관찰할 수 있을 뿐이다. 실제로 일어나지 않는 운동을 실제로 일어나는 운동과 어떻게 비교할 수 있을까? "불가능한" 운동이란 무엇을 의미할까? 실제로 이러한 상황을 설명하기가 워낙 어렵다 보니, 1세기 후 카를 야코비Carl Jacobi, 1804~1851는 유명 저서《역학 강의Lectures on Dynamics》에서 이렇게 단언한다. "모든 논문에서 이 법칙을 언급하고 있다. 하지만 푸아송, 라그랑주, 라플라스가 저술한 최고의 논문을 보아도, 그런 방식으로 서술하는 이상 내 머리로는 도무지 이해할 수 없다." 모페르튀의 생각을 정확하고 효과적인 공식으로 만드는 과제는 레온하르트 오일러Leonhard Euler, 1707~1783, 조제프 루이스 라그랑주Joseph-Louis Lagrange, 1736~1813, 윌리엄 로완 해밀턴William Rowan Hamiltion, 1805~ 1865에 이어 야코비 자신에게까지 떨어졌다.

수학의 황태자인 오일러는 이 명단의 첫머리를 장식한다. 그는 1744년 저술한 책의 부록에서, 최소작용의 원리를 몇 가지 흥미로운 사례에 적용했다. 이러한 사례로는 무거운 물체의 자유 낙하, 물체의 운동이 고정된 중심에 끌리는 현상을 들 수 있다. 그는 연구 목표를 달성하고자 새로운 발상과 방법론을 수학에 도입하고 '변분법calculus of variations'이라 불리는 새로운 분야를 개척했다. 이 분야는 이후로 엄청난 각광을 받았다. 나아가 오일러는 모페르튀가 등속선형운동으로 제한했던 작용량의 정의를 더욱 일반적인 상황으로 확대해 물체가 곡선을 따라 움직이고, 속도가 시간에 따라 변하는 상황에도 적용했다. 오일러의 정의에 따르면, 갈릴레오의 역학 또는 뉴턴의 물리학에서 등장하는 모든 종류의 운동에서도 작용량을 계산할 수 있다. 실제로 오일러의 정의는 워낙 포괄적이며, 그가 도출하는 결과 또한 워낙 충격적이라 그가 지혜로이 거절하지 않았다면 최소작용의 원리를 처음 발견했다는 영광을 차지할 수도 있었을 것이다. 오일러는 쾨니히와의 논쟁에서 모페르튀의 편을 들었다. 1753년, 그는《최소작용 원리에 관한 논문Dissertation on the Least Action Principle》을 출판해 쾨니히의 비판을 반박하고 모페르튀를 확실히 옹호했다. "나는 직접 관찰한 천체의 운동을 언급하지는 않을 생각입니다. 더 일반적인 관점에서 바라본, 중핵에 이끌리는 물체의 운동도 언급하지 않을 것입니다. 물체가 이동한 거리를 질량에 곱한 수치, 물체가 이동한 속도를 질량에 곱한 수치의 합계는 항상 최소치로 줄어드려는 성질을 보입니다. 모페르튀가 이론을 발표한 직후에 이 발견이 활자화됐다고 해서 이 발견의 독창성이 바래는 것은 아닙니다."

"위대한 오일러는 최소작용의 원리라는 명칭에 족적을 남기지는 못했고, 모페르튀에게 최초 발견자의 영광이 돌아갔다. 하지만 그는 이 원리를 뭔가 새롭고, 실용적이고, 유용한 것으로 바꿔 놓았다." 마흐는《역학의 역사History of Mechanics》에서 오일러가 이바지한 업적을 이렇게 기술했다.[14] 1754년, 젊은 수학자 라그랑주는 오일러의 견해로부터 영감을 받아 변분법을 풀어낼 일반론을 발견했다. 이러한 접근 방식의 핵심에는 오일러-라그랑주 방정식이라 불리는 일련의 방정식이 자리 잡았다. 1756년, 그는 자신의 일반론을 적용하면 모든 갈릴레오의 역학이 최소작용의 원리으로부터 도출될 수 있다는 것을 보여 주었다. 라그랑주에 따르면 '원리principle'란 "모든 상상 가능한 역학 문제를 푸는 단순하고도 일반적인 방법론, 최소한 풀이와 관련된 방정식을 기술하는 방법론"으로 정의되었다.[15] 이러한 원칙이 알려지지 않았다면 "접하는 문제마다 특별한 비책을 구해야 했을 것이다. 이러한 비책이 있어야만 문제들을 흥미롭고 경쟁력 있게 만드는 힘, 반드시 고려해야 할 힘이 무엇인지 밝힐 수 있었다."

한편, 이러한 최소작용의 원리가 밝혀진 이상 개별 문제들을 풀어 내기 위해 독창적이고 참신한 생각은 더 이상 필요 없다. 오직 일반적인 방법론, 말하자면 최소작용의 원리라는 일반 원리만을 적용하는 것으로 충분하다. 이 분야에서 새로운 발견에 따른 희열, 새로운 방법론의 고유한 경쟁력은 사라지고, 일반 원리가 모든 사람들에게 공개되어 문제를 더욱 효율적으로 풀 수 있다. 연구자가 기술자에게 길을 열어 준 것이다. 라그랑주 이후, 고체의 운동이나 입자의 구조를 설명하는 방정식은 천재만의 전유물이 아니었다. 갈릴레오나 페르마와 같은 천재가 아니더라도, 이러한 역학 문제를 풀 수 있었다. 역학 문제를 푸는 것은 오일러 라그랑주 방정식을 배우고 이해하느냐의 문제로 탈바꿈했다. 이러한 변화야말로 과학 발전의 핵심을 차지했다.

마흐는 다음과 같이 말했다. "과학이란 최소한의 지적 비용으로, 최대한 사실을 완벽히 설명하는 최소한의 문제로 생각할 수 있다." 라그랑주는 반세기에 걸친 연구 결과를 집약해 1788년, 《해석역학 Analytical Mechanics》이라는 획기적인 저서를 발표했다. 라그랑주는 서문에서 다음과 같이 단언한다. "이 책에는 아무런 사진이 나와 있지 않다. 내가 설명하는 방법론은 무언가를 만들 필요도 없고, 기하학이나 역학적 차원의 주장도 필요 없다. 질서정연하고 통일된 수리적 연산이 필요할 뿐이다. 미적분학을 좋아하는 사람들은 역학이 미적분학의 한 갈래로 전환되는 장면을 즐길 수 있다. 그들은 미적분학의 영역을 이렇게 확대한 것을 두고 나에게 고마워할 것이다."

이 말에서 역학이 어느 정도 무르익었는지를 짐작할 수 있다. 지금껏 연구해 왔던 물리학적 체계에 더 이상 새로운 가정을 붙일 필요가 없게 되었고, 확실한 운동방정식을 도입할 수 있었다.

라그랑주는 역학이란 적합한 방정식 체계를 푸는 문제라고 생각했다. 그의 견해는 19세기 말, 푸앵카레가 기하학에 역학을 도입할 때까지 과학계를 풍미했다. 당시 라그랑주의 《해석역학》은 기본 서적으로 입지를 굳히며, 연구와 강의에도 지대한 영향을 미쳤다. 이 책은 첫 장에서 역학의 네 가지 원리를 설명하고 있다. 라그랑주는 오일러와 마찬가지로 최소작용의 원리를 네 가지 원리 가운데 하나로 언급하고 있다. 하지만 앞으로 다루게 될 여러 가지 이유로 말미암아, 그는 이후 도서에서 최소작용의 원리를 활용하기보다는 다른 원리에 따른 설명을 선호한다. 그 결과, 그는 최소작용의 원리를 개관하는 데 그치며 해결되지 않은 의심과 불확정성을 독자의 몫으로 남기고 있다. 예컨대 '현실의' 운동을 비교할 '가능한' 운동이 무엇인지도 불확실하고, 이러한 가상 운동의 작용량을 어떻게 계산하는지도 불분명하다. 최소작용의 원리는, 이러한 가능한 운동들 가운데 최소작용의 원리에 부합하는 한 가지 운동만이 일어난다고 말한다. 하지만 이 학설에 정확한 수학적 의미를 부여하는 것은 보기보다 쉽지 않다. 실제로 만족스러운 설명을 얻으려면 해밀턴과 야코비에게 의지해야 한다.

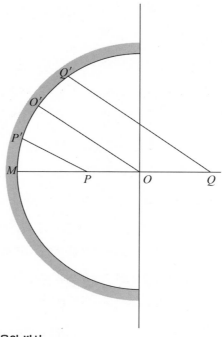

[그림 8] 구면 거울의 반사

경험상으로 O점을 통과해 거울의 M점에 닿는 광선은 수평축 MO를 따라 반사된다. 실제로 PMP는 P에서 P로 가는 최단 거리(예컨대 $PP'P$보다 짧다.)다. 하지만, QMQ는 Q에서 Q로 가는 최단 거리는 아니다. 우선 $QQ'Q$가 더 짧다는 것을 알 수 있다. 이러한 증거는 빛이 한 점에서 다른 점으로 이동할 때 최단 거리로 이동한다는 헤론(그리고 페르마)의 법칙과 배치된다.

　최소작용의 원리는 해밀턴에 의해 현대적인 공식으로 수립되었다. 2차원, 혹은 3차원 공간이 아닌, 이른바 위상 공간phase space에서의 공식으로 진화한 것이다. 기초가 되는 발상은 동체의 위치, 동체가 담긴 체계뿐 아니라 속력을 매 순간 기록하는 것이다. 위치와 속력이 승계된다는 가설에 따라 정의되는 경로는 2차원 혹은 3차원의 공간에서 존재하지 않는다.(물론, 위치만이 승계된다면 이러한 경로는 존재할 수 있다.) 하지만 차원이 두 배가 많은 위상 공간에서는 최소작용의 원리를 적용할 때 이러한 경로를 고려해야 한다. 이후 장에서는 자세한 사례를 다룰 것이다. 위상 공간의 개념을 도입한 지금, 해밀턴과 야코비가 최소작용의 원리를 설명할 올바른 수학적 틀을 발견했다고 말할 수 있다. 그들의 발견은 여기에서 그치지 않았다. 작용량은 최소치 또는 최대치로 이루어지지 않고, 정적으로 이루어진다. 이러한 새로운 발견을 생각하면 최소작용의 원리라는 명칭이 적절한 것인지 의문이다.

작용량이 항상 최소치가 아닐 수 있다는 점은 일찍이 지적되었다. 예컨대 1752년, 슈발리에 다르시 경은 파리 과학 아카데미에 논문 한 편을 송부했다. 이 논문은 구형의 거울 안쪽에서 일어나는 빛의 반사를 연구했다. 빛을 받는 지점은 P, 구의 중심은 O라고 가정하자. 슈발리에는 P가 O보다 거울에 가까워야만 최소작용의 원리가 통용될 수 있다는 것을 보여 주었다. 반대로 멀어진다면, P에서 시작해 거울 표면에 수직으로 닿는 광선은 P에서 P로 돌아오는 최단 경로가 아니다. 이상하게도, 모페르튀뿐 아니라 오일러와 라그랑주는 이러한 사례를 간과했고, 현실에서의 운동들은 항상 가능한 운동들 사이의 작용량을 최소화한다고 생각했다. 그들 모두는 평생 이러한 신념을 버리지 않았다. 이러한 사례를 올바로 분석한 최초의 학자는 해밀턴이었다. 그는 현실에서의 작용량이 정상stationary으로 이끌린다고 주장했다.

정상 경로stationary path는 수학적인 개념이다. 이는 마치 테니스 라켓의 스위트스폿(공이 가장 효과적으로 쳐지는 부분 - 옮긴이)과도 같다. 관찰해 보아도 알 수 없는 지점을 테니스 선수는 확실히 아는 것처럼, 정상 경로의 의미는 다음과 같은 흐름을 통해 이해할 수 있다. 첫째, 현실에서의 운동, 또는 이러한 운동에 상응하는 위상 공간 속

에서의 궤적을 최단 경로와 비교한다. 둘째, 경로가 바뀐다고 작용량
이 많이 변하지 않는다는 것을 주목한다. 운동의 변화에 따라 작용량
이 변하는 정도는 더욱 미미하다. 두 봉우리와 두 계곡 사이에 놓인
산고개도 마찬가지다. 봉우리는 고도가 가장 높은 지점으로 최대점
에 해당하고, 산고개는 정류점에 대응한다. 수학자의 눈으로 바라보
면, 두꺼운 안개가 눈앞에 드리워 발치 바깥으로 아무 것도 보이지
않는 장면과 마찬가지다. 우리가 산고개를 알아볼 수 있는 것은 땅이
수평이라는 사실을 알고 있기 때문이다. 산고개를 제외한 다른 모든
지점에서는 물이 따라 흐를 수 있는 확실한 경사가 존재한다. 하지만
정류점에서 물은 어디로 흐를지 갈팡질팡하며 균형이 흐트러진다.
이러한 상황을 기하학에 따라 일반화해 보자. 말 위의 안장을 떠올려

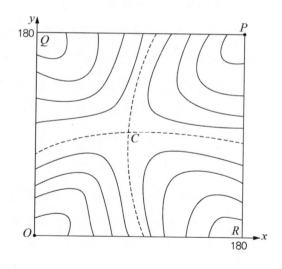

[그림 9] 정류점

이 입체 사진은 x변수와 y변수 사이의 함수식을 도시한 그래프다. 봉우리 두 개가 왼쪽과
오른쪽에 각각 솟아있고, 그 사이로 두 계곡(하나는 산고개 앞에, 다른 하나는 산고개 뒤
에 자리 잡았다.)을 가르는 산고개가 지나간다. 이 산고개는 함수식에서의 정류점 C에

보라. 정류점은 사람이 직각으로 앉을 수 있는 유일한 지점이다. 꼭대기(최고점)도, 밑바닥(최저점)도 아니지만, 안장 표면이 평평한 유일한 지점이 바로 정류점이다. 정류점 이외의 모든 지점에서 안장은 일정한 방향으로 기울어 있다. 하지만 정류점에서는 경사를 찾아볼 수 없다. 이 지점에 구슬을 놓으면 그 자리에서 움직이지 않을 것이다.

산봉우리나 호수 또한 마찬가지다. 산봉우리의 최정상이나 호수의 밑바닥에서는 땅이 평평해야 한다. 따라서 최대점이나 최소점은 정류점의 특별한 사례에 해당한다. 앞선 사례가 말해 주듯, 이 두 지점 말고 다른 정류점들도 존재한다. 일반적인 정류점들은 최대점이나 최소점처럼 시각화하기 어렵다. 그래서 모페르튀, 오일러, 라그랑쥬가 이 정류점들을 간과하고, 역학 원리에 따라 작용량이 최소화된다

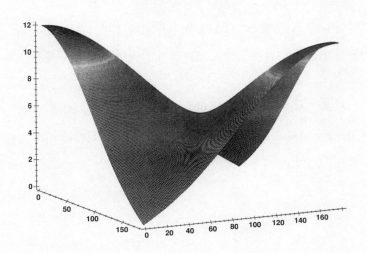

위치한다. 그림의 다른 부분은 일정 지역의 지형도처럼 등고선(높이가 같은 지점을 연결한 선)을 보여 준다. 이 등고선은 Q지점과 P지점에 놓인 두 봉우리에서 솟아올라 두 계곡 방향으로 기울어 내려온다. 정류점 C에서는 두 등고선이 교차한다. 점선 위에 자리 잡은 모든 지점은 고도가 동일하다.

는 명제를 의심하지 않았는지도 모른다. 1842년~1843년에 교재로 사용된 야코비의《역학 강의》에서 야코비는 다음과 같이 기술한다. "우리는 최소작용의 원리를 논할 때 … 보통 [작용량을] 정상 또는 정지stationary라고 표현하기보다는, 최소 또는 최대라고 표현한다. 이러한 실수가 워낙 잦다 보니 이 주장을 하는 사람들을 반박하기조차 어려워진다." 그는 작용량이 최소화되지 않는 또 다른 사례를 언급한다. 구 위에서 마찰(또는 중력) 없이 미끄러지는 물체의 운동이다. 최소작용의 원리가 맞다면 물체는 이러한 운동에 의해 한 지점에서 다른 지점을 잇는 최단 거리로 이동할 것이다. 그러나 물체가 꼭 이렇게 움직이지 않는다는 사실을 쉽게 알아낼 수 있다. 최단 거리를 만드는 궤적은 항상 구의 대원great circle일 수밖에 없으나, 물체는 꼭 대원 옆으로 고리를 그려 나가며 움직인다. 구 표면을 따라 몇 번이고 움직였다면, 최단 경로에서는 멀어진 지 오래일 것이다. 모든 고리는 이동한 거리를 움직이는데 꼭 필요하지 않았던 쓸데없는 사족일 뿐이다.

수학에서 선배들의 실수를 찾아내는 것처럼 즐거운 일이 또 있을까. 특히 오일러나 라그랑쥬와 같은 대가들의 업적이라면 더욱 그럴 것이다. 야코비는 다음과 같이 집요하게 파고든다.

최단 경로의 문제라면 라그랑주와 푸아송의 실수를 찾아내 남다른 보상을 얻을 수 있다. 라그랑주는 작용량이 결코 최대치가 될 수 없다는 주장을 매우 그럴 듯하게 펼치고 있다. 일정한 표면 위에 아무리 긴 곡선을 그리더라도, 그보다 긴 곡선을 얼마든지 그릴 수 있다는 것이다. 또한 그는 작용량이 항상 최소치가 되어야 한다고

116

결론 내린다. 푸아송 또한 폐곡면 위에서의 작용량이 너무 커져 더 이상 최소치를 유지할 수 없는 때[16]에는 작용량이 반드시 최대치가 된다고 결론 내린다. 두 사람 모두 틀렸다. 실제로 … 작용량은 결코 최대치가 될 수 없다. 최소치가 되거나, 최대치도 최소치도 될 수 없거나, 둘 중의 하나일 뿐이다.[17]

모페르튀의 첫 번째 논문이 발간된 지 100년이 흘러, 인류는 최소작용의 원리를 완벽하고도 정확하게 포괄적으로 설명한 진술문을 얻을 수 있었다. 안타깝게도, 직관적인 추측을 버린 것에 대한 보상으로 수학적 정확성을 확보한 셈이다. 경로는 실제로 운동이 일어나는 2차원이나 3차원 공간이 아닌 위상 공간에서 설정되어야 한다. 또한 작용량은 복잡한 수학적 공식으로 검증되어야 한다. 더욱 중요한 것은 작용량이 최소치가 아니라는 사실이다. 현실에서의 운동은 항상 작용량을 최소화하는 방향으로 일어나지 않는다. 그저 작용량을 정상stationary으로 바꾸는 것뿐이며, 여기에는 또 다른 수학적 미묘함이 깃들어 있다. 신이 세상을 움직이는 데 필요한 작용량을 절약한다는 단순명료한 발상은 우리 곁을 떠난 지 오래다.

오일러도 이와 비슷한 생각이었다. 그는 1744년 책을 출판해 "우주는 완벽히 구성되고, 전지전능한 창조주의 힘으로 완성되었기에, 최대치나 최소치의 원리로 설명되지 못할 현상이란 존재하지 않는다. 따라서 아무런 의심 없이 이 세상에서 벌어지는 모든 효과는 목적인과 최대 최소의 원리에 따라 설명될 수 있다."[18] 여기에서 오일러는 신이 세상을 움직이며, 결과를 끌어내는 데 필요한 작용량을 최대한 줄이려 들고, 이것이 바로 역학과 물리학을 배우는 첫걸음이라 말하고 있다. 같은 시기에 활동했던 장 달랑베르Jean d'Alembert는 《역학에 관한 논문Treatise on Dynamics》(1758)을 저술한 것으로 유명하다. 그는 오일러와 생각이 달랐다.

일부 철학자들이 제시한 운동 법칙의 증거를 판단하는 데 도움이 될 것으로 보인다. 이러한 증거들은 목적인에 의지한다. 말하자면, 창조주가 운동 법칙을 만들면서 수립한 나름의 목적에 의지하는 것이다. 이러한 증거를 아무런 대가 없이 확신할 수는 없다. 이미 익숙한 원리에서 이끌어 낸 직접적인 증거를 먼저 내보이거나, 그러한 직접적인 증거에 의지해야만 비로소 확신을 심어 줄 수 있다. 그렇지 않으면 종종 오류로 치닫게 된다. 데카르트가 충돌의 법칙에서 오류를 범한 이유도 이러한 길을 걸었기 때문이며, 창조주의 지혜로 말미암아 우주 속에서 일정한 작용량을 유지한다고 믿었기 때문이다. 그를 모방하는 사람은 그가 범한 실수를 답습할수 있고, 특정한 경우에만 일어나는 사안을 일반 원칙으로 오해할수도 있고, 대자연의 근본적인 법칙을 몇 가지 공식의 수학적 산물로 폄하할 수도 있다.

젊은 과학자들이 살아남는 기초적인 생존 법칙 중 하나는 논쟁을 피하는 것이다. 라그랑주는 현명하게도 모든 이슈를 회피했다. 그는 《해석역학》에서 네 가지 법칙을 소개했다. 네 가지 법칙 모두 역학의 시금석이며, 최소작용의 원리도 여기에 포함된다. 하지만 그는 최소작용의 원리가 아닌 다른 원리를 선택해 자신의 이론을 설명했다. 그는 이렇게 말했다. "나는 이 법칙을 형이상학적 원리가 아닌 역학 법칙의 단순하고도 일반적인 귀결이라 생각한다. 제2권 투린 논문에서, 이 법칙을 활용해 몇 가지 어려운 역학 문제를 풀 수 있었다. 이 법칙은 에너지 보존 법칙을 만나고 변분법에 따라 전개되면서 모든 문제를 풀 수 있는 모든 방정식을 직접 제시해 주었고, 우리는 물체의 운동이라는 문제를 풀 단순하고 일반적인 방법론을 가질 수 있었다. 하지만 이러한 방법론도 알고 보면 제2장에서 설명할 법칙의 잔가지에 지나지 않는다. 그리고 새로이 설명할 법칙은 제1역학법칙에서 비롯되었다는 장점도 가지고 있다."

앞서 살핀 바처럼, 해밀턴은 모페르튀, 오일러, 라그랑주의 생각과는 달리 현실에서 일어나는 운동이 작용량을 최소화하지는 않는다는 점을 강조했다. 이러한 효율성으로 말미암아 최소작용의 원리(오늘날의 기준으로는 잘못된 명칭이다.)는 형이상학적인 겉모습을 완전히 떨어낼 수 있었다. 창조주가 우주의 운전에 필요한 연료를 절약하는 모습은 상상하기 쉬울지 몰라도, 작용량을 정상stationary으로 유지하기 위해 애쓰는 모습을 상상하기란 매우 어렵다. 수학자가 나서지 않으면 정상 경로의 존재와 다른 경로에 비해 정상 경로가 우월하다는 것을 알기 어렵다. 해밀턴이 다음과 같은 결론을 내린 것은 어쩌면 당연하다. "지금 최소작용의 원리는 최고 수준의 물리학으로 통용되나, 절약의 원리에 바탕을 둔 우주적 필요를 나타낸다는 견해는 일반적으로 배제되고 있다. 이러한 견해가 배제되는 이유는, 다른 무엇보다도, 절약된다고 생각하는 작용량이 한없이 낭비되고 있다는 단순한 주장 때문이다."[19] 형이상학적인 측면이 없어졌다 해도, 해밀턴이 보기에 최소작용의 원리는 역학의 법칙 가운데 돋보이는 위상을 차지했다. 하지만 야코비는 그렇지 않았다. 그는 평소와 마찬가지로 이 학설의 몰락을 재촉했다.

앞서 인용한 오일러의《투사체 운동에 관하여On the Motion of Projectiles》에서, 이 원리가 활용되는 실례를 접할 수 있다. 오일러는 고정된 중핵의 인력이 작용하는 사례를 바탕으로 이 원리를 수립했다. 하지만 고정되지 않은 두 물체가 서로를 끌어당기는 사례로까지 확장할 수는 없었다. 그가 에너지 보존의 원리를 몰랐기 때문인데, 그는 후자의 사례가 계산이 매우 복잡하다고 말하는 데 그치고 있다. 하지만 최소작용의 원리는 그대로 유효하다. 건전한 형이상학의 기본 바탕에 따르면, 힘은 자연 상태에서 최소한의 작용량을 지향해야 한다.(그는 물체의 중력 때문이라 말한다.) 하지만 건전한 형이상학이란 존재할 수 없다. 아니, 형이상학 자체가 어불성설이다. 오일러가 그렇게 기술할 수 있었던 이유는 "최소작용"이라는 용어에 속았기 때문이다.[20]

여기에서 최소작용의 원리는 더 이상 형이상학적 수단이기를 포기한다. 이 논쟁에서 등장한 결정적인 주장은 작용량은 최소화되지 않고 정상stationary화된다는 해밀턴의 발견이었다. 이후로 최소작용의 원리는 순수한 수학적 수단으로 자리 잡았고, 20세기가 될 때까지 아무도 그 효용성을 제대로 이해하지 못했다. 그 전까지는 극복해야 할 과제가 하나 더 남아 있었다.

야코비가 첫 번째 공격의 포문을 열었다. 그가 저술한《역학 강의 Lectures on Dynamics》에서, 그는 여전히 "이 원리가 중요한 이유는 첫째, 운동방정식을 제시하기 때문이며, 둘째, 운동방정식이 충족되는 경우에 최소화되는 작용이 무엇인지를 알려 줄 수 있기 때문이다. 이러한 최소치는 항상 존재하지만, 보통 어디에서 존재하는지는 알지 못한다. 그 전까지는 이 최소치가 존재한다는 사실을 지나치게 과장했다. 하지만 이 원리가 정말 중요한 이유는 이러한 최소치가 아프리오리a priori를 확보하기 때문이다." 야코비가 무슨 뜻으로 이런 말을 했는지는 확실히 모른다. 하지만 최소한 다음과 같은 입장인 것만은 분명했다. 운동이 최소화되는 양적 실체가 존재한다는 것은 신기한 일이 아니다. 정말 신기한 것은 이것의 실체, 말하자면 작용량을 알아내어 종이에 쓴 다음, 이로부터 운동방정식을 유도하는 것이다. 필자는 이러한 생각에 동의하지 않지만, 그의 견해는 야코비의 추종자들, 특히 마흐에 의해 전파되었다. 그가 저술한 《역학의 역사History of Mechanics》를 보면, 그는 최소작용의 원리가 기본적으로 껍데기밖에 없는 이론에 지나지 않고, 따라서 200년 전 클레르슬리에가 페르마를 상대로 제기한 이의를 그대로 떠올리게 만든다고 말했다. "모든 운동에서, 실제 궤적은 무한성을 띠는 가능한 궤적들과 명백히 구분되는 양상으로 나타난다. 하지만, 분석해 보면 이는 다음과 같은 진리를 의미할 뿐이다. 변형 공식=0의 등식이 운동방정식을 구성하는 공식은 언제든 발견할 수 있다. 변분 공식은 적분값이 특정한 값을 취할 때만 0이 되기 때문이다." 이 말은 야코비의 말보다도 알쏭달쏭하지만, 여기에 담긴 취지만은 명확하다. 최소작용의 원리는 우주가 결정론을 따르고, 운동은 오직 태초의 환경에 따라서만 결정된다는 이론에 불과하다는 것이다.

서로의 실수를 놓치지 않던 야코비와 마흐가 그들의 주장을 설명하거나, 수학적으로 뒷받침하려는 노력은 하는 둥 마는 둥 하면서 이렇게 확고한 태도를 보이고 있다는 것은 이상한 일이다. 이상하다고 말하는 이유는 실제로 그들이 틀렸기 때문이다. 최소화에 대한 발상을 버리고 정상 경로의 이론을 택한다고 해서, 물리적 법칙이 결정론적이라는 단순한 사실만을 말해 주지는 않는다. 누구든 최소 원리나, 정상 경로의 원리에서 비롯되지 않는 결정론적 운동 법칙을 쓸 수는 있다. 실제로 이것은 변분법의 역문제로 알려진 매우 흥미로운 수학적 문제다. 정상 경로 원리에서 도출되는 '모든' 결정론적 법칙을 찾아야 할 이 문제는 오늘날까지 풀리지 않고 있다. 우리들의 주변을 지배하는 법칙이 결정주의적이라는 주장은 큰 도전을 받고 있으며, 우주의 구조에 대해 무언가를 시사하고 있다. 이후 장에서 이 구조를 다룰 것이며, 위상 공간에서의 특정 기하학과 관련해 이러한 구조를 확인하기로 한다.

하지만 우리는 순수한 수학적 기초에서 벗어나지 않을 것이다. 모페르튀의 꿈은 그가 세상을 떠나면서 같이 사라졌고, 지금 우리는 과학 이론을 철학적으로 해석하는 데 주저하고 있다. 오늘날의 과학자들은 아주 좁은 분야에만 특화되어 있고, 상아탑 또는 실험실 밖에서 인생 경험을 거의 쌓지 못했다. 모페르튀는 자신이 저지른 실수에도 불구하고 아주 폭넓은 성품의 소유자였다. 그의 과학 분야에서의 업적은 생물학과 수학을 아울렀고, 철학자, 황제들과 친분을 쌓았으며, 상아탑과 멀리 떨어진 분야에까지 다채로운 경험을 쌓았다. 그가 이렇게 살았던 이유는 신중을 기하려는 의도도 있었을 것이다. 지난 세기에는 많은 사상들이 새로이 등장하고 역사의 뒤안길로 사라졌다. 당시에는 물론 이러한 모든 사상들이 과학적이며, 과학적 방법에 의지한다고 생각했다. 과학 그 자체도 많은 혁명을 겪었고, 가장 많은 혁명을 겪은 과학 분야로는 양자 물리학과 분자 생물학을 들 수 있다. 우리는 이 두 가지 분야를 통해 지식의 덧없는 속성을 명확히 깨달을 수 있다.

이러한 분야에 가장 먼저 몸을 담은 갈릴레오, 데카르트, 모페르튀는 영원한 진리를 발견한다는 느낌에 휩싸였을 것이다. 하지만 오늘날의 과학에는 더 이상 영원한 진리란 존재하지 않는다.

오늘날 우리들의 입장은 페르마에 가깝다. 변호사였던 그는 최속 경로의 원리quickest path principle를 비롯해 그 어떤 것에도 의미를 붙이려 들지 않았다. 하지만 그는 이 원리가 유효하며, 충분히 쓸모가 있다는 사실을 확실히 지적했다. 수학적 모델은 원래 설명하려 했던 모든 사실을 설명할 수 있고, 기본적인 가정을 최대한 줄이고 있는가? 이것이 바로 수학적 모델을 두고 할 수 있는 질문의 전부일 것이다. 마흐가 이야기하기를, 과학은 "할 수 있는 한 최소한의 지적 비용을 들여, 사실을 최대한 정확히 설명해야 한다." 그는 정복해야 할 궁극적인 진리가 존재하고, 모든 사실이 한 가지 혹은 몇 가지 기초 원리로 설명된다는 발상을 "이론적이고, 미신적인 관념"으로 배척했다. 그는 《역학의 역사History of Mechanics》에서 과학이 존재하지 않고, 홀로 대자연의 고난을 이겨내야 했을 때 태동했던 인류의 유산을 버리는 것이 얼마나 힘든 일인지 보여 주었다. 그리고 그는 18세기의 위대한 과학자들조차 이러한 "원시적인" 관념의 잔재에 집착하는 현실을 비판했다.

계몽 시대의 철학자들은 물리학과 역학으로 대자연의 모든 현상을 설명할 수 있다는 목표에 거의 근접했다고 믿었다. 라플라스는 초기의 특정 시점에 위치와 속력, 질량의 정보가 주어진다면, 미래의 어떤 시점에서건 우주의 상태를 예측할 수 있는 혼령이 존재한다고 생각했다. 이러한 믿음을 보면, 물리학적, 역학적 발상을 열렬히 옹호했던 18세기 당시의 분위기가 십분 이해가 갈 뿐더러, 고상하고도 품위를 갖춘 편안한 시각으로 지적 희열을 느끼며 마음 깊은 곳에서 공감할 수 있는 역사적으로 유일한 발상이라고 생각한다. 한 세기가 흘러 돌이켜 보니, 이러한 세계관은 고대 종교의 정령 신화와 대비되는 역학 신화에 지나지 않는다.

마흐의 견해에 따르면 과학의 발전에는 끝이 없다. 왜냐하면 도달해야 할 목표가 없기 때문이다. 이 여정은 끝이 없으나 시도해 볼 가치는 충분하다. "과학은 세상을 '완벽히' 설명할 수 있다고 말하지 않는다. 다만 우주를 '미래의' 관념에서 파악하기 위해 부단히 노력할 뿐이다." 이러한 우주관은 그 자체로 완성된 실체를 갖추기 어려우며, 하나의 완성된 지식으로의 대통합은 영원히 풀리지 않는 숙제로 남아 있다. 어쩌면 완성된 지식으로부터 더 멀리 유리되고 더 깊이 구체화된 부분적인 견해로 만족해야 할 수도 있다. 이것은 철학적 관점에서는 썩 마음에 들지 않는 결론이다. 하지만 오늘날의 과학자들에게는 트집거리가 되지 못하며, 궁극적인 진리나 함의가 없다는 것은 나날이 이루어지는 과학의 발전에 아무런 방해가 되지 못한다.
앙리 푸앵카레는 20세기가 배출한 가장 위대한 수학자라 불려도 손색이 없다. 그가 마지막으로 취한 입장은 과학이 진리에 관한 학문이 아니며, 편의성에 관한 학문이라는 것이다. 과학은 사실을 말하는 편리한 방법에 불과하다. 별이 가득한 밤하늘에 뜬 화성의 운동을 기록하기보다, 화성과 지구가 타원의 궤도에 따라 태양 주위를 공전한다는 사실을 아는 것이 더욱 효율적이지 않을까? 순수한 기하학적 공식에 따라 지구에서 바라본 화성의 움직임을 도출하는 것이 더욱 효율적이지 않을까? 뉴턴의 중력의 법칙을 아는 것이 더욱 효율적이지 않은가? 섭동이 일어나는 모든 궤도를 질량, 위상, 속력에 따라 계산할 수 있으니까. 분명 다른 모델을 활용해도 비슷한 결과를 얻을 수는 있다. 예컨대 행성과 태양이 복잡한 궤도를 따라 지구 주위를 돈다고 가정해도 천체 현상을 설명할 수는 있다. 하지만 이러한 모델은 같은 사실을 더 복잡하게 설명해야 한다. 1902년 출판한 유명한 책 《과학과 가설Science and Hypothesis》에서 푸앵카레는 "'지구가 태양 주위를 돈다'와 '지구의 공전 궤도를 가정하는 게 더 편리하다'라는 두 문장은 거의 같은 뜻이다."라고까지 말했다. 로마 교황청에서는 이 진술을 이미 세상을 떠난 갈릴레오에 대한 정죄가 옳았다는 뜻으로 받아들였다. 푸앵카레는 자신의 말이 어떤 뜻인지 밝혀야 했다. 그의 후속 저서 《과학의 가치The Value of Science》(1905)에는 "과학과 실재"라는 장이 있다. 여기에서 그는 다음과 같이 말하고 있다. "과학은 하나의 분류 방법에 지나지 않는다. 이러한 분류 방법은 편리할 수는 있을지언정, 진리일 수는 없다. 하지만 이것이 진정으로 편리하려면, 나만이 아니라 모든 인류에게 편리해야 한다. 그리고 우리의 후손들에게도 편리해야 한다. 우연히 편리함을 갖추게 되는 것은 불가능하다. 요약건대, 유일한 객관적 현실은 사물 사이에 일정한 관련성이 존재하고, 그 결과 보편적인 조화를 이룬다는 것이다. 분명 이러한 조화는 [관련성을] 품고 느끼는 의식과 외따로 생각하기 어렵다. 그럼에도 이러한 관련성은 모든 생각하는 존재에게 공통된 것으로 남아있을 것이기에, 언제까지나 객관성을 잃지 않을 것이다."

　20년 후, 루트비히 비트겐슈타인은 이러한 생각을 아주 정교히 요약한다. "이 세상은 사물이 아닌 사실의 총합이다."[21] 우리는 사실을 관찰하나, 사실 뒤에 무엇이 존재하는지를 알지 못한다. 갈릴레오, 데카르트, 뉴턴과 같은 선구자들 이래로 이런 변화를 경험하다니! 그들은 이 세상을 아주 잘 설계된 기계로 보며 설계도를 관찰하고 있었다. 다른 한편으로 마흐와 푸앵카레는 과학자들을 다음과 같은 사람들로 생각한다. 과학자들은 그들 사이에서 도달한 공통된 합의가 더 깊은 뜻이 있는지에는 별 관심이 없고, 정보를 수집한 다음 수집한 정보를 가장 간단하게 저장하려는 사람들에 불과하다. 푸앵카레는 사실을 뛰어넘을 생각은 없다. "예컨대, '객체'라는 말이 인위적이라도, 외부의 객체는 실제로 '객체'이며, 덧없는 모습으로 스쳐가지 않는다. 왜냐하면 그들은 단순한 감각의 집합이 아니라, 항구적인 연결 고리로 상호 연관된 감각의 집합체이기 때문이다." 예컨대, 밝은색 공이나 흥미로운 물체를 본 어린 여자아이는 그 공이나 물체를 화면 뒤로 숨긴다면 흥미를 잃게 될 것이다. 나이가 좀 더 들어야 화면 뒤로 가서 물체를 찾을 수 있다. 시간이 지나면 아이는 화면 뒤에 새 공이 있다는 사실을 알게 되고, 항상 그래왔기에 화면 뒤의 공을 예전의 공으로 생각하게 된다. 따라서 이러한 물체를 단순히 '그 공'이라 부르게 된다. 이러한 과정을 통해 객체가 탄생하는 것이다.

　예컨대 플라톤은 우리가 관찰하는 객체가 진실하고 실존하는 유일한 대상Objects인 원 사물의 이미지 또는 그림자에 불과하다고 말했다. 그가 말한 원래 사물은 현실 세계 너머에 있는 이데아의 세계에 존재한다. 하지만 지금 우리는 이러한 관념에서 한참 벗어나 있다.

플라톤에 따르면 사람들의 영혼은 죽음과 더불어 육신을 떠나 더 높은 세상으로 올라간다. 여기에서 그들은 살아있을 때의 행동에 따라 상을 받거나 벌을 받으며, 진, 선, 미 등의 이데아와 같은 진정한 대상을 관조하게 된다. 그리고 그들은 지구로 돌아가 다른 육신을 차지하며, 그들이 보고 온 것을 어렴풋이 기억한다. 이 세상에 온 그들은 퇴색되고 희미해진 복제품을 보면서 다른 무언가를 열망하게 된다. 과학은 잃어버린 진리를 회복하려는 위대한 노력의 일부다.

푸앵카레는 과학이 이러한 믿음을 가질 필요가 없다는 점을 지적한다. 모든 사물은 우리의 감각과 현실의 경험을 연관짓는 것 이외의 방법으로 존재할 이유가 없다. 앞으로의 과학은 형이상학에게 더 이상 빈틈을 허락하지 않을 것이다. 과학은 사물들이 아닌, 사실들을 연관짓는 데 관심을 둘 뿐이다. 비트겐슈타인의 말을 다시 한 번 인용하면, "말할 수 없는 것에 대해서는 침묵해야 한다." 그러나 최소작용의 원리를 두고서는 아직도 할 말이 많으며, 푸앵카레 자신도 이 원리를 확장하는 데 크게 이바지했다. 하지만 과학이 대자연의 숨겨진 목적을 보여 줄 수 있다는 모페르튀의 생각은 종말을 고했다.

연산에서 기하학까지

조제프 루이 라그랑주, 윌리엄 로완 해밀턴, 카를 구스타프 야코비의 노력이 어우러져 갈릴레오의 물리학적 통찰은 일관되고 포괄적인 수학적 이론으로 탈바꿈할 수 있었다. 그들은 18세기에 발달한 수학적 모델을 활용해 운동방정식을 기술할 일반론을 발견할 수 있었다. 이러한 운동방정식은 다양한 힘과 다양한 제약을 따르는 상상 가능한 역학 체계에 적용되었다. 그들의 방법론은 고전역학의 수학적 기초였다. 특정한 역학 체계의 운동방정식(에너지가 소실되지 않는다는 것을 전제로 한다.)은 예외 없이 오일러-라그랑주 방정식의 특별한 사례에 해당할 뿐이다.

라그랑주, 해밀턴, 야코비뿐 아니라 그들의 후학들도 최소작용의 원리에 큰 비중을 두지 않았다. 이 원리는 그들이 제일 피하려 드는 주제였을 뿐 아니라, 언급된다 할지라도 쓸모 없거나 관련성이 없는 것으로 묘사되었다. 예컨대 라그랑주는 최소작용의 원리가 "역학의 법칙에 뒤따르는 단순하고 일반적인 결과일 뿐이다."라고 말하면서 다른 방법론으로 증명된 결과를 간편하게 가르치는 방법에 불과하다는 말을 덧붙였다. 그들의 생각은 100년 후, 앙리 푸앵카레가 고전역학을 새로운 방식에 따라 전개할 때까지 지배적인 견해로 자리 잡았다. 하지만 당시에 자리 잡은 오랜 불신은 지금까지도 남아 있다. 오늘날에도 최소작용의 원리를 자세히 다룬 고전역학 교과서나 서적을 찾아보기 힘들다.

라그랑주, 해밀턴, 야코비는 가능한 한 많은 문제를 풀기 위해 노력을 쏟아 부었다. 말하자면, 그들은 특정한 역학 문제가 주어지면 운동방정식을 기술하고 이 방정식을 풀려 했다. 이것을 역학의 "분석학적" 접근 방식이라 부른다. 뉴턴의《프린키피아》에서도 소개된 이 방법은 기하학적 도면과 곡선의 특정한 성질에 의지했던 초기 방법론과 대비되었다. 라그랑주가 처음 저술한《해석역학Analytical Mechanics》은 오일러의 업적에 바탕을 둔 일반론을 다루고 있으며, 훗날 많은 저자들이 책을 출판하면서 동일한 제목을 차용하게 된다. 라그랑주는 운동방정식을 서술하면서 움직이는 물체의 내부 구조 및 외부의 힘과 제약을 고려했고, 그 결과 연구 일정의 첫 번째 과제를 말끔히 해결했다.

두 번째 과제는 아직까지도 풀리지 않은 채로 남아 있다. 라그랑주는 운동방정식을 풀기 위한 아무런 일반론도 제시하지 않는다. 방정식을 푼다는 것은 주어진 역학 체계 속에서 운동이 개시되고 난 다음 미래 시점의 상태(위치와 속력)를 계산하는 것을 의미한다. 이 작업은 컴퓨터 프로그램(그 결과는 일련의 숫자로 주어진다.)이나 수작업(그 결과는 알려진 함수에 따라 도출된다.)으로 수행할 수 있다. 라그랑주의 시대에는 컴퓨터 프로그램을 쓸 수 없었고, 그들이 우리에게 물려준 것은 수작업에 따른 방법이다. 이 방법은 초기값 및 시간이 경과한 후에 측정한 값을 바탕으로, 눈에 보이는 양적 실체의 값을 도출한다. 라그랑주 이전에도 오랜 기간에 걸쳐 수많은 사례가 소개되었고, 이 가운데 가장 유명한 것은 이체문제를 풀어낸 뉴턴의 해법이었다. 따라서 라그랑주가 이 방법은 일반론에 해당하며, 운동방정식이 항상 이러한 방법으로 풀릴 수 있고 충분한 독창성을 지닌다고 믿은 것에는 충분한 이유가 있다. 하지만 실제로는 그렇지 않다. 100년 후 푸앵카레가 증명한 것처럼, 운동방정식으로 풀 수 있는 고전역학의 문제는 극소수에 불과했다. 하지만 이것은 라그랑주의 수학적 한계를 훨씬 넘어서는 문제였으며, 라그랑주는 미래에 자신의 이름을 내건 방정식을 해결할 일반론이 나올 것이라 믿었다. 그 사이 그는 능력이 닿는 데까지 역학 문제를 풀어냈고, 풀지 못한 문제는 다른 사람들이 풀어야 할 숙제로 남겨 두었다.

오늘날 운동방정식이 풀어야 할 문제들은 고대의 활용법에 대한 존경심이 담겨 '가적분'이라는 용어로 불리고 있다. 이는 방정식을 풀기보다는 "적분한다는" 것을 말하고 있다. 가적분 문제의 첫 번째 실례는 물론 진자의 문제다. 이러한 진자는 단순한 갈릴레오 식 진자가 될 수도, 하위헌스의 진보된 진자가 될 수도 있다. 앞서 검토한 것처럼 이 문제를 연구한 하위헌스나 베르누이 형제, 뉴턴과 같은 기타 과학자들은 기하학적 방법론을 사용했다. 그들은 원형 또는 타원형과 같은 곡선의 특별한 성질을 증거로 활용했다. 하지만 이러한 증거를 다른 상황으로까지 확대할 수는 없었다. 레온하르트 오일러는 완벽한 일반론적 관점에서 이 문제를 숙고한 최초의 과학자였다. 그는 1744년 《곡선의 최대 최소 정리A Method for Finding Curves Which Are

Maximizing or Minimizing》를 출판했고, 10년 후 젊은 라그랑주는 이 책을 읽고 "변분법"이라 불리는 독자적인 방법론을 고안했다. 그는 1755년 8월 12일, 편지 한 통을 오일러에게 보내 이 방법론을 설명했다.(이 때 라그랑주의 나이는 19세였다.) 성품이 너그러웠던 오일러는 라그랑주의 방법론과 전문 용어를 받아들였다. 1766년, 오일러는 《변분법을 이루는 요소Elements of the calculus of Variations》를 출판하며 서문에서 다음과 같이 설명한다.

> 이 문제를 자연스럽게 접근하려면 기하학적 고려를 일절 하지 말아야 한다. 미적분학의 새로운 지평을 열려는 희망이 클수록, 새로운 미적분학을 이러한 종류의 문제 해결에 적용하면서 더욱 큰 어려움을 겪게 된다. 내가 이 문제에 많은 정신과 시간을 쏟아부었고, 많은 친구들과 이 문제를 해결하고픈 희망을 나누었는데도, 처음으로 이 문제를 해결한 인물은 내가 아니라 토리노의 위대한 수학자 라그랑주였다. 그는 내가 일찍이 기하학적 고려를 가미해 얻은 결론과 똑같은 결론을 순수한 미적분학으로만 도출하는 데 성공했다. 나아가 그의 해법은 미적분학의 새로운 지평을 열었고, 이로써 미적분학은 그 영역을 현저히 확대할 수 있었다.

변분법을 다룬 오일러의 저서는 이 문제를 다룬 최초의 작품으로 많은 주목을 받았다. 이 책의 근간을 이루는 방정식에 오일러-라그랑주 방정식이라는 이름이 붙은 것은 지극히 당연한 일이다. 이 책에 부가된 두 편의 부록은 더욱 큰 흥미를 불러일으킨다. 첫 번째 부록은 내하력 빔의 평형 위치를 연구하고 있다. 과학 논문에서 좌굴buckling이라 불리는 현상이 처음 등장하는 순간이다. 꼭대기에 무거운 부하가 달린 수직 빔은 부하가 일정한 중량을 넘지 않는다면 수직 상태를 유지할 것이다. 하지만 부하의 무게가 임계점을 넘는다면, 이 빔은 별안간 옆으로 구부러진다.(이 과정에서 보통 부러지게 된다.) 이러한 현상은 오늘날 많이 연구되고 있으나, 오일러가 그토록 오래 전부터 관심을 보인 것은 상당히 놀라운 일이다. 두 번째 부록에서 오일러는 진공 상태에 놓인 물체의 운동을 연구하고 있다. 이 물체에는 중력 또는 그 밖의 힘이 작용하며, 오일러는 모페르튀의 최소작용의 원리가 새로이 발견한 변분법과 어우러져 운동방정식을 제시하는 과정을 보여 주고 있다. 최소작용의 원리가 처음으로 완벽한 보편성을 띠게 된 것이다. 모페르튀는 아주 단순한 사례에만 이 원리를 적용했다.

야코비는 1837년에 이렇게 말했다. "이 책에서 가장 중요한 파트는 부록입니다. 부록에서는 역학의 특정한 문제에서, 움직이는 물체가 그리는 궤적이 최소치를 지향한다는 것을 보여 주고 있습니다.(여기에서는 평면 운동을 고려할 뿐입니다.) 이 부록에서 해석역학의 모든 것이 태동했습니다. 이 책을 출판한 이후, 아르키메데스 이후 가장 위대한 수학 천재일지도 모르는 라그랑주가 《해석역학》을 들고 혜성처럼 등장했습니다. 그는 오일러의 방법론을 일반화하며 놀라운 공식을 발견했습니다. 이 공식에는 고전역학의 모든 문제를 해결할 수 있는 풀이법이 몇 줄로 담겨 있습니다."

물론, 야코비가 지나치게 긍정적이었던 것도 사실이다. 왜냐하면 라그랑주의 《해석역학》은 앞서 지적한 것처럼 방정식을 다루고 있을 뿐, 해법을 담고 있지는 않았기 때문이다. 하지만 어쨌든 엄청난 지적 성취를 이룬 것만은 분명했다. 라그랑주의 자신만만한 서문을 다시 한 번 돌이켜 보자. "이 책에는 그림이 하나도 없다. 내가 설명하는 방법론은 기하학 또는 역학적 논거나 해석이 필요 없고, 오직 질서정 연하고 통일적으로 계산되는 대수학적 연산이 필요할 뿐이다. 미적 분학을 좋아하는 사람이라면 역학이 미적분학의 파생 분야로 자리 잡는 것을 목격하게 될 것이며, 내가 미적분학의 영역을 확대시켜 준 것을 고맙게 생각할 것이다." 오일러와 라그랑주 이후에는 그림이나 기하학 지식이 필요 없어졌다. 모든 역학 문제는 공식으로 전환되고 체계적인 방정식으로 기술될 수 있었다. 《해석역학》은 몇 가지 사례 를 제공하며, 이 가운데 가장 두드러진 사례는 강체의 역학이다.

강체는 일정한 모양을 지니고 있으므로 한 점으로 흡수될 수 없다. 강체의 위상은 위치만으로 설명할 수 없으며, 공간 속에서 어느 쪽으 로 방향을 취하고 있는지를 확정해야 한다. 거꾸로 놓여 있는지, 아 니면 옆으로 기울어 있는지를 알아야 하는 것이다. 강체의 위치를 완 벽히 묘사하려면 6개의 숫자가 필요하다. 세 개는 위치, 나머지 세 개 는 방향을 알려 준다. 속력을 특정하려면 6개의 숫자가 더 필요하다. 세 개는 공간 속을 어떻게 진행하는지, 나머지 세 개는 방향이 어떻 게 변하는지를 알려 준다.

이와 반대로, 질점point mass의 위치를 알려면 3개의 숫자로 충분하 며, 속도를 알려면 다른 3개의 숫자가 필요하다. 강체의 상태를 정의 하는 12개 숫자와는 달리, 6개의 숫자만이 필요한 것이다. 갈릴레오 와 그의 추종자들은 질점의 운동을 처음으로 다뤘고, 라그랑주는 자 신의 저서를 통해 이를 완벽히 해설하고 있다. 앞으로 복잡하게 설명 할 주제는 강체의 운동에 관한 내용이다. 강체의 운동이 질점에 비해 훨씬 중요한 이유는 질점은 수학적으로 생각한 가상의 개념이기 때문이다.(극도로 작으나, 질량을 지닌 물체를 상상해 보라.) 따라서 아주 일찍이 강체의 운동을 연구하기 시작한 것은 이상한 일이 아니다.

안타깝게도, 이 문제는 완벽한 일반적인 풀이법이 나올 수 없다. 강체의 운동방정식은 아주 특별한 사례에서만 풀 수 있다. 이러한 사례를 '가적분' 사례라 부른다. 이러한 사례들은 수학자들이 여러 세대에 걸쳐 노력한 결과 발견할 수 있었다. 그리고 이러한 노력은 오늘날에도 계속되고 있다. 이러한 탐험의 여정을 간단히 설명하는 것도 나름 의미가 있다고 생각한다.

오일러는 1760년에 출판한 《고체와 강체의 운동 이론Theory of Motion of Solid or Rigid bodies》에서 강체의 운동은 두 가지 별개 운동의 합계라는 것을 보여 주었다. 질량 중심center of mass은 강체의 모든 질량을 집약하는 단일점인 양 움직이며, 궤도를 따르는 방향은 강체가 질량 중심 주변을 자유롭게 움직이는 것과 비슷하다. 따라서 일반 문제는 두 가지 하위 문제로 나뉜다. 첫 번째는 일정한 힘에 따르는 질점의 운동을 찾는 문제이며, 두 번째는 질량 중심에 고정되고, 일정한 힘에 따르는 강체의 운동을 찾는 문제다. 첫 번째 문제는 이미 해답을 찾았고, 두 번째 문제는 아직 풀리지 않은 채로 남아 있다.

오일러는 강체에 아무런 힘이 작용하지 않는 사례에서 이 문제를 풀어냈다. 이른바 자유 운동의 사례다. 이러한 사례의 경우 운동방정식을 풀 수 있다. 예컨대 오일러의 해법은 강체가 은하계 사이에서 어떻게 움직이는지를 말해 준다. 강체는 아무런 힘을 받지 않으므로 직선으로 움직이며, 오일러의 방정식에 따라 연이어 작동한다. 이 경우에는 이른바 중력이라 부르는 힘이 작용하지 않으므로 강체가 지구 표면에 떨어지는 원리를 설명하지 못한다. 이 문제는 일반적인 해법을 찾을 수 없으며, 부가적인 평형 요건을 충족하는 특별한 경우에만 해법이 나올 수 있다. 이러한 첫 번째 사례를 다룬 학자는 라그랑주였다. 이 사례는 대칭축(질량 중심이 이 축에 놓인 경우)이 존재하는 사례였다. 팽이는 항상 라그랑주의 요청 사항을 반영해 제작되며, 고전역학을 다룬 교과서들이 회전하는 팽이를 자세히 분석하는 이유도 여기에 있다. 한물 간 아이들의 놀이에 흥미를 갖는다기보다, 운동방정식을 풀 수 있는 특별한 사례에 속하기 때문이다. 100년이 지난 1888년, 소피아 코발레프스카Sofia Kovalevska는 완벽한 가적분성의 사례를 하나 더 찾는 데 성공했고, 이 사례 또한 팽이 운동과 기본적인 면에서는 동일하다. 라그랑주와 코발레프스카의 특별한 사례를 제외하고는 중력을 받고 있는 강체의 운동방정식을 풀기란 불가능하다.

필자가 뜻하는 바를 마지막으로 자세히 설명해 보겠다. 강체의 운동방정식 해법(특정한 사례에서 오일러-라그랑주 방정식이라 불린다.)은 운동이 시작된 시점(또는 관찰이 개시된 시점)의 위치와 속도, 경과시간의 관점에서 강체의 위치와 속도를 제시하는 12가지 변수로 구성된 수학적 관계식이다. 최초의 위치와 속도가 주어진다면, 이러한 관계식은 이후의 위치와 속도를 시간의 작용으로 규정하며, 그에 따라 운동의 궤적을 도출할 수 있다. 이러한 관계식은 연산이 가능해야 한다. 관계식이 존재하는 것만으로는 불충분하다. 최초의 위치와 속도로부터 그 이후의 위치와 속도를 정확히 계산할 수 있는 실용적인 방법(알고리즘)이 있어야 한다. 이러한 관계식을 $y=x^2$ 또는 $y=\sin x$와 같은 일반 함수로 표현할 수 있다면 하나의 공식이 될 수 있고, 오일러, 라그랑주, 코발레프스카는 이러한 작업을 일부 특별한 사례에서 적분 가능한 체계에 부합하도록 해낸 바 있다.

안타깝게도, 앞서 다룬 것처럼 이러한 사례는 정말로 특별한 사례에 불과하다. 일반적으로 강체의 운동은 적분 가능한 문제가 아니다. 이는 곧 가적분 사례와는 달리, 모든 운동의 궤적을 영구히 예측할 수 없다는 것을 의미한다. 모든 사람을 잠깐 속일 수 있고 몇몇 사람을 영원히 속일 수는 있어도 모든 사람을 영원히 속이지는 못한다는 속담이 있다. 이와 마찬가지로 적분이 불가능한 문제에서 모든 궤적을 잠깐 추적하거나 일부 궤적을 영원히 추적할 수는 있어도, 모든 궤적을 영원히 추적하지는 못한다. 예컨대 오늘날 우리는 비가적분계에서 주기 궤적periodic trajectory을 찾을 수 있다. 이러한 주기 궤적은 스스로에게 근접한다. 무슨 말인즉, 이 궤적의 저변에 깔린 역학체계가 동일한 위치와 속도를 일정한 주기로 영구히 겪는다는 뜻이다. 주기 궤도는 항상 꼬리에 꼬리를 물고 등장한다. 주기 궤도가 스스로를 단순히 반복하기 때문인데, 이 궤도에 바로 인접한 궤도는 가까운 위치와 속도에서 시작한다 할지라도 금세 주기 궤도에서 이탈하며 계산하기 어려운 상태로 접어든다.

고전역학에서는 비가적분 문제가 원칙이며, 가적분 문제는 예외에 해당했다. 가적분 문제는 이례적이며 제한된 범주에 속했다. 이 문제는 19세기 말 앙리 푸앵카레가 등장할 때까지 충분히 연구되지 못했다. 그의 선배들은 모두 가적분 문제를 풀거나 가적분에 가까운 역학체계를 연구하는 데 온 정신을 쏟았다. 아마도 컴퓨터가 개발되기 한참 전이었던 당시 그들이 할 수 있는 전부가 아니었나 싶다. 하지만 이러한 연구는 마침내 실수를 범하고 말았다. 가적분계가 너무 익숙하다보니 가적분계의 전형적인 면이 보이기 시작했고, 이러한 특성으로 말미암아 더욱 일반적인 상황에서 무엇이 일어나는지 알 수 있겠다는 생각이 들었던 것이다. 예컨대, 뉴턴의 법칙을 따르는 물리학 체계는 운동을 예측할 수 있고 폭넓은 안정성을 보여 주리라 생각되었다. 오늘날 이러한 체계 속의 움직임이 훨씬 더 혼란스럽다는 것은 이미 알려진 사실이다. 고전역학이 잘못된 관념 아래서 그토록 오래 운신할 수 있다는 것은 교육의 힘이 얼마나 대단한지를 보여 주는 방증이다. 교육과 연구는 온통 가적분계에만 신경을 쏟았고, 비가적분계를 연구할 수단이나 흥미가 바닥날 때까지 서로를 먹여 살렸다.

비록 오류가 있었지만, 이러한 역학관은 철학적 사고에도 깊은 각인을 남겼다. 따라서 더욱 자세히 연구할 만한 가치가 있다. 가적분계의 주된 특징은 무엇이며, 어떻게 자연과학에까지 전반적으로 확장될 수 있을까? 가적분계의 주된 특징은 무엇보다도 운동방정식을 풀 수 있다는 점이다. 이는 미래의 어느 시점에라도 모든 궤적을 정확히 계산할 수 있다는 것을 의미한다. 그 결과, 현재의 데이터를 바탕으로 미래의 상태를 완벽히 예측할 수 있다. 가적분계는 예측이 가능할 뿐 아니라 안정적이다. 이는 곧 일정한 시점에 상태(위치와 속도)가 조금만 변하면, 뒤이어 그와 비슷한 작은 변화가 생긴다는 것을 의미한다. 달리 말하면, 가적분계에서는 결과가 원인에 비례한다. 작은 변화, 예컨대 나비의 날갯짓은 열대지방의 천둥 번개와 같은 대형 난기류로 확대되지 않는다.

다음 장에서 다루겠지만, 예측 가능성과 안정성이라는 두 가지 성질은 가적분계에 특화된 성질이며, 독자들은 예측이 어렵고 불안정한 역학 체계의 사례 또한 접하게 될 것이다. 하지만 고전역학이 오랜 기간 가적분계만 다뤄온 탓에 아직까지 인과관계에 대한 잘못된 관념이 남아 있다. 비가적분계에서 비롯된 수학적 진리는 다음과 같다. 모든 것은 모든 것 이외의 원인이다. 내일 무슨 일이 일어날지 예측하려면 오늘 일어나는 모든 것을 고려해야 한다. 아주 특수한 경우를 제외하고는 하나의 사건이 뒤이어 발생하는 사건의 유일한 원인으로 작용하게 되는 연속적이고 명료한 "인과관계 사슬"이란 존재하지 않는다. 가적분계는 매우 특별한 사례에 해당하며, 이 세상을 인과관계 사슬의 병치라는 관점으로 파악한다. 이러한 세상에서는 각 인과관계가 서로를 간섭하지 않고 나란히 작동한다. 한 가지 예를 들어 보자. 나는 내 일에만 정신이 팔려 길거리를 걸어가고 있다. 지붕 위로 바람이 불고 있다는 사실을 전혀 인식하지 못하는 것도 축복이다. 내가 신경을 쓸 이유가 어디에 있는가? 바람은 다른 인과관계 사슬에 속해 있다. 나와 관련된 인과관계 사슬과는 독립적으로 다른 규칙에 따라 전개되며, 내가 파악할 필요가 없는 수많은 인과관계 사슬도 이와 동시에 진행되는 중이다. 나아가 나는 이 세상이 예측 가능하고 안정적일 것이라 기대한다. 제 시간에 나가면 약속을 지킬 수 있으며, 5분 늦게 출발하면 5분 늦게 도착할 것이다.

하지만 이러한 관점은 예측하지 못한 사건에 의해 산산조각이 나고 만다. 바람이 지붕 위의 타일을 날려 버리고, 이 타일이 내 머리 위에 떨어져 모든 약속을 취소하게 된다. 독립적으로 보이는 두 가지 인과관계 사슬이 전혀 독립적이지 않은 것으로 드러나며, 이러한 슬픈 사태가 결과로 나타난다. 이 결과는 하나가 아닌 두 가지 원인에서 비롯되었다고 말할 수 있다. 이 두 가지 원인은 약속에 서두르는 나의 행동과 예기치 못한 광풍이다. 19세기 철학을 지배했던 고전적 분석에 따르면, 완전히 예측 가능하고 안정적일 수 있었던 세상에 우연의 공간이 자리 잡은 것이다. 두 가지 독립적인 인과관계 사슬이 서로 엇갈리며, 교차점에서 한 가지 사슬만으로는 예측하기 어려운 사건을 접하게 되고, 이러한 일련의 과정은 우연에 그 책임을 돌리게 된다.

필자는 이러한 견해에 동의하지 않는다. 앞서 언급한 고전적 분석의 사례에서, 인과관계 사슬을 방해한다는 관점으로 분석하고 싶다면 두 가지가 아닌 많은 인과관계, 다시 말하면 무한정 많은 인과관계를 찾아낼 수 있다. 왜냐하면 바람에 날린 바로 그 타일(그 옆 타일이 아니다.)이 특정 시점(그 전도, 후도 아닌 바로 그 시점)에 떨어졌다는 것은 이유가 있어서이며, 그러한 이유는 또 다른 인과관계 사슬의 일부다. 타일이 엉성하게 제작되거나, 제대로 부착되지 않았을 수도 있고, 누군가 지붕 위로 올라가서 타일을 바꿔 놓았을 수도 있다. 모든 경우의 수는 새로운 문제를 불러일으킨다. 단일한 사건은 복잡하게 짜인 태피스트리의 일부에 비유할 수 있다. 이러한 태피스트리를 엮은 실이 바로 인과관계 사슬에 해당한다. 왜 처음부터 그런 약속을 잡았을까? 시간과 장소를 어떻게 결정했을까? 왜 버스 운전수는 버스를 향해 달려가는 나를 기다린 걸까? 왜 모르는 사람이 나를 붙잡고 방향을 물어본 걸까? 이러한 사건들 가운데 하나라도 달리 일어났다면, 타일은 좀 더 빨리, 혹은 좀 더 늦게, 또는 내 근처에, 아니면 나 말고 다른 사람에게 떨어졌을 것이다. 따라서 모든 사건들은 내가 사망에 이르게 된 "원인"이 될 수 있다. 실제로 결과가 발생하기 전에 벌어졌던 거의 모든 사건들은 일정한 인과관계 사슬에 따라 결과와 이어질 수 있으며, 온 세상이 나를 상대로 음모를 펼쳤다는 이야기를 만들어 낼 수도 있다.

이 세상은 인과관계 사슬로 분해되지 않는다. 발생한 사건의 원인이 직전에 일어난 사건의 원인이 되도록 사건을 선형적으로 늘어놓지는 않는 것이다. 각 사건은 과거를 향해 뿌리다발을 뻗치며, 미래를 향해 가지 왕관을 올리고 있는 나무와도 같다. 그 어떤 사건에도 단일한 원인이란 존재하지 않는다. 과거로 깊이 들어갈수록, 특정 사건에 대한 선행 사건이 더 많이 보이게 된다. 꼬이지 않은 실처럼 한 가지 경로를 따라 결과에 도달하는 것도 아니다. 더 먼 미래를 바라볼수록, 단일한 사건은 더 넓은 그물망으로 확장되기 때문이다. 블레즈 파스칼Blaise Pascal은 클레오파트라의 코가 조금만 더 낮았어도 세계의 역사가 바뀌었을 것이라고 말했다. 실제로 널리 알려진 로마사의 일화를 보면 틀린 말도 아니다. 율리우스 카이사르가 암살된 다음 권력 투쟁이 벌어졌고, 카이사르의 후계자를 자처한 마르쿠스 안토니우스는 기원전 31년 악티움 해전에 출전해 옥타비아누스의 함대와 맞붙었다. 클레오파트라에게 푹 빠졌던 마르쿠스 안토니우스는 그녀를 데리고 전쟁터에 나섰다. 하지만 겁을 집어먹은 클레오파트라는 전쟁터를 떠났고, 마르쿠스 안토니우스는 자신의 전함을 이끌고 그녀의 뒤를 쫓았다. 지휘관이 떠난 함대는 우왕좌왕할 수밖에 없었다. 라이벌을 제압한 옥타비아누스는 아우구스투스라는 이름을 얻고 로마 초대 황제에 올랐다. 성형수술이 없었던 당시, 클레오파트라의 코가 조금만 낮았다면 마르쿠스 안토니우스는 사랑에 빠지지 않았을 테고, 더 나은 지휘관이 되어 악티움 해전에서 승리한 다음 카이사르의 뒤를 이을 수도 있었을 것이다. 장기적인 결과가 어떻게 변했을지는 논란의 대상이 될 수도 있다. 하지만 옥타비아누스가 로마의 정치체제를 공화정에서 제정으로 바꾸었고, 제정 체제가 1806년[1]까지 지속되었다는 것은 간과할 수 없는 역사적 사실이다.

장기간의 역사는 매끈한 인과관계 사슬로 분해되지 않는다. 모든 소규모 사건들은 예상치 못한 결과를 수반하기 마련이며, 이는 가적분계와 관련한 수학적 이론과 정면으로 대비된다. 가적분계는 서로를 방해하지 않는 독립적인 하위 체계로 분해할 수 있다.(실제로 이 이론의 주된 결론이기도 한다.) 이러한 하위 체계는 매우 간단하다. 실제로 각 하위 체계는 갈릴레오의 진자와 비슷하게 움직인다. 따라서 가적분계는 독립적으로 흔들리는 진자들의 단순한 집합에 불과하다. 이러한 사례에서 인과관계 사슬의 개념은 완벽히 들어맞으며, 각 진자들은 인과관계 사슬을 대변한다. 진자 한 개의 운동에 간섭하더라도, 다른 진자는 영향을 받지 않고 오직 간섭받은 진자만이 영향을 받는다. 미래 시점에 변동한 위치와 속도를 첫 간섭의 효과라고 말할 수 있는 것이다. 역으로, 전체 체계 속에서 일어나는 전지구적인 변화는 각 하위 체계들의 변화로 분해될 수 있다. 이러한 인과관계 사슬은 서로를 간섭하지 않으며, 이는 곧 각 진자가 서로 독립적이라는 사실을 의미한다. 나아가 오늘 작은 간섭이 일어났다면 미래에도 작은 간섭만이 일어날 뿐이며, 미래에 커다란 변화를 일으키고 싶다면 오늘 커다란 변화를 가해야 한다. 우리가 사는 세상이 가적분계였다면, 클레오파트라의 코는 그처럼 비대칭한 효과를 가져오지 못했을 것이다.

가적분계는 원인과 효과가 질서정연하게 비례하나, 비가적분계는 모든 것이 다른 모든 것에 의지하고, 아무리 사소한 것이라도 경시할 수 없다. 현실은 이 두 가지 체계 사이의 어딘가에 존재하며, 대부분은 시간의 길고 짧음에 관한 문제로 귀결된다. 길게 보면 이 세상은 비가적분계에 해당한다. 하지만 짧게 보면 가적분계가 현실에 부합한다. 예컨대 오늘 날씨를 예측하거나, 지금으로부터 1000년 후 달의 위치를 예측하고 싶다면 가적분계를 따라야 미래의 결과를 정확히 가늠할 수 있다. 이러한 정도의 시간 주기에서는 안전한 예측이 가능하며, 내일 비가 오거나 2100년에 일식이 있으리라는 것을 꽤 정확히 맞출 수 있다. 하지만 시간이 길어진다면 사정은 달라진다. 100년 후의 날씨가 어떨지,(지구 온난화 논쟁을 유념하라.) 화성이 몇 십억 년 후에 어디에 있을지(태양으로부터 멀리 떨어질 수도 있다.)를 확신할 수는 없는 일이다. 긴 시간주기에서 예측이 어려워지는 이유는 고려해야 할 요소가 점점 더 많아지기 때문이다. 변수가 워낙 많다 보니, 이 가운데 어떤 변수가 중요한 변수로 작용할지를 알기 어렵다. 이는 장기 예측이 불가능하다는 말은 아니다. 우리는 저변에 놓인 물리적, 화학적, 생물학적 상호작용을 더욱 깊이 이해하게 되었고, 연산 기술 또한 많이 발전했다. 따라서 의미 있는 예측이 가능한 미래의 시점도 점점 더 늘어나고 있다. 하지만 우리가 더 이상 예측하기 어려운 한계치란 언제든 존재하기 마련이며, 많은 중요한 사례들에서 아슬아슬하게 예측의 범위를 벗어나는 것이 불편할 뿐이다.

가적분계에서 비가적분계로 어떻게 이동하며, 선형 인과관계 사슬이 어떻게 무너지는지 보여 주기 위해, 이 장의 나머지를 고전역학에서 가능한 가장 단순한 체계에 할애할 것이다. 이것은 다름 아닌 당구대 위에서 일어나는 당구공의 운동이다. 우리는 당구공이 완벽한 구형이며, 탄력 또한 완벽하다고 가정할 것이다. 그리고 공기와 당구대 표면의 마찰은 무시하기로 한다. 한번 당구공이 구르기 시작하면 정속으로 무한정 구르며, 벽에 튀긴 궤적은 직선을 이룬다. 벽에 튀었을 때의 법칙은 표준을 벗어나지 않는다. 진입하는 각도(입사각이라 부르며, i로 표시한다.)는 반사되는 각도(반사각이라 부르며, r로 표시한다.)와 동일하다.

당구대의 생김새에 따라 공의 운동이 적분 가능하느냐, 그렇지 않느냐가 결정된다. 앞으로 보게 되겠지만, 당구대의 생김새에 따라 아주 큰 차이가 생기게 된다. 보통 당구대는 직사각형 모양이나, 여기에서는 다른 모형을 사용할 것이다. 우리가 생각하는 이상적인 당구대는 모서리가 똑바르지 않다. 이 당구대의 모서리(당구 용어를 따라 쿠션이라 부르기로 하자.)는 부드럽게 이어지는 연속된 곡선이다. 하

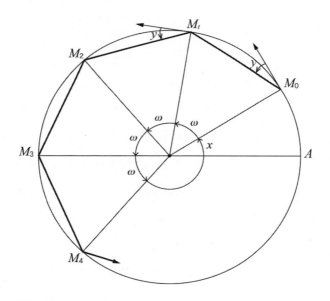

[그림 10] 원형 당구대
이 두 그림은 두 가지 관점에서 바라본 원형 당구대를 나타낸다. 첫 번째 그림은 M_0에서 시작하는 단일한 궤적을 보여 준다. M_0, M_1, M_2…에서 충돌이 연달아 일어나며, 한 충돌점은 그 다음 충돌점과 ω만큼 떨어져 있다. 따라서 n번째 충돌점 M_n은 첫 충돌점에서 $n\omega$의 각도를 이루며 충돌한다. 당구대 모양이 원형이므로, 당구공은 모든 충돌점에서 경계면과 y각도를 이룬다. 각 충돌점은 위치와 각도로 특정된다. 후자는 항상 일정하며 (항상 y값을 갖는다.) n번째 충돌점의 위치는 $x+n\omega$식으로 특정될 수 있다. 여기에서

지만 이 곡선 위의 두 점은 직선으로도 이동할 수 있다. 말하자면, 쿠션에 튀일 필요 없이 A에서 B로 직접 굴러갈 수 있는 것이다. 이러한 성질을 볼록성convexity이라 부르며, 모든 당구대를 볼록하다고 가정할 것이다.

가장 단순한 사례는 이러한 모서리가 원형인 경우다. 당구공의 운동은 매우 따르기 쉽다. 쿠션과의 충돌은 일정한 주기에 따라 이루어지며, ω로 표시되는 일정한 각도를 사이에 두고 지속적으로 일어난다. 첫 번째 충돌이 이루는 각도를 측정하면, 두 번째 충돌에서 이루는 각도는 2ω, 세 번째 충돌에서 이루는 각도는 3ω로 전개된다는 것을 알 수 있다. ω가 360의 약수라면(여기에서 모든 각도는 도수로 표시되며, 360도는 완벽한 원에 해당한다), 무슨 말인즉 ω가 $(360\,p/q)$로

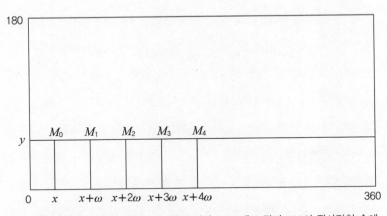

x는 최초 충돌점의 위치를 가리킨다. 가로 길이 360, 세로 길이 180인 직사각형 속에 수열을 이루는 점들의 좌표 $(x+n\omega,\ y)$를 찍으면 두 번째 그림을 얻을 수 있다. 연이은 점들은 밑변으로부터 y높이에 걸친 수평선상에 위치한다. 당구공이 N번 충돌한 이후 첫 번째 궤적과 합치된다면, 즉, M_n이 M_0와 겹친다면, 이 선상에는 N개의 점만 존재하게 된다. 이것이 바로 주기 운동의 사례다. 주기 운동이 아니라면, 연이은 점을 표시한 좌표가 선분 전체를 덮게 된다. 이것이 바로 비주기 운동이며, 가장 일반적인 경우에 해당한다.

표시된다면(p와 q는 정수다.), 이 궤적은 q번 충돌한 다음 첫 시작점과 합쳐진다. 우리는 이러한 궤적을 '주기적'이라고 표현한다. 하지만 ω가 360의 약수가 아니라면, 즉 $\omega/360$이 유리수가 아닌 무리수라면, 이 궤적은 한 바퀴를 돌아도 첫 시작점과 합쳐지지 않는다. 이 공은 계속 당구대를 튕겨 다니며, 쿠션의 같은 지점에 두 번 충돌하는 경우란 존재하지 않는다.

이처럼 단순한 역학 체계를 기하학적으로 표현할 수 있다. 가로가 360, 세로가 90인 직사각형이 옆으로 길게 놓여 있다고 생각해 보라. 각 꼭지점을 (x, y)에 대응시키면, x는 가로의 위치(수평 좌표horizontal coordinate), y는 세로의 위치(수직 좌표vertical coordinate)를 가리킨다. 달리 말하면, 직사각형에서 점 하나를 선택하는 것은 x좌표와 y좌표를 선택하는 것이며, x는 0에서 360 사이, y는 0에서 90 사이에 존재한다. 여기에서 x와 y를 다른 방식으로 해석해 보자. 쿠션(당구대의 모서리) 위의 점 A를 고른 다음, 점을 찍어 표시한다. 모든 각도는 A점으로부터 측정되며, (x, y) 좌표의 조합은 반동의 내용을 알려준다. 반동이 일어난 위치와 입사각 및 반사각의 크기를 모두 알 수 있는 것이다. 또한 숫자 x로부터 쿠션 위의 M점을 도출할 수 있다. AOM이 x와 같아지는 M점을 찾으면 된다.(여기에서 O는 원형 당구대의 중심에 해당한다.) 바로 M점이 공이 쿠션에 닿는 지점이다. 예컨대 $x=0$이라면 이 반동은 정확히 A점에서 일어난다. $x=360$일 때도 마찬가지다. 숫자 y는 입사각을 의미한다. $y=0$이면 공이 쿠션을 향해 수평으로 진입하고, $y=90$이면 수직으로 진입한다는 것을 의미한다.(이 경우 쿠션을 치고 나서 진입한 방향으로 다시 튀어 올라간다.)

당구공의 궤적은 무한히 연속되는 반동에 불과하다. 각 반동은

360×90 직사각형 속의 한 지점으로 표시할 수 있다. 첫 번째 반동은 (x_1, y_1)으로 표시되며, x_1은 쿠션에 닿는 지점, y_1은 입사각을 가리킨다. n번째 반동은 (x_n, y_n)의 조합으로 표시된다. n은 정수만이 가능하며, 모든 정수값을 가질 수 있다. 이러한 방식을 따르면 당구대를 기하학적으로 표시하는 방법이 하나 더 생길 수 있다. 처음에 표현한 방식은 접힌 선분들이 볼록한 상자 속에서 무한히 연속하는 모형이었다. 하지만 지금은 직사각형 상자 속에서 점들이 무한 연속되는 모형을 생각할 수 있다. 직사각형은 그리기도 쉬우며,(주어진 그림에서는 점들을 모두 그려 넣지 않았다.) 분석하기도 쉽다. 실제로 충돌점들은 원 주위를 따라 일정한 주기로 배열되며, x_n각의 공식은 $x_{n+1} = x_{n+\omega}$로 정의된다. 각 충돌점 별로 존재하는 y_n의 공식 또한 똑같은 방식으로 정의된다. 기초적인 기하학 이론에 따르면, y_n각은 $\omega / 2$의 값을 가진다. 따라서 모든 n값에 대해 $y_n = \omega / 2$라는 공식을 얻을 수 있다. 궤적의 모든 (x_n, y_n)점은 360×90 직사각형에서 $\omega / 2$ 높이를 갖게 된다.

이러한 정보들을 종합하고, 특정한 궤도에 부합하는 (x_n, y_n)수열을 그린다면, 모든 점들이 360×90 직사각형의 수평선에 위치하며, 높이는 $y = \omega / 2$로 일정하다. x_n의 변동은 ω값이 좌우한다. $\omega / 360$이 분수로 표현된다면, 말하자면 p와 q값이 정수인 채로 $\omega / 360 = p / q$의 수식이 성립한다면, x_n을 결정할 수 있는 q개의 값이 존재한다는 이야기다. 수평선 위의 모든 q값에 대응하는 y값은 $\omega / 2$다. 궤적은 이 q점들을 따라 진행하며, 같은 순서를 따라 또 다시 진행한다. 이처럼 주기를 보이며 진행한다. $\omega / 360$이 무리수라면(진정한 의미에서의 분수라 볼 수 없다.) x_n은 수평선 위에 $y = \omega / 2$의 값으로 일정하게 배분될 것이다. 컴퓨터를 활용한다면, 충돌점이 선분 위에 집약될수록 선분이 점점 더 진해지는 것을 볼 수 있다.

역으로 360×90 직사각형의 모든 수평선은 궤적의 총합을 나타낸다. 이들은 모두 $\omega/2$라는 같은 y값을 지니며, 이 값은 선분의 높이를 나타낸다. 여기에서 처음 다뤘던 기하학적 모형으로 돌아가 보자. 원형 당구대를 생각하면, 당구공이 원의 경계면에 항상 ω각도로 충돌한다는 것을 의미한다. 충돌점의 위치가 각기 다르므로 이러한 충돌점의 집합이 존재하며, 첫 x_1이 주어지면 다른 x변수들은 $x_{n+1} = x_n + \omega$ 관계식에 따라 구할 수 있다. 나중에 다룬 기하학적 모형에 따르면 모든 좌표 (x_n, y_n)은 수평선 위의 $\omega/2$높이에 대응한다.

이러한 체계를 철학자의 눈으로 바라보면, 두 가지 인과관계 사슬이 서로를 방해하지 않고 나란히 작동하고 있다. 모든 충돌점들은 첫 충돌점 (x_1, y_1)에서 시작하는 함수로 정의할 수 있으며, 따라서 첫 충돌점을 다른 모든 충돌점의 원인이라 말해도 무방하다. 이러한 점에서 인과관계의 분석을 더 정밀하게 할 수 있다. x_1값이 바뀌어도 다른 값(y_1)은 그대로이며, 따라서 x_1이 어떤 값을 가지든 y_1의 값은 바뀌지 않는다. 달리 말하면, 수평 운동(x_n)과 수직 운동(y_n)은 서로를 간섭하지 않는다. 우리는 독립적인 인과관계 사슬 두 개를 갖게 된다. x_1값을 알면, 나머지 x_n값을 예측할 수 있다. 다른 변수(y_n)의 초기값 y_1은 x_n과 무관하다. y_1값을 알면, 나머지 y_n값을 예측할 수 있고, 다른 변수(x_n)의 초기값 x_1은 y_n과 무관하다. 운동 중에는 아무런 정보도 잃지 않는다. h의 크기, 말하자면 y_1값에 사소한 오류를 범한다면, 뒤따르는 모든 y_n값 또한 하나도 빠짐없이 같은 오류를 담게 된다. 실제로 모든 y값은 360×90 직사각형 상의 같은 수평선 위에 존재하는 데, 초기값을 잘못 잡으면 수평선의 높이가 틀렸다는 것을 의미하기 때문이다.

위와 같은 분석은 놀라울 정도로 명료하며, 원인과 결과를 생각하는 대부분의 사람들은 이러한 체계를 염두에 두고 있다. 이제 이러한 틀을 조금 더 복잡하게 만들어 보자. 당구대를 원형이 아닌 타원형으로 만들어 본다. 타원형을 간단히 만드는 방법은 다음과 같다. 두 정점 F_1과 F_2(이 정점을 타원의 초점이라 부른다.)에 헐렁한 실의 양끝을 고정시키고, 실의 중간에 연필을 걸어 끌어당긴다. 실을 팽팽한 상태로 유지한 채 연필을 한 바퀴 이동시키면 연필 끝에서 타원이 그려진다. 두 초점 F_1과 F_2를 동일한 점으로 삼는다면 타원이 아닌 원형이 그려지고, F_1과 F_2가 멀어질수록 타원은 더욱 길쭉한 모형으로 그려진다. 타원은 지름이 두 개이며, 두 초점을 잇는 선분 방향의 지름이 다른 지름에 비해 더 길다.

타원 당구대의 기하학은 원형 당구대의 기하학과 다르다. 입사각과 반사각이 같다는 표준 법칙에 따라 반동이 일어나는 것은 다를 바 없다. 하지만 입사각과 반사각의 각도가 주어진 궤도를 따라 일정하지 않은 점은 확실히 다른 부분이다. 타원 당구대에서 연속되는 반동의 입사각은 제각기 다르다. 단, 여기에서도 두 가지 예외가 존재한다. 당구공이 F_1과 F_2를 이은 선분을 따라 움직여 타원의 외벽에 충돌한다면, 그 선분을 따라 앞뒤로 반동하며 늘 쿠션에 수직으로 충돌하게 된다. 세 가지 사례가 [그림 11]에 소개되어 있다. 주목할 만한 또 다른 궤적은 초점을 관통하는 궤적이다. 당구공이 F_1점에서 운동을 개시한다면 처음 반동한 다음 F_2를 관통하게 되고, 두 번째 반동한 다음에는 다시 F_1을 관통하게 된다. 이러한 진동이 두 초점 사이

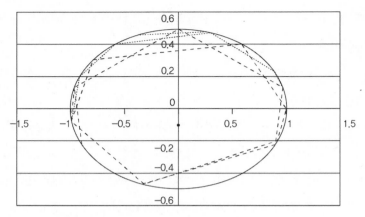

[그림 11] 타원 당구대

타원의 장축(수평 지름) 길이는 2단위, 단축(수직 지름) 길이는 1단위로 장축이 단축에
비해 두 배가 길다. 두 초점 F_1과 F_2는 표시되어 있지 않으나, 원점 0에서 왼쪽으로 0.866
단위, 오른쪽으로 0.866단위 떨어진 수평 지름 위의 두 점이 각각 F_1과 F_2에 해당한다.
또한 이 그림은 서로 다른 세 가지 궤적의 첫 번째 충돌점을 보여 준다. 세 가지 궤적 모두
가장 오른쪽 점에서부터 각기 다른 각도로 출발한다. 각 궤적에서 나타나는 충돌각은 원
형 당구대와는 달리 일정하지 않다는 사실을 주목하라.

에서 영원히 반복된다. 방이 타원 모양이라면 F_1점에 서 있는 사람은
F_2점에서 속삭이는 소리가 들릴 것이다. 다른 초점으로부터 울려 퍼
지는 음파가 한 초점에 모이기 때문이며, 과학박물관에서 익숙하게
경험할 수 있는 현상이다.

원형 당구대의 사례에서처럼, 각 반동을 x와 y의 두 숫자로 표시할
수 있다. x는 쿠션의 충돌점을 나타내며, y는 입사각을 나타낸다. 이
방식에 따르면, 당구공의 모든 궤적은 360×90 직사각형 속에서의
무한수열 (x_n, y_n)으로 표시할 수 있다. 이러한 점들은 더 이상 수평
선에만 집중되지 않고 더욱 복잡한 곡선을 그리게 된다. 이 곡선들은
앞선 사례의 수평선들과 마찬가지로, 360×90 직사각형을 횡으로
잘라낸다.

수학자들은 이러한 곡선들을 가리켜 직사각형의 '엽리'라 부르며, 곡선이 잘라낸 조각들을 엽리의 '잎사귀'라 부른다. 세 가지 경로에 대응하는 세 가지 잎사귀는 [그림 12]에 나타나 있다. 잎사귀들이 하나로 겹쳐진다면, 단 하나의 잎사귀로부터 직사각형의 각 꼭지점을 알 수 있다. 한편, 원형 당구대의 분석 사례는 타원 당구대의 분석 사례로 치환될 수 있고, 각 운동의 궤적은 하나의 잎사귀에 머무른다. 따라서 두 가지 독립적인 인과관계 사슬이 존재하게 된다. 첫 번째 사슬은 어떤 잎사귀에서 이 운동이 일어나는지를 결정하며, 두 번째

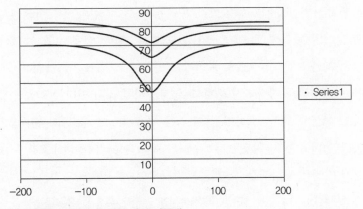

[그림 12] 점과 각으로 표시한 타원 당구대
이 그림에서는 경계면의 충돌이 위치와 각도로 표시된다. 충돌의 위치는 타원의 중심에서 바라본 수평축으로부터의 각도로 나타낼 수 있고, 여기에서는 x좌표에 해당하며, 이러한 x좌표의 범위는 -180도(타원의 가장 오른쪽 점)에서 180도(타원의 가장 왼쪽 점)까지다. 충돌의 각도는 0도(수직 충돌)에서 90도(스침 충돌, 또는 접선 충돌)에 이르는 값을 가질 수 있다. 이 그림에서 활용하는 타원 당구대는 [그림 11]에서 활용한 것과 같으며, 이 그림에 나타난 세 가지 곡선은 [그림 11]에서 나타난 세 가지 궤적에 대응한다. 세 가지 곡선 모두 최우측점($x=0$)에서 각기 다른 각도로 시작한다. 아래 곡선은 45도, 중간 곡선은 63.4도, 위 곡선은 71.6도다. 이에 관한 해석은 명료하다. 예컨대, 첫 번째 궤적은 경계면의 거의 모든 점들에 충돌한다. 궤적이 최우측점($x=0$)에 근접할 때마다 수평각은 45도에 근접하고, 최좌측점($x=180$ 또는 $x=-180$)에 근접할 때마다 수평각은 70도에 근접한다.

사슬은 그 잎사귀에서 일어나는 운동을 결정한다. 이 과정에서 정보가 전혀 손실되지 않는다. 최초 위치를 알려 주는 초기값에 작은 오류가 있다면 잎사귀의 위치에도 작은 오류가 발생하며, 시간이 지나도 오류의 크기에는 변화가 없을 것이다.

타원형 당구대는 원형 당구대와 거의 비슷한 움직임을 보인다. 따라서 예측하기도 쉽다. 최초 상태에 해당하는 초기값 (x_1, y_1)을 안다고 가정하자. 충돌점의 위치는 x_1으로 표시되며, 각도의 크기는 y_1으로 표시된다. 여기에서 (x_1, y_1)을 관통하는 엽리의 잎사귀를 그릴 수 있다. 뒤이은 충돌은 모두 이 곡선 위에서 일어난다. 이러한 정보는 이후의 움직임을 상당히 제약한다. 곡선은 직사각형의 아주 작은 일부일 뿐이며, (x_n, y_n)은 이 곡선이 아닌 다른 부분에서 존재할 수 없다. 이 문제를 넓은 시야에서 생각해 보자. 당신이 가로 360마일×세로 90마일 면적의 직사각형 부지 속에 보물이 숨겨져 있다는 말을 들었다고 상상해 보라. 보물이 이 부지를 가로지르는 철도를 따라 숨어 있다면 더욱 낫지 않겠는가? 우리의 예측은 이러한 방식을 따른다. 먼저 엽리의 잎사귀를 확인한다. 말하자면, 부지를 가로지르는 철도를 찾는 것이다. 그 다음으로 철도 위에서의 운동을 추적한다.

이 모든 것은 타원이 갖는 특별한 성질이다.(타원의 특별한 형태인 원도 해당된다.) 당구대가 다른 모양을 띤다면, 당구공 또한 아주 다르게 움직인다. 360×180 직사각형 속에서 점들이 이루는 무한수열을 표시하면 모든 궤적을 그릴 수 있다. 이전 사례와 마찬가지로 각 반동은 (x, y)로 표시할 수 있으며, x는 쿠션의 충돌점 위치를, y는 입사각을 가리킨다. 하지만 당구대가 원형이나 타원형일 때와는 달리, 이러한 점들은 더 이상 매끈한 곡선 상에 위치하지 않는다. 이 점들은 구름을 형성한다. 때로는 이 구름이 직사각형 안을 전부 덮어 버리고, 때로는 일부 영역을 빈 채로 남겨 둔다. 후자의 경우, 구름은 점점 옅어지지 않는다..꽉 찬 영역에서 듬성듬성한 영역으로, 뒤이어 텅 빈 영역으로 넘어가는 일은 없다. 경계면은 항상 날카롭다. [그림 13]과 같은 사진은 기이할 만큼 명료한 경계선만 아니라면, 목표물을 때린 산탄 또는 땅 위에 뿌린 모래를 연상시킨다.

이처럼 확연한 차이점은 이 체계가 더 이상 적분가능하지 않다는 것을 의미한다. 수학적인 관점에서 타원형이 아닌 당구대는 비가적분계에 해당한다. [그림 14]의 A와 D를 비교해 보면 이 차이점을 알 수 있다. 두 그림은 당구공의 궤적을 나타내며, 두 그림을 보고서도 비가적분계와 가적분계를 착각하기는 어려울 것이다. 하지만 여기에는 보이는 것 이상의 의미가 담겨 있다. 우리가 인과관계와 타원형 당구대에서의 예측을 두고 이야기한 모든 것이 뿌리 채 흔들리고 있는 것이다. 예컨대, 궤도가 최초의 반동을 표시하는 (x_1, y_1)에서 시작한다고 생각해보라. n번째 반동을 어떻게 설명할 수 있을까? n번째 반동은 구름 어딘가에 숨어 있지만, 이 구름이 직사각형 전체를 덮는다면 그러한 정보는 있으나 마나일 것이다. 타원형 당구대의 사례에서처럼 도움을 구할 수 있는 철도가 존재하지 않는 것이다. 만일 n번째 반동의 무언가를 알고 싶다면, 예컨대 쿠션에 닿은 위치를 알고 싶다면, 할 수 있는 최선은 모든 궤적을 힘겹게 따라가 보는 것이다. (x_1, y_1)값을 알면 (x_2, y_2)값을 알 수 있고, (x_2, y_2)값을 알면 (x_3, y_3)값을 알 수 있고, (x_3, y_3)값을 알면 (x_4, y_4)값을 알 수 있다. 이렇게 계속 따라가 보면, 마침내 n번째 반동의 정보를 알 수 있다. 이 정보는 분해되지 않는다는 사실을 주목해야 한다. n번째 반동의 위치인 x_n만이 궁금하더라도, x_n까지 이르는 모든 반동의 위치 x만이 아니라 입사각 y도 계산해야 한다.

비타원형 당구대는 혼돈의 체계다. 산술적 오류가 누적되다 못해 엉망이 되어 버린다. 두 번째 좌표 (x_2, y_2)를 계산하려면 반올림이 필요하다. 수학자들의 구미에 맞춰 소수점 이하로 무한히 계속되는 숫자를 적는 것은 불가능할 뿐더러 물리학적으로도 무의미하다. 어디에선가는 반올림을 해야 하며, 이것이 바로 컴퓨터가 하는 일이다.

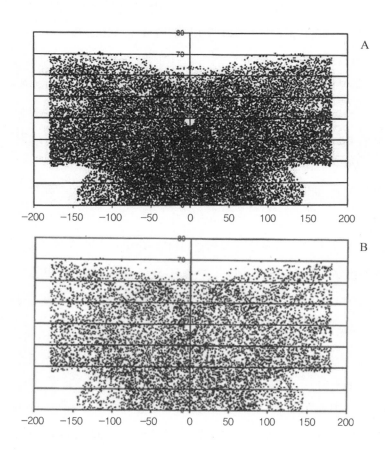

더 높은 정확성이 요구될수록 반올림점을 더 뒤로 보내야 하나, 이점을 아예 없애기란 불가능하다. 수학의 값을 버린다는 것은 아무리 사소하다 할지라도 오류를 일부러 만드는 것과 마찬가지다. 이러한 오류는 세 번째, 네 번째, 다섯 번째, 그 이후의 좌표로 줄곧 전달될 뿐 아니라 각 단계마다 두 배에 가까운 엄청난 비율로 누적된다. 마침내 이렇게 누적된 오류는 다른 모든 수치를 압도하며, 이 와중에도 각 단계마다 반올림 오류는 새로이 발생해 다음 단계부터 똑같은 비

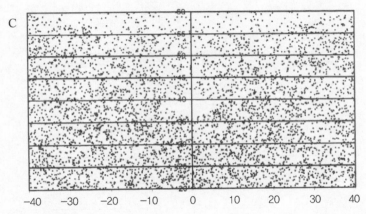

[그림 13] 일반 당구대

A는 타원이 아닌 볼록한 당구대(달걀 모양의 당구대를 생각하라)에서 진행한 당구공의 궤적을 보여 준다. 이 그림은 당구공이 30,000회를 충돌하면서 지나간 위치/각도를 나타내고 있다. 출발점은 당구대의 가장 우측에 놓여 있으며, 첫 각도는 약 56.3도($x=0$, $y=56.3$)다. 이 그림은 비가적분계의 훌륭한 사례이며, 매우 혼돈스러운 운동을 보여 주고 있다. 가적분 운동을 보여 주는 (그림 12)의 상황과 확연히 다른 것을 알 수 있다. 이 궤적이 $x=0$ 근처로 돌아오는 경우, 각도가 $y=56.3$ 값에 근접하게 된다는 것은 더 이상 통용되지 않는다. 궤적이 $x=0$ 근처로 여러 번 돌아오지만 충돌각은 $y=0$에서 $y=65$까지 제각기 다른 값을 지닌다. 이 궤적은 (x, y)직사각형의 상당 부분에 퍼져 있다. (하지만 전체 면적을 차지하는 것은 아니다.) B는 동일한 궤적의 첫 10,000회 충돌을 표시한 것으로, 이를 보면 궤적이 진행하는 속도를 짐작할 수 있다. C는 $-40<x<40$, $20<y<60$ 영역을 확대하여 보여 주며, 이 그림을 보면 구름의 내부를 짐작할 수 있다.

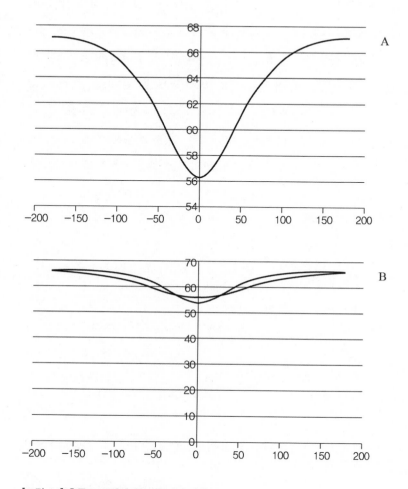

[그림 14] 혼돈으로 진행하는 네 가지 단계

이 네 가지 그림은 30,000번 충돌하며 진행한 단일 궤적의 움직임을 보여 주고 있다. 네
가지 당구대 모두 당구대의 가장 우측에서 56.3도 각도로 출발하며, 네 가지 당구대는
완벽한 타원형에서부터 완벽한 계란형에 이르기까지 조금씩 변형된 모양을 지니게 된다.
A는 타원형 당구대의 사례로, 앞서 살핀 바처럼 가적분계를 보여 주고 있다. B는 완벽한
타원형은 아니나, 가적분 상태를 유지할 만큼 타원형에 가깝다. 타원형에서 한 가지 충돌
각만이 존재했던 것과는 달리, 살짝 변형된 타원에서는 경계면의 모든 점에서 두 가지
충돌각이 생길 수 있다. C에서는 당구대가 타원형에서 많이 벗어나 있고, 혼돈스러운 상
태가 개입한다. D에서는 이처럼 혼돈스러운 상태가 만발한다.

156

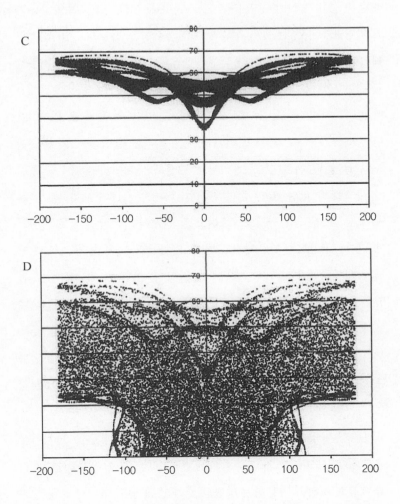

율로 누적된다. 겨우 열 번만 반동해도 이 계산은 잡음 속에 완전히 묻히게 되며, 우리는 현실과 동떨어진 결과값만을 얻게 될 뿐이다. 달리 말하면(타원형 당구대에서 일어나는 현상과는 달리), 이러한 당구대에서는 장기 예측이 불가능하다.

또 다른 점 하나는 이 체계가 더 이상 독립적인 인과관계 사슬로 분해될 수 없다는 사실이다. 타원 당구대 사례에서는 곡선(이 곡선을 가리켜 철도라 불렀다.)들이 360×90 직사각형을 가로지르며, 일정한 궤적이 하나의 곡선을 따라 진행한다면 그 곡선 위에 영원히 머무르게 된다. 궤적을 발견하는 문제는 자연스럽게 두 가지 문제로 분해된다. 이 두 가지 문제는 독립적으로 풀릴 수 있다. 첫 번째 문제는 적합한 철도를 찾는 것이고, 두 번째 문제는 이러한 철도 위에서 어떤 운동이 일어나는지를 찾는 것이다. 비가적분 사례에서는 이러한 풀이를 시도할 수 없다. 앞서 살핀 바처럼, 실제로 계산해 보지 않고서는 궤적을 알아낼 방법이 없다. 그리고 각 단계마다 상당한 정보를 버리게 된다. 이 정보는 분해되지 못한다. 말하자면, x_2와 y_2 가운데 한 가지만 계산하려 해도 x_1과 y_1 모두를 알아야 한다. 이 계산을 서로 동떨어진 두 가지 방법으로 할 수는 없고, 각 방법은 정보의 절반을 계산하면서 다른 정보의 절반을 고려한다. 철학적 언어로 표현하면, 두 가지 독립적인 인과관계 사슬이 존재하지 않는 것이다. 모든 것은 다른 모든 것에게 의미를 가진다. 따라서 이러한 체계는 총체적인 시각으로 이해해야 한다.

타원형 당구대와 비타원형 당구대 사이에 이보다 큰 차이점이란 존재하지 않는다. 두 가지 독립적인 인과관계 사슬이 지배하는, 철저히 예측 가능하고 완벽히 투명한 체계가 존재한다. 하지만 일정한 원인이 일정한 사건의 원인이 되지 못하는 예측 불가능한 체계를 항상 고려해야 한다. 전자는 라그랑주, 야코비를 비롯해 모든 고전역학의 아버지들이 연구한 전형적인 가적분계에 해당한다. 후자는 전형적인 비가적분계다. 이는 푸앵카레가 1900년 언저리에 처음 발견한 체계로, 컴퓨터가 개발되지 않았다면 지금까지 미지의 영역으로 남아 있었을 것이다. 그렇다면 두 가지 가운데 무엇이 현실에 제일 가까울까?

해답은 명확하다. 가적분계는 불안정하기 때문이다. 가적분계는 만지자마자 부서진다. 당구대가 타원형에서 벗어날수록 이 체계는 더 이상 가적분계이기를 거부하며, 혼돈이 밀고 들어온다. 당구대가 약간 솟아오르거나, 조금 기울어 완벽한 수평을 이루지 못한 경우에도 같은 현상이 벌어진다. 가적분계에서 비가적분계로 전이되는 현상을 관찰하면 아주 흥미롭다. 예컨대 [그림 14]에서는 혼돈으로 옮겨 가는 네 가지 단계를 보여 주고 있다. 각 단계는 당구공의 궤적을 표시하며, 같은 충돌점에서 출발한 당구공이 네 가지 당구대에서 어떻게 진행하는지를 보여 주고 있다. 처음에는 완벽한 타원형에서 시작하지만, 이후로는 점차 모양을 일그러뜨린다. 타원형에서 벗어날수록 궤적이 평평해지는 것을 알 수 있다. 첫 그림에서는 곡선 형태로 그려지나, 마지막 그림에서는 첫 곡선 주위에 구름처럼 몰려 360×90 직사각형 가운데 큼지막한 면적을 덮은 형상으로 나타난다. 이는 곧 이 체계가 비가적분이며, 혼돈스럽다는 것을 의미한다. 하지만 여전히 예측 가능한 측면은 남아 있다. 직사각형 속에는 궤적이 침범할 수 없는 영역이 존재한다. 여기에서 두 번째 그림을 예로 들어 보자. 이 그림에서는 간섭이 미미할 뿐더러 형태 또한 타원형과 매우 유사하다. 궤적은 첫 번째 그림의 '철도'에서 벗어났지만, 아주 많이 벗어난 것은 아니다. 철도로부터 일정한 거리를 벗어나지 않으며, 간섭이 줄어들수록 벗어난 거리 또한 줄어든다. 간섭이 0에 수렴하면 당구대는 다시 타원형을 되찾으며, 궤적은 철도 위로 돌아오게 된다. 우리가 다른 방향을 향해 간섭을 늘리면, 당구대는 점점 타원형을 벗어나며 철도를 따라 생기는 띠가 점점 더 늘어나 결국 $360 \times$

90 직사각형 전체를 덮게 될 것이다. 궤적의 범위는 깔끔한 곡선에서 직사각형 전체로까지 늘어나며, 이 범위는 곧 비가측성과 혼돈 속으로 파고드는 비가적분계의 전체 범위를 가리킨다.

이것이 바로 최소작용의 원리가 명예를 회복하는 순간이다.(해밀턴과 야코비의 후속 연구를 반영해 최소작용의 원리를 정상작용 원리 stationary action principle라고 부르거나, 발견자를 기념해 모페르튀의 원리라 부르는 것이 나을 것이다.) 라그랑주가 지적한 것처럼, 가적분계에만 관심을 둔다면 정상작용의 원리는 아무런 쓸모가 없을 것이다. 왜냐하면 가적분계에서는 설령 무한에 가까운 먼 시간이라도 모든 궤적을 원하는 정확도에 따라 계산할 수 있기 때문이다. 원하는 모든 것을 계산을 통해 얻어낼 수 있다. 정상작용의 원리는 우리에게 새로운 정보를 알려 줄 수 없다. 기껏해야 알려진 결과를 다른 방식으로 설명할 뿐이다. 하지만 적분 가능한 체계가 아니라면, 계산은 어느새 실패하며 계산으로 궤적을 알기란 요원해진다. 앞으로 다루겠지만, 모페르튀의 원리에 따라 이러한 궤도의 일부를 특정하고, 수학적인 정확성을 유지하면서 이 경로들을 따라갈 수 있다.

비타원 당구대를 비롯한 비가적분계는 일반적인 해법을 지니지 못한다. 이것은 곧 0시점으로부터 진행한 t시점의 상태를 계산할 직접적인 방법이 없다는 것을 의미한다. 0과 t 사이의 운동 궤적을 따라가면 t시점에서의 상태를 계산할 수 있다. 하지만 이 과정에서는 시간이 갈수록 반올림 오류가 누적되며, 이러한 오류는 체계 자체의 특성에 따라 증폭되기 마련이다. 가적분계에서는 결과값을 직접 제시하는 지름길이 존재하며, 이러한 방법을 쓴다 할지라도 오류가 발생하지 않는다. 하지만 비가적분계 사례에서는 지름길이 존재하지 않고, 각 궤적을 따로따로 계산해야 한다. 그 결과 우리가 알아낼 수 있는 범위는 상당히 제한되고 만다. 19세기 말, 라그랑주, 해밀턴, 야코비가 개척한 성과는 깊이 연구되었다. 하지만 대부분의 역학, 물리학 체계에서 장기 동역학은 여전히 베일에 가려 있다.

5
푸앵카레를 넘어

위대한 프랑스 수학자 앙리 푸앵카레(1854~1912)는 행성계의 장기 동역학을 성공적으로 탐색한 최초의 과학자였다. 수학계에서 이 문제는 삼체문제로 알려져 있다. 큰 행성과 작은 행성이 항성의 인력에 이끌려 공전하는 형국이다. 항성은 나머지 두 행성의 인력에 영향을 받지 않을 만큼 거대하며, 큰 행성은 작은 행성의 인력에 영향을 받지 않을 만큼 커야 한다. 큰 행성은 케플러의 세 가지 법칙을 따라 타원 궤도를 그리며 항성 주위를 공전한다. 그렇다면 작은 행성의 운동을 결정하는 문제만이 남게 된다. 이는 오랜 역사를 자랑하는 중요한 문제였다. 왜냐하면 뉴턴이 완벽히 해결했던 이체二體문제로부터 한 걸음 더 나아간 첫 번째 과제였기 때문이다. 나아가 천문학자들은 이 문제를 풀어야만 달의 운동을 이해할 수 있었다. 태양/지구/달에 작용하는 다른 행성의 인력과 달이 지구에 미치는 인력을 무시하면 삼체三體문제가 등장하게 된다.

1887년, 스웨덴과 노르웨이를 지배하던 오스카르 2세는 스웨덴 수학자 예스타 미타그-레플레르Gösta Mittag-Leffler의 영향을 받았고, 자신의 환갑을 기념하기 위해 딱 한 번만 수여하는 수학상을 만들었다. 이 상은 과학계의 지대한 관심을 끌었고, 푸앵카레는 많은 경쟁을 뚫고 삼체문제에 대한 책을 제출해 이 상의 최종 우승자가 될 수 있었다. 이 책에서 그는 삼체문제가 라그랑주, 해밀턴, 야코비의 오랜 방법론에 따라 풀릴 수 있고, 장기 동역학이 매우 규칙적이라는 사실을 증명했다. 상이 수여된 이후, 젊은 수학자 에드바드 프라그멘 Edvard Phragmen는 우승한 원고의 교정 작업과 출판을 맡았다. 하지만 그는 주된 논거에서 오류를 발견했고, 미타그-레플레르에게 가서 확인을 요청했다. 미타그-레플레르는 푸앵카레에게 편지를 썼고, 얼마 후 푸앵카레로부터 답신이 도착했다. 푸앵카레는 답신을 통해 논거가 틀렸을 뿐 아니라 결과도 틀렸다는 것을 고백했다! 푸앵카레는 이른바 '멘붕'에 빠졌고, 밤낮 없이 책상에 달라붙어 책을 완전히 새로 집필했다. 그 결과 전과는 완전히 다른 결론에 도달했다. 하지만 이미 초판은 출판된 지 오래였고, 미타그-레플레르는 전 세계에 배포된 모든 책을 회수해야 했다. 1890년《수학 동향Acta Mathematica》이라는 제목으로 출판된 초판의 구입자들은 많은 원성을 퍼부었고, 푸앵카레는 온전히 자신의 비용을 들여 책을 다시 찍었다.

푸앵카레는 처음에 놓쳤던 난점을 피하기 위해 완전히 새로운 수학적 방법론을 도입해야 했다. 훗날 그는 1892년~1899년 사이에 세 권으로 구성된《천문역학의 새로운 법칙The New Methods of Celestial Mechanics》을 출판해 이러한 방법론을 자세히 소개했다. 이 작품은 오늘날까지 수학의 고전으로 남아 있고, 특히 마지막 권은 현대 혼돈이론의 근간을 구성한다.

푸앵카레가 새로이 도입한 개념을 따르면 정상작용의 원리를 활용해 비가적분계의 닫힌 궤적을 발견할 수 있었다. 이러한 궤적들은 스스로 합치된다. 무슨 말인즉, 일정한 상태를 경험하고 나서 똑같은 상태로 돌아오며, 두 상태 사이에는 일정한 간격이 존재한다. 마치 시계의 바늘과도 같다. 이러한 간격의 길이를 '주기'라 부르며, 이러한 운동을 가리켜 '주기적'이라고 표현한다. 태양을 도는 지구의 궤적은 1년의 주기를 지닌 주기적 운동에 가깝다. 태양 주위를 도는 행성이 지구밖에 없다면, 이 궤적은 완벽히 주기적인 동시에 케플러의 모든 법칙을 적용할 수 있을 것이다. 하지만 달을 비롯한 다른 행성들이 존재하다 보니 케플러 식의 아름다운 운동을 여러 모로 왜곡하며, 이 운동은 더 이상 주기적이기를 거부한다.

《천문역학의 새로운 법칙》은 이른바 삼체문제를 오롯이 다루고 있다. 삼체문제란 세 가지 대상(태양과 두 행성, 또는 태양, 위성, 위성의 위성)의 가능한 운동을 설명하는 문제이며, 이 세 가지 대상은 뉴턴의 중력의 법칙에 따라 서로를 끌어당긴다. 비록 세 가지 대상만이 얽혀 있다 할지라도 극도로 복잡한 문제가 된 지 오래이며, 가능한 운동은 무수히 많으나 이 가운데 대부분은 주기적 운동이 아니다. 그렇다면 굳이 수고스럽게 주기적 운동을 찾으려 드는 이유는 무엇일까? 그토록 희귀하고, 비정형적인 궤적이 흥미로운 이유는 무엇일까? 책의 첫머리에서, 푸앵카레는 특유의 솔직한 태도로 질문을 던지며 시적인 답변을 덧붙이고 있다. 자주 인용되는 이 답변의 내용은 다음과 같다. "주기 운동을 밝히는 문제가 그토록 소중한 이유는 이 해답을 통해서만 접근 불가능한 요새fortress에 들어갈 수 있기 때문이다."

그가 말하는 요새란 비가적분계의 장기적인 움직임을 뜻한다. 뉴턴 이후에 수학자들과 천문학자들은 달에 관한 이론을 발견하기 위해 애썼으나 별 소용이 없었다. 이 이론을 발견한다면 몇 백 년 정도가 아니라, 훨씬 먼 미래의 일식을 예측할 수도 있을 것이다. 하지만 태양이 달을 끌어당기다 보니, 이 문제는 삼체문제로 탈바꿈했고 비·가적분계에서 장기 예측을 해야 하는 난맥에 곧바로 부딪혔다. 이 유명한 발언에서 푸앵카레는 주기 운동의 특징을 다음과 같이 지적하고 있다. 주기 운동이란 산술적 오류가 누적, 증폭되어 정확한 해답이 잡음 속에 묻히는 운동이 아니라, 완벽한 해답을 찾을 수 있는 운동이다. 실제로 이러한 운동은 주기적이므로 일정한 간격을 두고 같은 상태를 경험한다. 흔들리는 진자가 같은 속도로 같은 위치에 복귀하는 것과 마찬가지다. 주기 운동은 최초의 상태로 정확히 합치된다. 한 번(1회 주기 경과), 두 번(2회 주기 경과), 세 번, … 무한히 진행하며 결코 멈추지 않는다. 1/1,000의 정확도로 최초 상태를 가늠할 수 있다면, 10억 회의 주기가 진행하더라도 같은 지점으로 합치될 것이다. 이러한 기준은 1/1,000 정확도로 통용되며, 시간이 지나도 오류가 확대되지 않는다.

아주 절묘한 학설임에는 틀림없다. 하지만 운동이 주기적이라는 것을 미리 알 수 있는 방법은 무엇일까? 그토록 오랫동안 우리를 괴롭혀 왔던 계산이라는 문제를 다시 고민하지 않아도 되는 것일까? 예컨대 일정한 궤도를 컴퓨터가 계산하고, 상당한 시간이 흐른 뒤 합치되는 결과가 나온다고 가정해 보자. 하지만 이러한 결과만으로는 운동이 주기적이라는 결론에 도달하지 못한다. 그 이유는 컴퓨터의 계산 과정에서 반올림 오류가 생기기 때문이며, 컴퓨터가 말해 줄 수 있는 전부는 최초의 상태와 마지막 상태가 소수점 60자리까지만 일치한다는 것뿐이다. 뒷자리의 소수점에 대한 정보는 전무하지만, 이 숫자들은 반올림한 수치와 상당히 다를 수 있고, 조금만 달라도 시간이 흐를수록 누적되며 100번만 돌고 나면 궤적은 최초 상태에서 한참 벗어나게 되고 원래 상태로 합치되지 않는다.

정상작용의 원리는 계산에 의지하지 않고 주기 운동을 기하학적 방식에 따라 정확히 찾아낸다. 이로써 앞서 설명한 오류를 피할 수 있다. 따라서 정상작용의 원리는 비가적분계를 탐구하는 가장 유용한 도구로 자리매김했다. 간단한 사례를 예로 들어 어떻게 이 원리가 작용하는지를 보여 주고자 한다. 당구대로 돌아가, 일반적인 기하학적 방법을 활용해 합치되는 궤적을 찾아보자. 이러한 기하학적 방법은 타원, 비타원을 불문한 어떤 종류의 당구대라도 적용이 가능하다.

가장 단순한 주기 운동에서부터 시작해 보자. 두 점 사이에서 앞뒤로 반동하는 운동을 생각해 보라. [그림 15]의 AB 선분이 이러한 사례를 보여 주고 있다. 공은 A점에서 충돌해 AB를 따라 반동하며, 다시 반대편 쿠션의 B점에 충돌한다. 그리고 다시 BA를 따라 반동하며, 줄곧 이러한 과정이 반복된다. 이러한 운동이 반사의 법칙에 부합하려면, 입사각은 반사각과 일치해야 한다. 이는 곧 선분 AB가 좌우 극단에 위치한 A점 및 B점에서 쿠션과 수직을 이룬다는 것을 뜻한다. 이러한 성질을 완비한 선분을 당구대의 지름diameter이라 부른다. 당구대가 원형이라면 중심을 관통하는 모든 선분이 지름이 될 수 있고, 이러한 지름의 길이는 모두 동일하다. 당구대가 타원형이라면, 지름은 오직 두 개만이 존재하고 한 지름이 다른 지름에 비해 길다. 여기에서 모든 볼록한 당구대의 지름은 두 개이며, 각 지름을 경로로 삼는 두 개의 주기 운동이 존재하고, 각 주기 운동의 1회 주기마다 2회의 충돌이 발생한다는 사실을 증명해 보기로 한다.

긴 쪽의 지름은 쉽게 찾을 수 있다. 당구대 경계면에 M_1과 M_2, 두 점을 찍은 다음 이 두 점 사이의 거리가 최대한 멀어지는 경계면상의 위치를 찾아 두 점의 좌표를 이동한다. 두 점 사이의 거리가 최대가 되는 위치는 하나만이 존재한다.(물론 M_1과 M_2의 위치를 바꿔도 되지만, 이것은 어차피 같은 경우로 간주할 수 있다.) 이 위치를 AB선분으로 표시하면, 이 선분이 바로 지름이 된다. 선분 AB가 당구대의 왼쪽 끝, 오른쪽 끝에서 모서리와 수직을 이룬다는 것은 얼핏 보아도 알 수 있을 뿐더러 수학적으로도 증명할 수 있다.

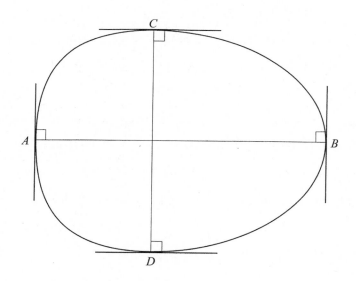

[그림 15] 지름
볼록한 당구대에서는 경계선 상의 모든 점으로부터 경계선 상의 다른 점까지 경계선을 건드리지 않고 직선으로 이동할 수 있다. 이러한 당구대는 항상 두 개의 지름을 가진다. 하나는 장축(AB), 하나는 단축(CD)이다. 타원 위의 두 점 간 거리가 제일 멀어지는 두 점의 위치는 A와 B가 된다. C와 D점도 이와 비슷한 특성을 지닐까?

단축을 찾는 것은 완전히 다른 문제다. [그림 15]를 보면 당구대의 모서리에 수직으로 닿는 선분이 또 하나 있다는 것을 척 봐도 알 수 있다. 바로 이 선분, M_1M_2를 어떻게 찾을 수 있을까? 우선 생각할 수 있는 방법은 M_1과 M_2 사이의 거리를 최대한으로 떨어뜨리지 않고 최소한으로 줄이는 방법이다. 두 점의 위치는 찾기 쉽다. M_1과 M_2를 일치시키면 $M_1 = M_2$가 되어 두 점 사이의 거리는 0이 된다. 거리를 이보다 더 줄이기는 불가능하다. M_1M_2 선분은 우리가 찾는 지름이 아닌 점으로 변한다. 따라서 이러한 논거는 설득력을 잃고 만다.

뭔가 다른 방법을 써야 한다. 실제로 우리에게 필요한 이론은 현대 수학의 전형을 나타내며,[1] 일상의 언어에서도 늘 쓰이게 된다. 봉우리가 두 개인 섬에서는 산고개가 하나이며, 두 개를 넘어간다면 산고개도 더 많아질 수 있다. 이러한 이론은 산고개 이론mountain pass theorem이라 불린다. 왜 이러한 이론이 성립하는지(수학적 증거가 없는 상태에서도) 알아내는 방법이 하나 있다. 봉우리 두 개 사이를 가로지르는 경로를 상상해 보는 것이다. 수백 년에 걸쳐 이 경로는 최대한 낮게 위치하도록 진화할 것이다.(할 수만 있다면 그 누구도 산을 높이 올라가고 싶지 않을 것이다.) 이 길은 경사를 따라 올라가 최고점에 다다르며, 그 다음부터는 산의 반대편으로 내려가게 된다. 최고점은 곧 산고개가 되어야 한다.

더 좋은 방법도 있다. 경로의 숫자를 봉우리의 숫자와 상당히 정확하게 연관시킬 수 있다. 다소 이상해 보일지도 모른다. 봉우리가 세 개인 섬에는 경로가 두 개, 혹은 세 개일 수도 있다. 따라서 경로의 숫자는 봉우리의 숫자와 별 연관이 없어 보인다. 핵심에 접근하려면 우선 세 가지 봉우리가 늘어서 있는 첫 번째 사례를 관찰해야 한다. 이

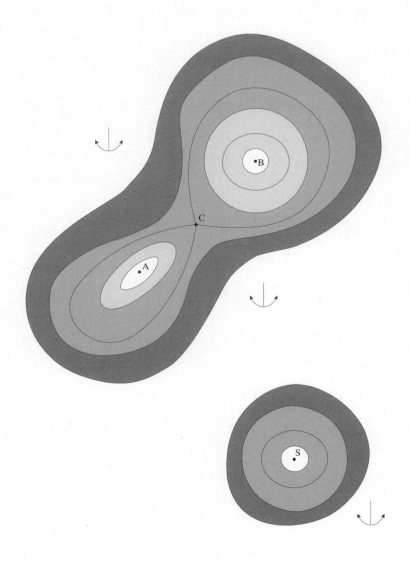

[그림 16] 위쪽 그림의 섬에서는 봉우리가 *A*와 *B*, 두 개 존재한다. 이 사이에는 고개(산고
개 고개로 수정)가 있기 마련이며, 이 점으로 수평선이 교차한다. 아래 그림의 섬에서는
봉우리가 하나만 존재하므로 고개가 없다.

사례에서 물은 산의 경사를 따라 흘러 바다로 유입된다. 두 번째 사례에서는 봉우리 세 개가 일정한 지역을 둘러싸고 있으며, 따라서 물이 흐르지 못해 호수를 형성한다. 우리가 찾는 공식은 경로의 개수와 봉우리 및 호수의 개수와의 연관관계를 나타낸다.[2]

경로의 개수 = 봉우리의 개수 + 호수의 개수 - 1

일례로, 바다 위에 봉우리 하나만 솟아 있는 섬들도 많다. 이러한 섬들에서는 경로나 호수를 찾아볼 수 없으며, 이 공식에 숫자를 대입하면 0=0으로 나타난다. 또 다른 실례로, 봉우리가 세 개이고 호수가 없는 섬은 경로가 두 개이나 호수가 하나 있다면 경로가 세 개이며, 호수가 두 개라면 경로는 네 개가 된다.(섬을 상상해 보라. 네 번째 고개는 두 호수 사이에 놓여 있다.) 호수가 많을수록 고개도 많아진다.

이러한 고개들이 흥미로운 이유는 다음과 같다. 그 어떤 고개도 가장 높은 봉우리만큼 높거나, 가장 낮은 해수면만큼 낮지 않다. 하지만 고개들은 최고점과 최저점이 지니는 특성을 갖고 있다. 둥그런 봉우리의 정상이나 둥그런 구덩이의 밑바닥이 수평인 것처럼, 모든 고개의 지면은 수평을 이룬다. 이론적으로는 공이 고개에 놓이면, 균형 상태를 이루며 움직이지 않을 것이다. 조금만 옆에 놓이거나, 바람이 휙 불어 공을 밀어 버리면, 산 옆을 따라 구르기 시작할 것이다. 하지만 고개에서는 어느 쪽으로 방향을 잡을지 모른 채 그 자리에 머무른다. 이 고개는 지리적으로 정류점에 해당한다.[3] 수학자라면 이러한 성질을 가리켜 산고개가 고도 정류점에 해당한다고 표현할 것이다.(반면 봉우리는 최고점에 해당한다.)

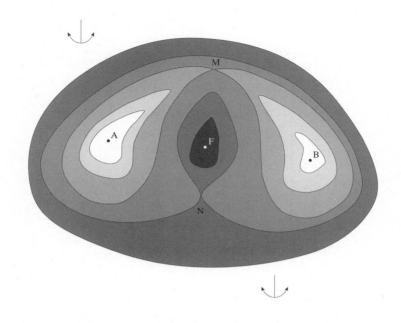

[그림 17] 오일러의 공식

이 그림은 두 봉우리 A와 B, 내부의 분지 F로 구성된 더욱 복잡한 섬의 모습을 보여 주고 있다. 오일러의 공식에 따르면 2+1-1=2 고개가 존재하며 이 고개는 M과 N으로 표시된다.

작용의 정류점을 발견하는 것은 수학적 산맥의 고개를 발견하는 것과 마찬가지다. 그래서 산고개 이론은 모페르튀의 원리를 적용하는 데 유용하게 쓰일 수 있다. 예컨대 볼록한 당구대의 사례에서도 봉우리가 두 개인 섬을 그릴 수 있다. 첫 봉우리는 장축 AB와 상응하고, 두 번째 봉우리는 방향만 바뀐 똑같은 지름 BA와 상응한다. 앞서 살핀 것처럼, 섬 어딘가에는 산고개가 존재한다. 이 산고개의 위치는 M_1과 M_2가 되며, 이 두 점을 이은 M_1M_2 선분은 당구대의 모서리, 말하자면 당구대의 단축과 수직을 이룬다.

수학적 방법에 가까운 정밀한 논거가 부록 1에 소개되어 있다. 이 논거의 핵심은 순전히 기하학에 바탕을 두고 있다는 것이다. 여기에서는 계산이나 대수적 연산을 전혀 찾아볼 수 없으며, 섬의 일반적인 외형을 논거로 삼을 뿐이다. 이 학설을 가리켜 "부드러운" 기하학이라 표현하며, 다음과 같은 특성을 가리킨다. 이 학설은 일정한 거리가 다른 거리와 같다는 사실, 일정한 각도가 특정한 값을 지닌다는 가정, 일부 선분이 직선이라는 사실에 전혀 의지하지 않는다. 이와 달리, 유클리드의 "단단한" 고전 기하학은 온통 원과 삼각형에 관한 내용이며, 그 결과는 일정한 면이나 일정한 각도가 서로 같다는 사실에 결정적으로 좌우된다. 여기에서 봉우리를 더 높게 만들거나, 평평하게 깎거나 주변으로 옮긴다고 해서 산고개가 사라지지는 않는다. 단단한 기하학에서 부드러운 기하학으로의 전환은 현대 수학의 전형적인 특징이며, 푸앵카레는 천체 역학에 대한 논문에서 이러한 전환을 예고했다. 그가 제목에서 언급한 "새로운 방법"은 단단하고, 정량적이고, 계산적인 방법들과는 달리 부드럽고, 정성적이고, 기하학적이다.

따라서 산고개 이론을 활용해 우리가 찾고 있는 단축을 발견할 수 있었다.[4] 이 단축은 당구공이 앞뒤로 움직이며 주기 운동을 반복하는 경로와 대응한다. 다른 주기 운동 또한 같은 방법에 따라 발견할 수 있다. 예컨대 삼각형 $M_1M_2M_3$ 각 변의 합이 최대치가 되도록 M_1, M_2, M_3점을 찍는다면, 모든 주기마다 세 번을 충돌하는 닫힌 궤적이 존재하게 된다. 처음에는 M_1, 다음에는 M_2, 마지막으로는 M_3에 충돌하며 같은 주기를 반복한다. 각 사례마다 최대화를 시도하면 닫힌 궤적을 찾을 수 있다. 하지만 또 하나의 닫힌 궤적은 산고개 이론에 따라 찾아야 하며, 이 궤적은 곧 전체 길이에서의 정류점에 해당한다. 결국 다음과 같은 결론이 도출된다. 모든 소수 p, 모든 숫자 q에 대응하는 두 가지 닫힌 궤적이 존재하며, 모든 주기에서 p번 쿠션에 충돌하고 당구대 안을 q번 회전한다.

이 방법의 위력을 예찬해도 좋다. 이 방법은 볼록한 모양의 모든 당구대에 적용할 수 있다. 볼록하다는 것은 쿠션 위의 한 점에서 출발한 당구공이 쿠션 위의 다른 점으로 직진할 수 있다는 것을 의미한다. 여기에서는 계산도 필요 없고, 첫 반동점을 잘못 짚더라도 시간이 흐르면서 오류가 누적되거나 확대되지 않을까 두려워할 필요가 없다. 이러한 특징을 더욱 주목할 수 있는 이유는 앞서 언급한 것처럼 비타원 당구대가 혼돈스러운 체계이기 때문이며, 주기에 따른 해법 자체가 불안정하기 때문이다. 주기적 해법을 정확히 따르지 않고 조금이라도 주기 운동의 궤도에서 벗어난다면, 뒤따르는 운동들은 각자 갈 길을 가게 된다. 처음에는 천천히 유리되지만 시간이 흐를수록 가속도가 붙게 되며, 마침내 서로 아무런 관계가 없는 상태에 도달하게 될 것이다. 이러한 불안정한 주기적 해법을 찾는 것은 몹시 절묘한 작업이며, 바로 여기에서 정상작용의 원리가 지닌 모든 강점이 드러난다.

당구대의 사례에서 작용이란 궤적의 길이를 의미한다. 이는 모페르튀의 정의와 부합한다. 하지만 더욱 복잡한 체계에서는 어떨까? 작용의 정의가 더욱 복잡한 체계라면? 여전히 정상작용의 원리를 주기 운동을 찾는 데 활용할 수 있을까? 당구대가 더 이상 평평하지 않고, 당구공이 넘어야 하는 요철이나 당구공의 속도가 빨라지는 함몰된 부분이 존재한다고 가정해 보자. 당구대가 스케이트보드 링크처럼 동그란 경사벽에 둘러 싸여 있다고 상상해 보라. 당구공은 벽에서 반동하지 않고 벽을 타고 올라간 다음 아래로 내려오게 된다. 궤적은 더 이상 날카로운 각도로 반동하는 직선이 되지 못한다. 당구공은 요철을 넘지 못해 방향을 바꾸고, 움푹 패인 부분으로 들어가며, 스케이트보드 선수처럼 경사벽을 올랐다가 바닥으로 내려오는 등 부드러운 곡선을 그리며 움직인다. 더 이상 속도는 일정하지 않다. 내리막에서는 빨라지고, 오르막에서는 느려지며, 속도가 빨라질수록 경사벽을 더 높이 오르게 된다.

이처럼 복잡한 사례에서 주기 운동을 발견하기란 훨씬 어렵다. 다음과 같은 두 가지 어려움 때문이다. 우선 공의 속도를 고려해야 한다. 같은 방향으로 공을 보내더라도, 공의 속도가 다르면 단순한 사례와는 달리 같은 궤적을 그리지 못한다. 속도는 쿠션에 대한 반동에는 아무런 영향을 미치지 못한다. 하지만 경사벽을 오르다가 내려오는 움직임에는 확실한 영향을 미친다. 일반 당구대의 사례에서는 최초 반동의 위치 및 충돌의 방향을 안다면 모든 궤적을 완벽히 나타낼 수 있다. 숫자는 두 개만 필요하다. 하지만 복잡한 당구대의 경우에는 반동이 일어나는 모서리가 없고, 공이 올라탈 수 있는 동그란 경사벽만이 존재할 뿐이다. 따라서 최초의 위치를 알려면 하나가 아닌 두 개의 숫자가 필요하다. 숫자 하나는 공이 경사벽의 어느 방향에 있는지를, 다른 하나는 공이 얼마나 높이 올라갔는지를 표시한다. 나아가 이 운동을 최대한 자세히 특정하려면 공의 방향과 속도를 표시해야 한다. 그렇다면 숫자 두 개가 더 필요하고, 처음 두 숫자는 최초의 위치를, 다음 두 숫자는 최초의 속도를 나타낸다. 이는 곧 최초 상태를 특정하기 위해 네 가지 숫자가 필요하다는 것을 의미하며, 단순한 모형에서 두 가지 숫자만 필요했던 것과는 명확히 구분된다. 운동방정식은 이 네 가지 숫자와 연관되어 있다. 달리 말하면, 단순한 당구대에서 복잡한 당구대로 옮겨 간다면 2차원이 4차원으로 늘어나게 된다. 마찬가지로 정말 복잡한 역학 체계는 훨씬 많은 차원을 갖게 될 것이다. 하지만 노련한 수학자가 아닌 이상에는 4차원이 넘어가면서부터 머리가 뒤죽박죽이 될 것이다.

또 다른 어려움은 닫힌 궤적(주기 운동 이후에 최초점과 합치되는 궤적 – 옮긴이)의 얼개를 짐작하기 어렵다는 점이다. 단순한 당구대에서 이러한 궤적은 쿠션 위의 충돌점을 잇는 선분들이다. 하지만 당구공이 직선으로 움직이지 않고 쿠션에서 반동하지 않는 복잡한 당구대에서는 전혀 다른 일들이 벌어진다. 이는 곧 궤적을 설명하기가 훨씬 어려워진다는 사실을 의미한다. 쿠션의 충돌점을 아는 것만으로는 부족하다. 당구대 속에 그린 모든 닫힌 궤적들은 가능한 후보군이 될 수 있으므로, 정상작용의 원리를 만족시키는 궤적이 무엇인지를 발견해야 한다.

푸앵카레의 시대에는 이러한 난점들을 해결할 수 없었다. 100년이 지난 오늘날에는 반드시 필요한 수학적 방법들이 개발되었고, 정상작용의 원리를 일반적인 체계에 적용하는 것이 가능해졌다. 하지만 그 사이에도 성과가 없는 것은 아니었다. 미처 예상치 못했던 성과 가운데 가장 두드러진 것은 1980년 미하일 그로모프Mikhail Gromov가 발견한 고전역학에서의 불확정성 원리였다. 하이젠베르크Heisenberg가 제시한 양자 물리학에서의 불확정성 원리는 잘 알려져 있으나, 그 누구도 고전 물리학에 비슷한 원리가 있다는 사실을 짐작하지 못했다. 그로모프의 원리는 너무 최신의 학설이라 소수의 전문가들에게만 익숙한 내용이다. 하지만 과학계에 확산된다면 기존의 양자물리학 모델만큼이나 많은 관심을 끌 것이라 확신한다. 어쨌든, 이것은 현대 기하학과 정상작용 원리의 성공 스토리이며, 자세히 다룰 만한 가치가 충분하다.

당구대를 활용해 이 이론의 실마리를 풀어 보자. 모서리를 따라 쿠션을 두른 볼록한 당구대를 가정해 보자. 당구대 위를 구르는 당구공은 쿠션을 치고 나서 반동한다. 앞서 살핀 것처럼, 모든 궤적은 x와 y, 두 숫자로 완전히 특정할 수 있다. x는 쿠션의 충돌점 위치를, y는 입사각을 알려 준다. 최초 충돌점 (x_1, y_1)을 통해 두 번째 충돌점 (x_2, y_2)를 유추할 수 있고, 이후 차례대로 (x_3, y_3) 이후의 충돌점을 계산할 수 있다. 따라서 일정한 궤적은 360×90 직사각형에서 무한수열을 이루는 점들의 집합으로 압축된다. 이는 제4장에서 검토한 이른바 제2기하학의 원리를 반영한다.

하지만 지금 소개하려는 아이디어는 또 새롭다. 최초의 x_1값과 y_1값을 완벽히 정확하게 측정하기란 불가능하다. 아무리 정밀하게 측정하더라도 한계가 있기 마련이다. 일정한 도구를 사용해 측정하는 이상, 도구의 한계를 벗어나는 범위로는 측정이 불가능하다. 따라서 최초 위치 x와 첫 입사각 y의 참값은 실제로 기록한 x_1과 y_1이 아니며, x_1과 y_1을 기준으로 한 일정한 구간 내에 존재한다. 이 구간의 길이를 Δx_1과 Δy_1로 표시하자. (x, y) 좌표를 360×90 직사각형의 한 점으로 표시한다면 (x, y)의 참값은 너비 Δx_1, 높이 Δy_1의 작은 직사각형 속 어딘가에 존재한다. 작은 직사각형의 중심은 (x_1, y_1)이며, 이 직사각형을 가리켜 측정값 (x_1, y_1) 주변에 존재하는 불확정성 영역uncertainty region이라 부른다. 불확정성 영역이 작을수록, 측정의 정확도는 높아진다. $\Delta x_1 \Delta y_1$값으로 표시되는 이 영역의 넓이를 정확도를 나타내는 수치라고 생각할 수 있다. 따라서 이 수치를 측정값 (x_1, y_1)의 불확정성이라 부르기로 한다. 여기에서는 새로운 측정을 할 필요가 없으며, 당구공의 궤적만을 계산하기로 한다. 우선 이러한 궤적을 무한도의 정확성에 따라 계산할 수 있다고 가정할 것이다. 앞서 살핀 바처럼, 이러한 가정은 현실에서는 불가능하다. 컴퓨터가 소수점을 무한히 계산할 수는 없으며, 일정한 단위에서 반올림이 필요하기 때문이다. 하지만 관념 속의 실험을 시도해 보자. 모든 단계에서 무한의 계산이 가능한 컴퓨터를 신이 허락했다고 생각해보는 것이다. 여기에서 발생할 수 있는 유일한 오류는 첫 측정을 잘못하는 것이다. 첫 측정이 잘못되면, 이후 계산 과정에서 이러한 오류를 줄곧 가져가게 된다.

자세히 들어가면, 측정값 x_1, y_1로부터 x_2, y_2의 위치를 계산할 수 있다. 첫 반동에서의 (x, y) 값이 정확히 (x_1, y_1)과 부합하는 것은 아니나, 이 지점을 둘러싼 불확정성 영역 어딘가에 위치한다. 2회 반동한 (x, y)의 실제값도 정확히 (x_2, y_2)와 부합하지는 않으나, 이 지점을 둘러싼 불확정성 영역 어딘가에 위치하는 것만은 분명하다. 첫 반동에서의 불확정성 영역이 직사각형이라도, 2회 반동시의 불확정성 영역은 꼭 직사각형 모양이 아닐 수 있다. 이 모양은 늘 왜곡되어, 한쪽이 눌리거나 다른 한 쪽이 늘어나기 마련이다. 하지만 이후 반동부터 이 영역이 계속 똑같은 모양을 유지한다는 것은 주목할 만한 사실이다.

19세기에 활동한 프랑스 수학자 조제프 리우빌Joseph Liouville이 위와 같은 사실을 발견했다. (x_2, y_2) 주변의 불확정성 영역이 직사각형은 아닐지라도 편의상 해당 영역의 면적을 $\Delta x_2 \Delta y_2$로 표시하고, 이를 (x_2, y_2) 불확정성이라 정의해 본다. 여기에서 Δx_2 및 Δy_2 값은 그 자체만으로는 아무런 의미가 없다는 것을 주목해야 한다. 리우빌의 발견은 $\Delta x_1 \Delta y_1 = \Delta x_2 \Delta y_2$라는 단순한 공식으로 표현할 수 있다 이러한 수학적 관계식은 불확정성이 최초 반동에서 두 번째 반동으로 그대로 이전된다는 사실을 나타낸다. 최초 정보는 확대되지도, 축소되지도 않는다.(여전히 일정한 소수점 자리 이하를 반올림할 필요가 없는 신의 컴퓨터를 사용한다는 점을 기억하라.) 불확정성은 세 번째, 네 번째, 그 이후의 반동으로 계속 이전된다. 모든 n번째 단계에서 $\Delta x_1 \Delta y_1 = \Delta x_n \Delta y_n$ 공식은 똑같이 적용된다. 불확정성은 더 나은 도구를 활용해 새로이 측정하지 않는 이상, 아무리 시간이 흘러도 항상 동일한 값을 유지한다. 더 정확한 도구로 측정한다면 $\Delta x_n \Delta y_n$의 값을 조금은 줄일 수 있을 것이다. 이러한 사실을 대략 다음과 같이 표현할 수 있다.

고전역학에서의 제1불확정성원리First uncertainty principle in classical mechanics: 정보는 창조될 수 없다. 불확정성은 계산으로는 줄일 수 없으며, 오직 측정을 통해 줄일 수 있을 뿐이다.

제1불확정성원리가 어떤 결과를 가져오는지 검토해 보자. 예컨대, 당구공에 초점을 맞춘 당구대를 설계하기란 불가능하다. 말하자면, 미래의 위치와 방향을 첫 시작점보다도 더욱 정확하게 예측할 수 있는 당구대란 존재하지 않는다. 이러한 특성을 파악할 수 있는 간단한 방법이 있다. 불확정성 $\Delta x_n \Delta y_n$은 초기값 $\Delta x_1 \Delta y_1 = u$로 고정되어 더 이상 움직이지 않는다. n단계의 충돌점 x_n의 위치를 정확히 예측할 수 있는 당구대가 있다고 가정해 보자. 그렇다면 Δx_n값은 u값에 비해 매우 작아야 하고, $\Delta x_n \Delta y_n$값을 일정하게 유지하려면 Δy_n값이 u값에 비해 매우 커야 한다. 그렇다면 입사각 y_n을 정확히 예측하기란 매우 어려울 것이다.

이러한 논거는 안타깝게도 틀렸다. 꽤 설득력이 있어 보이는 것은 사실이나, (x_n, y_n) 주변의 불확정성 영역이 직사각형 모양이 될 이유가 없으며, Δx_n과 Δy_n에 어떤 의미를 부여해야 하는지도 불분명하다. 하지만 360×90 직사각형의 (x_n, y_n) 주변 사각형을 생각해보면, 조금이나마 이 논거의 의의를 찾을 수 있다. 예컨대 너비가 Δa, 높이가 Δb인 직사각형의 넓이는 $\Delta a \Delta b$로 표시되며, 당구선수가 이 직사각형 속으로 첫 큐를 시도하려 한다. 당구공의 최초 좌표는 (x_1, y_1)이며, n번 반동한 이후 직사각형의 중앙인 (x_n, y_n)에 도달한다. 안타깝게도, 당구선수는 (x_1, y_1)을 정확히 아는 것만으로는 자신의 샷을 정밀하게 통제할 수 없고, 비교적 비슷하게 조절할 수 있을 뿐이다. 첫 샷의 불확정성 $\Delta x_1 \Delta y_1 = s$는 당구선수의 노련함을 측정하는 기준이 된다. 불확정성이 작을수록, 당구선수의 실력이 우수한 것이다.

n번째 단계 이후, 예측값 (x_n, y_n) 주변의 불확정성 영역은 앞서 언급한 작은 직사각형 u와 비교해 여전히 s값을 유지한다. s가 u보다 작다면, 즉 당구선수의 실력이 시원찮다면, 불확정성 영역을 온전히 직사각형 안으로 집어넣기가 불가능하다. 불확정성 영역의 면적이 너무 큰 탓이다. 따라서 (x_n, y_n) 주변의 불확정성 영역 가운데 일부는 직사각형 밖으로 뻗쳐 나오기 마련이며, 이는 곧 당구선수의 샷이 목표를 벗어나리라는 것을 의미한다. 당구선수는 실수하는 샷과 성공하는 샷의 차이를 구분할 수 없다. 모든 샷은 불확정성 영역 내에서 개시하기 때문이다. 당구선수는 모든 샷을 같은 방식으로 시도하

나, 이 가운데 일부만이 성공할 뿐이다. 당구선수는 계속 '나이스 샷'을 외치지는 못할 것이다.

이러한 논거는 당구대의 모양에 따라 달라지지 않는다. 따라서 다음과 같은 결론을 도출할 수 있다. 정해진 목표물을 향해 당구공이 진행하는 당구대를 설계하기란 불가능하다. 달리 말하면, 제1불확정성원리는 당구대를 어떻게 만들건, 실력 부족을 보완할 수는 없다는 것을 말해 준다.

한 걸음 더 나아가 하나가 아닌 여러 개 당구공이 당구대 위에서 돌아다닌다고 생각해 보자. N개의 당구공이 자유롭게 굴러다니는 모습을 상상해 보라. 이제 한 충돌점에서 다음 충돌점까지의 궤적이 직선을 이루지도, 균일한 속도로 진행하지도 않는다. 당구공들은 당구대 중앙에서 서로 충돌할 수 있으며, 충돌과 동시에 서로 다른 방향으로, 각기 다른 속도로 진행한다. 쿠션에 부딪혔을 때와 마찬가지로 충돌 이후의 방향과 속도는 확실히 정해져 있다. 따라서 N개 당구공들의 전체 궤적은 최초의 위치와 속도에 따라 사전에 정해져 있다.

최초의 위치와 속도는 정확히 알 수 없다. 각 위치 및 속도의 측정값 주위에는 일정한 불확정성의 영역이 존재한다. 이 영역의 면적은 그전과 마찬가지로 최초 불확정성이라 불린다. 예컨대 n번째 당구공의 최초 불확정성은 u_n으로 표시되며, 이전과 같은 해석이 적용된다. u_n이 작을수록 최초 위치와 속도를 더 정확히 측정할 수 있다.

제1불확정성원리는 모든 u_n값에 개별적으로 적용될 뿐 아니라, 우리가 U로 표시하는 $u_1 + u_2 + \cdots + u_N$의 합계에도 적용되며, 우리는 이를 총불확정성total uncertainty이라 부른다. 더 정확히 표현하면, t가 0이 되는 최초 시점, 즉 운동이 시작하는 시점의 총불확정성이다.

하지만, 제1원리에 따르면, 이 양은 초기값에 고정되어 있다. 따라서 모든 미래 시점 t에서 이 값은 U로 고정되어 있다.

운동이 훨씬 복잡한데도 U값이 일정하게 유지된다는 것은 놀라운 일이다. 당구대 위에서 수많은 공들이 동시에 움직일 때 일어나는 모든 충돌을 생각해 보라. 하지만 아직 실낱같은 희망은 남아 있다. U값은 일정해야 하지만, U를 구성하는 개별적인 u_n은 그렇지 않다. 모든 u_n값은 가변적이다. 실제로 모든 u_n값은 변하며, u_n값의 총합이 U가 되는 것으로 충분하다. 달리 말하면, 그들은 서로를 보완해 주어야 한다. 이들 가운데 하나가 줄어들면, 다른 무언가가 늘어나야 한다. 우리가 당구대 위의 모든 공이 아니라, 공 하나에만 관심이 있다고 생각해보라. 우리가 집중하는 공은 검은색이며, 다른 공들은 모두 흰색이다. 검은색 공의 불확정성은 늘리는 한편, 흰색 공 u_1의 불확정성을 감소시키는 당구대를 만들 수 있을까? 따라서 u_2, u_3, ⋯, u_N이 증가하는 동안 u_1이 감소한다면, 총불확정성 $u_1 + u_2 + u_3 + ⋯ + u_N$은 늘 최초의 U값을 유지한다. 마지막에는 흰색 공들에 대한 정보가 부족해질 테지만, 아무런 신경을 쓰지 않아도 무방하다. 왜냐하면 우리는 포켓에 넣어야 할 유일한 공, 즉 검은색 공 하나에만 관심이 있기 때문이다.

이는 제1원리를 부활시킬 수 있는 매력적인 방법이다. 정보를 흰색 공에서 검은색 공으로 이전하는 것이다. 안타깝게도 이러한 방법은 불가능하다.

이 방법은 그로모프가 발견한 제2불확정성원리의 내용을 구성한다. 고전역학의 제2불확정성 원리에 따르면 정보는 이전될 수 없다. N개 공 모두가 차지하는 최초의 불확정성 영역을 전제로, 검은색 공의 불확정성 영역이 반지름 r인 원 속에 포함될 수 없는 r값이 존재한다.

여기에서 몇 가지 설명을 덧붙여야 한다. 우선, 이 명제에서 나타나는 숫자 r은 최초의 불확정성 영역에 따라 달라진다. 이 영역이 작을수록(당구대를 굴러다니는 모든 공의 위치와 속도는 더욱 정확히 알려져 있다.) 이 숫자 또한 작아진다.(미래의 검은색 공의 위치와 속도를 더 정확히 예측할 수 있다.) 그로모프의 원리에 따르면 도구로 측정할 수 없는 일반적인 한계는 존재하지 않는다. 검은색 공이 앞으로 어떻게 움직일지는 최초의 관찰이 얼마나 정확한지에 따라 달라진다는 것을 말해 줄 뿐이다. 다른 모든 공들의 움직임을 놓치면서 공 하나의 위치와 속력에 대한 정보를 무한정 늘리는 체계를 고안하기란 불가능하다.

검은색 공의 불확정성 u_1은 끝없이 줄어들어 그 어떤 특정값보다도 더 작아질 수 있다. 이는 제2원리와 모순되지 않는다. 왜냐하면 불확정성 영역의 면적을 의미하는 u_1이 모양을 말해 주지는 않기 때문이다. 매우 작아 조그만 원 속에 들어갈 수 없는 영역은 존재할 수 있고, 실제로 존재한다. 예컨대 아주 가늘고 긴 리본 모양의 영역을 떠올려 보라. 이 영역을 가늘게 만들면 만들수록 면적을 얼마든지 줄일 수 있다. 이와 반대로 이 영역을 늘리기만 하면 차지하는 공간을 얼마든지 늘릴 수 있다. 직선인 영역의 길이를 L까지 늘리고, 원이 이 영역을 온전히 담을 수 있으려면 반지름이 $L/2$이상이어야 한다. 따라서 검은색 공의 불확정성 영역은 u_1이 0으로 수렴할수록 반지름이 r인 원 속에 담기가 어려워진다.

제1원리는 다음과 같은 사실을 시사한다. 당구대를 어떻게 만들더라도 시원찮은 선수의 경기를 바로잡을 수 없다. 한편, 제2원리가 시사하는 바는 다음과 같다. 당구대 위의 다른 공들을 교묘히, 정확히 배치하더라도 시원찮은 선수의 경기를 바로잡을 수 없다. 두 원리는 더욱 일반적인 상황에도 적용할 수 있다. 고전역학의 모든 체계는 이 두 가지 불확정성 원리를 벗어나지 않는다. 두 원리는 정상작용의 원리와 밀접하게 연관되어 있다. 하지만 두 원리의 논거는 워낙 기술적이라, 관심 있는 독자를 위해 부록 2에 자세한 내용을 실었다. 여기에서는 한 가지 사실만 지적하고 지금껏 펼친 이야기를 마무리하려 한다. 모페르튀의 형이상학적 견해가 완전히 짓밟히고 난 다음에도, 그의 역학관이 마지막 승리를 거머쥔 것은 주목할 가치가 충분하다.

6
판도라의 상자

모페르튀의 과대망상은 수면 밑으로 가라앉았다. 그는 물리학 법칙을 다음과 같이 이해했다. 대자연은 작용이라 불리는 놀라운 양적 실체를 최대한 적게 소비하려 안간힘을 쓴다. 모페르튀는 이러한 성질을 지적 설계의 확실한 증거라고 생각했다. 물리학 법칙은 세상을 창조한 신의 목적을 드러낼 뿐이다. 안타깝게도, 앞서 파악한 것처럼 최소작용의 원리라는 용어는 정확하지 못한 표현이며, 정상작용의 원리라 부르는 것이 합리적이다. 여기에서 형이상학이 등장한다. 최소작용의 원리와는 달리, 정상작용의 원리를 위해 준비된 해석이란 존재하지 않기 때문이다. 모페르튀는 작용이라는 놀라운 양적 실체를 주제로 다룬 장쾌한 책들을 집필했다. 그의 논지에 따르면 작용이란 워낙 귀중하므로 모든 대자연의 질서는 최대한 이를 보존하는 쪽으로 쏠린다. 대자연이 작용량을 최소화하지 않고, 정상stationary으로 만들려는 것이 드러난 이상, 이러한 이야기를 하기란 매우 어렵게 되고 말았다. 정류점에서는 어떤 부분이 제일 중요할까? 정류점들은 산고개와 비슷하다. 높은 지점(극댓값)도 아니며, 낮은 지점(극솟값)도 아니다.

빛이 한 점에서 다른 점으로 이동할 때 가장 빠른 경로를 따르지 않는다는 사실은 빛이 거울에 반사되는 순간 아주 간단히 드러난다. [그림 5]로 돌아가 보면, AOB가 AMB와 같은 다른 경로에 비해 더욱 짧다는 사실을 알 수 있다. 그리고 A에서 B를 향하는 광선은 AOB의 경로를 따르는데, 그 이유는 이 경로가 가장 짧은 경로이기 때문이다. 하지만 이러한 설명은 명백히 잘못되었다. 만일 광선이, 또는 광선의 경로를 조정하는 절대자가 이동 시간을 최소화하는 데 혈안이라면, A에서 B로 직접 보내면 되는 것이지 거울에 반사를 시킬 이유가 없다. 만일 A와 B 사이에 차폐막을 넣어 A에서 B로 직접 빛을 비출 수 없게 만들면 어떤 현상이 일어날까?

모페르튀가 말한 것처럼 최소작용의 원리가 진리라면, 광선의 경로는 A와 B사이의 최단 경로가 될 것이고 결코 거울에 닿지 않을 것이다. 광선은 A에서 시작해 차폐막의 바닥에 닿은 다음, B를 향해 올라가게 된다. 하지만 자연에서는 이러한 현상이 일어나지 않는다. A에서 시작해 B에 닿는 광선은 두 가지로 분류된다. 하나는 직진하는 AB이며, 다른 하나는 O점에서 반사된 AOB다. A와 B 사이를 차폐막으로 가리면, AOB만이 가능하며 B에서는 A를 거울을 통해 볼 수 있을 뿐이다. 두 가지 사례 전부에서 존재하는 AOB는 최단 경로와는 거리가 멀다.

최소작용의 원리가 수명을 다했다 할지라도 정상작용의 원리는 여전히 건재하다. 제5장에서는 정상작용의 원리가 많은 곳에 쓰일 수 있다는 것을 살펴보았다. 따라서 여전히 풀리지 않은 미스터리가 존재한다. 빛은 따라야 할 경로를 어떻게 아는 것일까? 빛은 인간이 알지 못하는 정류점을 어떻게 아는 것일까? 광자는 모든 가능한 경로를 따라 이루어지는 작용을 알고서 그 가운데 하나를 고르는 것일까? 이번 장에서는 이러한 미스터리를 풀어 보려 한다. 이 과정에서 우리는 정상작용의 원리가 특정한 범주에서만 적용된다는 사실을 알게 될 것이다. 이 세상은 특정한 범주를 기준으로 각기 다른 법칙이 지배한다. 이 범주를 기준으로 바로 윗 세상은 이 법칙이, 바로 밑 세상은 저 법칙이 다스린다.

정상작용의 원리는 어디에서 유래할까? 기초적인 물리학 법칙으로부터 설명할 수 있을까? 아니면 대자연이 우리가 알지 못하는 신비로운 인지력을 발휘하는 것일까? 이 질문은 1662년, 클레르슬리에가 제기했으나 페르마는 즉답을 피했다. 1677년, 하위헌스는 이미 답을 알고 있었다. 데카르트나 뉴턴과 같은 권위자들을 비롯해 당시 대부분의 사람들은 빛이 빈 공간을 관통하는 작고 단단한 입자로 구성되며, 빛은 이러한 입자들의 궤적이 모인 것이라고 생각했다. 한편 하위헌스는 공간이 비어 있지는 않으나 보이지 않는 매질로 꽉 차 있으며, 빛은 파도가 수면 위를 진행하는 것처럼 공간 속에서 나아가는 파동으로 구성되었다고 생각했다.

돌을 연못에 던지면, 돌이 수면을 타격한 지점으로부터 원형 파동이 퍼져 나간다. 이 파동은 연못의 가장자리에 흡수되거나 반사된다. 이러한 패턴은 전체적인 설계가 아닌, 국지적인 상호 작용에서 비롯된다. O점에서 비롯된 요란이 수면 위의 일정한 지점 P에 닿으면, 이 점은 새로운 요란의 시작점으로 탈바꿈해 모든 방향으로 파도를 내

보낸다. 만일 연못을 가로지르는 차폐막을 설치하고 P점에 해당하는 부분에만 구멍을 뚫는다면, P에서 원형 파동이 퍼져 나가는 새로운 패턴을 감지할 수 있다. 마치 더 작은 돌 하나를 P점에 던진 것과 마찬가지다. 차폐막이 없어지면 이러한 패턴도 사라진다. 왜냐하면 다른 점들에서 시작되는 유사한 패턴 위로 중첩되기 때문이다. 최종적으로는 중심 O점에서 원형 파동이 퍼져 나가는 원래의 패턴만이 남게 된다. 이러한 현상이 발생하는 이유는 O에서 보낸 파도가 수면 위를 진행하기 때문이 아니라, 이 파도가 만들어 내는 요란들이 한 쪽 방향을 제외하고는 모두 상쇄되기 때문이다. 파도 뒤쪽으로는 새로운 시작점이 무수히 남아 있다. 하지만 이러한 시작점은 상호 작용하므로 전체적으로는 최초의 시작점 O만이 보일 뿐이다.

  이것이 바로 파동과 입자 사이에 존재하는 근본적인 차이점이다. 입자는 항상 누적된다. 두 입자를 상자 속에 넣으면, 상자 속에는 입자 두 개가 더 존재하게 된다. 파동은 항상 누적되지는 않는다. 두 파동을 상자 속에 보내면, 상자 속에는 더 복잡한 한 가지 파동만이 생기게 된다. 심지어 아무 것도 없을 수 있다. 두 파동이 상쇄될 수도 있는 것이다. 하위헌스는 상호 작용의 법칙을 연구한 결과 다음과 같은 사실을 발견했다. 돌을 연못에 던져 O점에서 최초의 요란이 시작한다면 파도는 직선으로 퍼져 나간다. 빛의 경우라면, 파도는 광선에 해당한다. 상호 작용을 계산해 보면 알 수 있지만, 이러한 광선들이 직진하는 수학적 이유는 광선들 자체가 길이에 대한 정류점이기 때문이다. 여러 사례에서 이 광선들은 그 이상의 의미를 지닌다. 이 광선들은 길이의 최소점이다. 말하자면, 양끝이 같은 다른 광선들의 길이가 직진하는 광선에 비해 길다는 뜻이다. 하지만 이러한 사실이 중요한 것은 아니며, 오직 정류성이 중요할 뿐이다. 우리는 실제로 모든 경로를 인접하는 경로와 비교하고 있다. 길이의 차이가 충분히 미미하다면, 이 차이가 양이건 음이건 경로를 정상이라 평가할 수 있고 이러한 성질을 지닌 모든 경로는 광선으로 간주될 수 있다. 이것이 바로 거울에 빛이 반사되는 경우 실제로 일어나는 현상이다. 거울의 한 지점에 도달하는 빛은 서로 다른 두 가지 경로를 보여 준다. 하나는 진입하는 빛, 다른 하나는 반사되는 빛이다.

하위헌스가 옳은 것으로 드러났다. 빛은 파동 및 다른 색깔에 대응하는 다른 파장들로 구성된다. 그의 설명은 확고한 물리적 근거를 제시하며 광선이 정상 경로를 따른다는 사실을 입증하고 있다. 하지만 고전역학은 어떨까? 왜 정상작용의 원리는 강체에만 적용되는 것일까? 당구공이 파동이 아니라는 것은 확실할까? 20세기 중반, 리처드 파인먼Richard Feynman은 자신의 사고방식을 대변하는 대담한 아이디어를 떠올렸다. 강체는 경로를 임의로 선택한다는 것이다. 이러한 임의성은 전자와 같은 작은 개체에서 관찰할 수 있다. 하지만 당구공과 같이 큰 물체에서 이러한 현상을 찾아볼 수 없는 이유는 상쇄 효과 때문이다. 이러한 상쇄 효과는 파동의 진행에서 관찰할 수 있었던 상쇄작용과 매우 비슷하다.

질량이 있는 물체를 생각해 보라. 전자電子와 같이 작은 것도 좋고, 당구공과 같이 큰 것도 좋다. 이러한 물체가 A에서부터 B까지 이동한다. 어떤 경로로 이동했을까? 고전 물리학에 따르면 외부의 힘이 작용하지 않는 이상 직선으로 이동한다. 파인먼은 다음과 같은 해답을 제시한다. A에서 B까지 닿는 경로는 어떤 형태라도 가능하다. 직선에서부터 완전히 꺾인 경로까지 모든 형태가 가능하지만, 이 경로

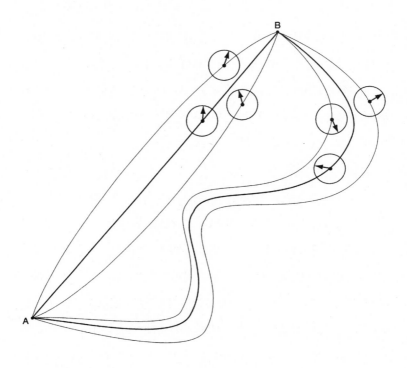

[그림 18] 파인먼의 원리

파인먼은 아원자 물리학 법칙을 다음과 같이 해석했다. 고전역학에 따르면 A에서 B로 가는 입자는 직선 AB 경로만을 따르는 것은 아니다. 입자가 이동하는 경로는 A와 B를 잇는 곡선이 될 수도 있다. 하지만 모든 이러한 곡선들을 따라, 고전적 의미에서의 작용이 계산되며, h라는 아주 작은 숫자로 나뉜다. 결과값은 매우 큰데, 이 값을 각도로 해석한다. 위 그림에서는 여섯 개의 경로 및 각 경로에 해당하는 각도를 보여 주고 있다. 경로들이 직선 AB와 가까울수록(그림 위쪽의 선 세 개) 대응하는 각도들은 서로 비슷해진다. 경로들이 직선과 떨어질수록(그림 아래쪽의 선 세 개), 대응하는 각도들은 제각각이다. 각도의 차이는 입자의 질량에 비례한다. 파인먼의 해석에 따르면 인접한 경로에 대응하는 각도들을 합산해 일정한 경로의 개연성을 계산할 수 있다. 전자의 사례에서는 모든 각도가 한 방향을 향하므로 가중되나, 후자의 사례에서는 각기 방향이 달라 상쇄된다. 따라서 거대한 입자나 육안으로 보이는 대상의 경우, 실제로 따르게 될 개연성이 높은 유일한 경로는 직선이다. 이것이 바로 고전역학에서 관찰할 수 있는 현상이다.

들은 형태가 모두 제각각이다. 일정한 경로가 어떤 형태인지 알려면, 이 경로를 따라 작용을 계산해야 한다.(물론, 모페르튀, 오일러, 라그랑 주, 해밀턴, 야코비 등 옛 인물들이 정의한 고전적인 의미에서의 작용을 의미한다.) 하지만, 개연성은 고전적인 개연성 이론에서처럼 누적되지 않는다. 파도 진행의 이론처럼, 중간에 간섭이 일어난다. 가장 개연성이 높은 경로는 주변으로부터 가장 방해를 받기 어려운 경로다. 수학으로 들어가면 작용을 정상으로 만드는, 말하자면, 고전역학이 가리키는 경로에 해당한다.

파인먼의 이론에 따르면 모든 경로는 가능하다. 고전적인 경로는 다른 경로에 비해 개연성이 높다. 여기에서 한 가지 요소가 개입한다. 프랑크의 상수 h다. 이 숫자의 값은 극단적으로 작다. 비고전적 경로가 생겨날 개연성, 말하자면, 물체가 고전역학에 부합하지 못하는 경로를 취할 개연성은 h/m과 같은 숫자로 드러난다. 여기에서 m값은 질량을 의미한다. 달리 말하면, 이러한 개연성은 m값이 아원자 단계에 확실히 머무를 정도로 작을 때에만 의미를 가진다. 원자보다 큰 물체가 고전역학의 법칙을 거스르리라는 기대는 하지 않는 편이 좋다. 다른 한편으로 전자는 고전역학에서의 경로를 벗어나기 쉽고, 지금은 수많은 실험을 통해 이러한 사실을 보여 줄 수 있다. 사실상 전자의 경로는 예측하기 어렵다. 할 수 있는 최선은 파인먼의 법칙에 따라 다양한 가능한 경로의 개연성을 계산하는 정도다. 이러한 개연성의 이론적 가치는 매우 정확하게 실험적으로 검증되었다.

한 수수께끼를 다른 수수께끼로 설명하게 된 셈이다. 클레르슬리에의 질문은 해답을 찾았다. 빛도 돌도, 작용을 정상으로 만드는 경로를 선택하지 않는다. 질량이 있는 물체는 원자이건 돌이건 일정한 개연성에 따라 임의로 경로를 선택하며, 이러한 개연성은 실제 현상이 일어나기 전에 계산할 수 있다. 그렇다면, 새로운 수수께끼가 등장한다. 왜 경로의 선택을 제비뽑기에 맡기는 걸까? 아인슈타인의 유명한 경구에 따르면 신은 주사위를 굴리지 않는다. 최소한 신은 도박에 사로잡혀서는 곤란하다. 하지만 여기에서 말하고 싶은 것은 전자의 경로를 예측할 수 없다는 것이다. 설령 누군가가 세상의 상태를 정확히 알고, 무한한 연산 능력을 갖고 있다 할지라도 마찬가지다. 우리가 할 수 있는 최선은 전자가 여기, 아니면 저기로 갈 개연성이 얼마인지를 계산하는 것이다. 이를 넘어선 질문의 해답을 찾기란 불가능하다. 왜 저 경로가 아닌 이 경로를 선택했을까. 설령 해답이 있다 할지라도, 아직은 풀리지 않은 수수께끼다.

이로써 이 세상을 모든 가능한 것들 가운데 최고라고 생각한 모페르튀의 견해는 아주 자연스럽게 반박될 수 있다. 모페르튀에 따르면 작용이라 불리는 양적 실체는 모든 자연적인 운동을 최소화하거나, 정상으로 만들려 한다. 하지만 이러한 작용이 존재한다고 더 이상 말하기 어려우며, 자연적 운동은 일정한 개연성에 따라 임의로 일어난다고 말할 수 있을 뿐이다. 분명 여기에 최적성이란 관념은 존재하지 않으며, 왜 실제로 일어나는 사건들의 총체인 이 세상이 다른 가능한 세상에 비해 더 나은지를 설명할 아무런 이유가 없다. 임의성이 지배하고, 확실한 이유 없이 사건이 일어난다면 찾아야 할 의미 또한 없는 것이다. 신이 존재한다면, 물리학의 법칙에서 그 어떤 길도 마련해 두지 않았다. 길이 있다 할지라도, 아주 잘 숨겨 놓은 것이 틀림없다.

192

이상하게도 임의성은 더욱 큰 규모, 말하자면 인간 크기의 단계에서도 발생하는 것처럼 보인다. 이는 혼돈 이론과 연관된 아주 다른 종류의 임의성이다. 전자가 이 길이 아닌 저 길을 따르는 것처럼 명백한 이유가 없는 사건을 이야기하는 것이 아니다. 주사위가 이쪽이 아닌 저쪽으로 떨어지는 것처럼, 미소한 원인이 있는 사건을 이야기하는 것이다. 그렇다면, 고전역학(정상작용의 원리를 비롯해)은 아주 제한된 범위의 현실에서만 유효해 보인다. 고전역학이 설득력을 얻을 수 있는 세상은 양자역학과 파인먼의 개연성 이론으로 규율되는 아원자 단계와 열역학과 엔트로피 감소 이론이 지배하는 사람의 단계 사이에 자리 잡고 있다.

실제로 사람들이 경험하는 세상에서는 고전역학의 법칙이 상당히 이상화되어 있다. 제5장에서 가정한 관념 속의 당구대는 당구공이 당구대 속을 무한히 회전한다. 하지만 현실 속에서는 당구공이 속도가 느려지면서 몇 번 반동한 다음 멈추고 만다. 에너지를 잃지 않고 영원히 흔들리는 갈릴레오의 관념 속 진자는 공상에 불과하다. 기껏해야 아주 신중하게 통제된 조건 아래서 운동을 몇 시간 동안 지속할 수 있을 뿐이다. 하지만 흔들리는 쪽으로 온갖 마찰이 작용하면서 언젠가는 멈추고 만다. 실제로 흔들리는 진자를 시간을 잴 수 있는 실용적인 도구로 만들기란 매우 어렵다. 갈릴레오 자신도 성공하지 못했고, 이 원리를 바탕으로 시계를 만드는 데 성공한 사람은 하위헌스였다.

이처럼 고전역학의 법칙과 실제로 벌어지는 현상은 차이점을 보인다. 이러한 대부분의 차이점은 시간의 비가역성이라는 한 가지 용어로 표현할 수 있다. 우리 주변에 일어나는 일들에는 뒤바꿀 수 없는 일정한 순서가 존재한다. 사람은 나이를 먹을 뿐이며 거꾸로 젊어질 수는 없다. 같은 사람을 찍은 두 장의 사진을 보면 어떤 사진이 최근의 사진인지를 알 수 있다. 영화 두 편이 티스푼으로 커피를 젓는 장면을 보여 주고 있다. 첫 번째 영화에서는 커피에 떨어뜨린 우유 한 방울이 퍼져나가는 장면이 나타나며, 두 번째 영화에서는 갈색 액체가 검은색 액체와 흰색 방울로 분리되며 흰색 방울이 컵 바깥으로 튀어 나가는 장면이 나타난다. 어떤 영화를 뒤로 감았는지 분명히 알 수 있다. 하지만 실생활에서는 우유와 커피를 한 번 섞으면 다시 분리할 수 없다. 고전역학에서는 이러한 비가역성(스티븐 제이 굴드는 이를 가리켜 시간의 화살time's arrow이라 언급했다.)이 발생하지 않는다. 관념 속의 당구대에서는 당구공의 움직임을 뒤바꾸는 것만큼 쉬운 일도 없다. 지금껏 진행했던 방향을 그대로 거슬러 보내면 모든 궤적을 아주 멋지게 되짚을 수 있다.

여기 또 하나의 미스터리가 등장한다. 시간을 돌릴 수 없는 현실과 정상작용의 원리를 비롯한 고전역학을 어떻게 조화시킬 수 있을까? 정상작용의 원리 및 고전역학에서는 시간을 돌리는 것도 가능하다.

이러한 모순점을 더욱 부각시키기 위해, 가상의 실험을 시도해 보자. 이 실험을 판도라의 상자라 부르기로 한다. 판도라는 절대 열어서는 안 되는 봉인된 상자를 갖고 있다. 상자 속에는 이마기넘이라 불리는 아주 희귀한 가스가 들어 있다. 이마기넘은 다른 가스들과 마찬가지로 제각기 다른 속도로 여기저기 움직이는 무수한 분자들로 구성된다. 이러한 분자들은 서로 부딪히고 벽에 충돌하기도 한다. 판도라는 상자 속에 무엇이 들어 있을까 궁금해 상자를 열어 본다. 당혹스럽게도 멋진 푸른색을 띤 이마기넘이 순식간에 흘러나온다. 판도라는 부리나케 상자를 닫는다. 방문이 닫힌 덕분에 이마기념은 방 안에 머물러 있다. 판도라는 이마기념을 상자에 다시 가둘 방법을 고민하기 시작한다.

상황을 간단히 만들기 위해 방 속에 공기가 없다고 가정해 보자. 이마기념은 공기가 없는 텅 빈 공간으로 흘러나온다. 그렇다면 판도라의 상자 속에는 이마기념이 일부 남아 있다. 이마기념은 상자 속의 압력과 방의 압력이 같아지면 더 이상 흘러나오지 않을 것이다. 분자들에게 어떤 일이 일어나는지를 살펴보자. 판도라가 상자를 여는 순간, 상자 위쪽에 있던 분자들은 다른 분자들에 의해 쉽사리 밀려나 방 안으로 유입될 수 있다. 일단 빠져나온 분자들은 다시 상자 안으로 들어가기 어렵다. 방 안에는 그들을 다시 상자 속으로 밀어 넣을 분자들이 없기 때문이다. 더 많은 분자들이 따라 나올 테고, 이 과정은 상자와 방 속의 압력이 같아질 때까지 계속된다. 자세히 말하면, 상자 위쪽의 분자들은 방 속으로 밀리는 동시에 상자 속으로도 밀린다. 이러한 두 힘이 같아지는 순간까지 분자들은 방 속으로 흘러나오게 된다.

두 힘이 같아지는 순간부터 평형점에 도달한다. 말하자면, 아무런 변화가 없어지는 것이다. 분자는 여전히 돌아다니며, 때로는 엄청난 속도를 보인다. 상자에서 방으로, 또는 방에서 상자로 마음껏 돌아다니나, 이마기념의 압력은 변하지 않는다. 왜냐하면 통계적 평균치에 도달했기 때문이다.

최소한 상식에 따른 결론은 분명하다. 판도라가 이마기념을 상자에 넣을 수 있는 방법이란 없다. 그녀가 저지른 일은 되돌릴 수 없으며, 결과를 기다려야 한다. 이것이 바로 시간의 화살이 말해 주는 이야기다. 하지만 수학은 우리에게 다른 이야기를 들려준다. 널리 알려진 푸앵카레의 이론에 따르면, 이마기념은 마침내 알아서 상자 속으로 들어가고 말 것이다. 오직 판도라가 해야 할 일은 인내심을 발휘해 푸른색 가스가 전부 상자 속으로 들어갈 때까지 기다린 다음 뚜껑을 닫는 것뿐이다. 과거를 온전히 잃어버리는 비가역적 시간과 과거의 상태로 돌아가는 순환적 시간, 이 둘처럼 확연한 대비를 이루는 것도 드물 것이다. 그렇다면 이러한 두 가지 주장의 근거는 무엇일까?

푸앵카레의 이론이 우리가 얼핏 생각하는 것과 다르다 할지라도, 그의 이론이 진리인 이유는 쉽게 이해할 수 있다. 상자 속의 압력이 매우 낮아서 몇 개의 분자만이 돌아다닌다고 생각해 보자. 우선 분자가 딱 하나만 존재하며, 방은 매우 작다고 가정해 보라. 상자를 떠난 분자는 정처 없이 돌아다니며 방 구석구석을 헤매다가 마침내 다시 상자 속으로 들어간다. 마치 주정뱅이가 여기저기 돌아다니며 여러 집의 대문을 두드리다가 자신의 집으로 돌아오는 것과 마찬가지다. 이제 분자의 숫자를 늘려 보자. 판도라가 상자를 연 순간 상자 속에 열 개의 분자가 돌아다닌다고 가정해 보라. 모든 분자들은 한 가지 분자만이 존재할 때와 마찬가지로 이리저리 움직이기 시작한다. 이들은 모두 얼마간의 시간이 흐른 다음 상자 속으로 돌아온다. 따라서 일정한 미래 시점에는 이들 모두가 다시 한 곳으로 모이게 된다. 아홉 개 분자들이 상자 속으로 돌아왔지만 한 개 분자만이 방 속에 남아 있는 시점도 분명히 존재한다.

실제로, 충분히 기다리기만 하면 어떤 일이라도 일어날 수 있다. 이제, 분자의 개수를 10이 아닌, 100, 1000, 아니, 10의 23제곱까지 늘려 보자. 이 숫자를 선택한 이유는 정상적인 조건 하에서 공기 2분의 1리터 속에 담을 수 있는 분자의 숫자가 10의 23제곱이기 때문이다. 여기에서도 같은 학설을 응용할 수 있다. 모든 분자는 상자 속으로 들어갈 테고, 판도라는 기다리기만 하면 된다.

물론 이러한 역설을 푸는 비결은 시간에서 찾을 수 있다. 이마기념이 상자 속으로 들어가는 장면을 끝까지 지켜보려면, 판도라는 우주의 수명보다도 더욱 긴 시간을 기다려야 한다. 우주의 수명만큼은 아니더라도 몇 십억 년은 충분히 넘을 장구한 시간 속에서, 과연 이러한 일이 가능할지는 요원할 뿐이다. 물론 수학자들에게는 별로 중요한 일이 아니나, 인간, 특히 변명이 시급한 판도라에게는 중요한 일이다. 시간의 화살은 인간 규모의 세상에만 나타날 수 있다. 왜냐하면 우리가 다루는 대상들은 커다란 집합체이며, 과거 행보를 되짚을 조짐이 나타나기 한참 전에 분명히 사라질 것이기 때문이다.

이것이 바로 비가역성을 설명해 줄 첫 번째 근거다. 하지만 하나 더 있다. 이번에는 공 세 개로 당구를 시도해 보자. 일찍이 지적한 것처럼, 이러한 체계는 시간의 화살에 아무런 반응을 보이지 않는다. 공 세 개의 경로를 되짚으려면, 추진을 바꿔 지금껏 진행한 방향을 거스르면 된다. 당구공들은 행보를 되짚어야 한다. 말하자면, 시간을 거꾸로 돌려야 하는 것이다. 방해물이 없다면, 앞으로 1분 후에는 당구공이 1분 전에 있던 장소에 그대로 가 있을 것이다.

하지만 현실은 이와 다르다. 당구공이 지나온 길을 정확히 되짚거나, 1분 전에 있었던 지점을 정확히 알 방법은 존재하지 않는다. 이 미스터리를 푸는 비결은 "정확히"라는 단어에 있다. '정확하다'라는 개념은 물리학이 아닌 수학으로 설명해야 한다. 그 어떤 물리학자도 두 양이 '정확히' 같다고 보장하지 못한다. 물리학자가 제시하는 모든 값들은 측정한 값에 불과하며, 측정에 쓰인 도구에 따라 오류가 발생하기 마련이다. 당구공이 지나온 길을 똑같은 속도로, 정확히 거슬러 되짚는 것은 쉬운 일이 아니다. 지나온 길을 거의 비슷한 속도로, 거의 비슷하게 되짚는 것이 그나마 할 수 있는 최선이다. 그렇다면 이 정도로 충분할까?

대답은 '아니오'다. 당구의 특별한 성질 탓인데, 혼돈 이론의 핵심을 차지하는 이러한 성질은 다른 체계들에서도 찾아볼 수 있다. 처음에 있던 작은 오류는 시간이 지나면서 급속도로 증폭되는데, 당구공끼리 충돌하는 것이 주된 원인이다. 따라서 당구공들을 되돌려 보내며 방향을 잘못 잡으면(공 하나 정도는 잘못 보내기 마련이다. 운이 아주 좋아서 잘못 보낸 공이 없다 할지라도, 그러한 사실을 알 방법도 없다.) 원래 지나온 길에서 벗어나게 된다. 그 결과 당구공들이 몇 번 충돌하고 나서 진행하는 궤적은 원래의 궤적과는 완전히 동떨어지기 마련이다. 실제로 이러한 체계는 워낙 민감해 뉴턴의 중력조차 영향을 미칠 수 있다. 놀라운 사실이지만, 이미 아홉 번 충돌한 다음이라도 당구대 주위에 사람들이 있으면 궤적이 바뀔 수 있다. 이러한 수준을 넘어 1분간의 궤적을 정확히 되짚으려면 거리를 돌아다니는 사람들이나 하늘을 나는 비행기마저 고려해야 한다. 이는 곧 과거의 궤적을 재구성하기란 불가능하다는 것을 의미한다. 실제 현실에서 이러한 체계는 주사위 게임처럼 제멋대로다.

판도라의 상자와 당구대의 사례 모두에 적용할 수 있지만, 두 체계의 현재 상태는 과거의 추이를 재구성하고 미래의 궤적을 예측할 수 있는 모든 정보를 담고 있다. 하지만 이러한 정보는 비가역적이며 시간의 화살이라는 개념이 나타난다.

이른바 제빵사의 변형 사례라 불리는 또 다른 사례가 있다. 네모난 밀가루 반죽을 밀대로 밀어 절반 높이로 편 다음, 가운데를 접어 포개면 원래 높이와 똑같은 높이의 사각 반죽을 얻을 수 있다. 오른쪽 절반이 왼쪽 절반 위로 겹쳐지며 층이 생기고, 다크 초콜릿을 위층에 바르면 위층은 검은색, 아래층은 흰색으로 구분된다. 다시 밀대로 밀고 같은 작업을 반복하면 검은 층과 흰 층이 교차하는 4겹 반죽을 얻을 수 있다. 이 작업을 계속 반복한다. n번 반복해 원래 높이와 똑같은 높이의 사각형 반죽을 만들면 검은 층과 흰 층이 교차한 2^n개 층의 반죽을 얻을 수 있다.

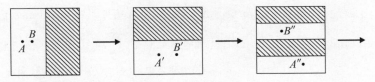

[그림 19] 제빵사의 변형

위 그림은 처음 3단계를 보여 주고 있다. 맨 좌측의 사각형 반죽을 위에서 밀어 납작한 직사각형으로 만든다.(높이는 반으로 줄어들며, 너비는 두 배 늘어난다.) 직사각형의 가운데를 잘라 오른쪽 덩어리를 왼쪽 덩어리 위에 포갠다. 가운데 그림이 이러한 상태를 나타내고 있다. 밀고, 자르고, 포개는 과정을 한 번 더 반복하면 세 번째 그림과 같은 반죽을 얻을 수 있다. A와 B점은 첫 번째 단계 이후 A', B'로, 두 번째 단계 이후 A'', B''로 이동한다. 이 과정이 반복되면서 흰색 띠와 검은색 띠의 두께는 점점 얇아진다.

　이러한 변형 과정은 되돌릴 수 있다. 반죽을 끝에서부터 벗겨낸 다음 아래층 옆에 위층을 펼쳐 놓고 이전의 높이를 복원한다. 정확히 이 작업을 2^n번 반복하면 반죽을 최초의 상태로 복원할 수 있다.(오른쪽 절반은 검은색, 왼쪽 절반은 흰색이다.) 여기에서 나아가, 반죽에 찍힌 점의 위치를 정확히 계산할 수도 있다. n번째 단계에서 점의 위치를 알면, 최초의 반죽 당시 이 점이 어디에 위치했는지를 알 수 있다.

예컨대 가장 아래층(흰색 층)에 찍힌 점이 왼편으로부터 d 만큼 떨어져 있다면, 최초의 반죽에 찍혔던 위치는 왼편으로부터 $d/2^n$ 떨어진 지점이다. 만약 위층(검은색 층)에 찍힌 점이 오른편으로부터 d 만큼 떨어져 있다면, 최초의 반죽에 찍혔던 위치는 왼편으로부터 $d/2^n$ 떨어진 지점이다.

만약 점의 위치가 위층 또는 아래층의 겉면이 아닌 반죽 속에 찍혀 있다면, 이 질문은 더욱 대답하기 어려워진다. 우선 그 점이 검은색 층에 있는지, 흰색 층에 있는지부터 알아내야 한다. 검은색 층에 있다면 첫 위치는 원래 반죽의 오른편이 분명하며, 흰색 층에 있다면 원래 반죽의 왼편이 틀림없다. 하지만 n번 밀고 접기를 반복한 다음에는 원래 반죽에 비해 2^n배만큼 얇게 변한다. $n=10$이면 높이가 1,000으로 나뉘며, $n=20$이면 백만으로 나뉜다. n이 10만 되어도 맨눈으로 구분하기 어렵고, 전체가 회색으로 보인다. $n=20$이면, 위치를 계산하는 기계가 한계에 달하지 않을까 걱정해야 한다. $n=30$이면, 인간의 힘으로는 알아낼 방법이 없다. 이 정도 수준이면 정보가 존재한다 할지라도 되짚어 알기가 불가능하다.

이론적으로는 이러한 체계를 되돌릴 수 있으므로 그 어떤 정보도 소실되지 않는다. 그러나 실제로는 정보들이 복원할 수 없을 정도로 파편화되며, 이러한 체계 스스로 정보를 알아볼 수 없는 수준까지 희석된다. 그러다 보면 점이 검은색 층에 있을 확률이 50퍼센트, 흰색 층에 있을 확률이 50퍼센트라는 이야기밖에 할 수 없다. 여기에서 임의성이란 성질이 다시 등장한다. 하지만 이러한 임의성은 아원자 단계에서 등장한 임의성과는 본질이 다르다. 여기에서 임의성이 등장하는 이유는 이러한 체계 어딘가에 임의성의 원천이 존재하기 때문이 아니라, 우리가 사용하는 도구가 한계를 보이기 때문이다. 후자를 전자와 구분하기 위해, 후자를 혼돈이라 부르기로 한다.

혼돈에는 두 가지 평면이 존재한다. 지금까지는 이 두 가지 평면 가운데 현재의 관찰을 토대로 과거의 이력을 복원하는 것이 얼마나 어려운 일인지 살펴보았다. 지금부터는 현재의 관찰을 토대로 미래를 예측하는 것이 어떻게 불가능한지를 분석할 것이다. 실제로 제빵사의 변형을 n번 시도한다고 가정해 보자. 우리는 반죽 속의 점이 위층에 남아 있을지, 아래층에 남아 있을지 알아내려 한다. 최초의 위치를 M_1으로 표시하고, n번 진행한 점의 위치는 M_n으로 표시한다. 각 단계마다 반죽을 밀어 길이를 두 배로 늘리고, 가운데를 접어 오른쪽을 왼쪽 위로 포갠다. 수학으로 풀이를 시도해 보면 $1/2^n$의 정확도에 따라 M_1을 알아내야 한다. M_1의 위치를 특정하면서 좌우 오차를 줄이는 데(높이는 문제되지 않는다.) 이보다 정확성이 떨어진다면, 마지막에 어느 편에 있는지 잘못된 결과를 얻을 수도 있다. 도구가 무한히 정확하기를 기대할 수는 없으므로, n이 커지면 커질수록 최초의 위치를 알기 위해 필요한 정확도를 기하기란 불가능하다. 기껏해야 말할 수 있는 것은 M_n이 위층에 자리할 확률이 50퍼센트, 아래층에 자리할 확률도 50퍼센트라는 것이다.

우리의 바람과는 달리 많은 것을 잃어버렸다. 하지만 완전히 빈손은 아니다. 지금까지 살핀 개연성에 따른 예측도 얼마든지 일반화될 수 있기 때문이다. 우리가 위층과 아래층에는 관심이 없고, 왼편과 오른편에만 관심이 있다고 생각해 보라. 무수한 단계를 밟고 난 이후 점이 왼편에 있을 확률은 50퍼센트, 오른편에 있을 확률도 50퍼센트다. 반죽의 반쪽이 어떤 모양이던, 결과는 달라지지 않으며 반쪽이라는 사실이 중요할 뿐이다. 말하자면, 전체 부피의 절반을 차지한다. 이번에는 반죽을 큰 쪽 A와 작은 쪽 B로 나눈다고 생각해 보자. 큰 쪽은 전체 부피의 99퍼센트를, 작은 쪽은 1퍼센트를 차지한다. 그렇다면 점이 마지막에 A쪽에 위치할 확률은 99퍼센트다. 따라서 상당한 확신을 갖고서 마지막 M_n점이 A에 위치할 것이라 예측할 수 있다. 물론 항상 그렇지는 않다. M_n이 B에 위치할 수도 있기 때문이다. 하지만 그 확률은 1퍼센트 미만으로 매우 희박한 확률이다. 마지막에 A쪽에 있으리라 예측하는 것이 안전하며, A의 비율이 커질수록 예측이 맞을 확률은 더욱 높아진다. 만일 A가 전체 부피의 99.99퍼센트를 차지한다면 동일한 예측을 1,000번 반복해도 한 번밖에 틀리지 않을 것이고, 거의 확실한 내기를 할 수 있다.

내기에서 질 확률이 0이 되거나, 실질적으로 0에 수렴하는 상황도 존재한다. 판도라의 상자 사례에서 이러한 상황이 벌어진다. 상자와 방 사이의 압력이 같아지면, 이마기늄이 방에서 상자 속으로 흘러 들어갈까? 달리 말하면, 가스가 골고루 퍼져 있는 상태에서 좁은 공간에 집약된 상태로 별안간 흘러갈 수 있을까?

A를 제1상황이라 불러 보자. 분자들의 관점에서는 A가 서로 다른 다양한 사례들을 포괄한다. 상자와 방의 압력이 같다는 것은 상자와 방에 떠도는 분자의 수가 같으며, 속도의 분포 또한 같다는 사실을 의미한다. 하지만 어떤 분자가 어디에 있으며, 그 속도가 얼마인지를 알 수는 없다. 이러한 상황을 달성하는 방법은 여러 가지다. 예컨대 다른 이마기늄 분자가 아닌 특정한 이마기늄 분자가 상자 속에 있다는 것은 전혀 중요한 일이 아니다. 이러한 상태에서는 모든 가능성을 살핀 다음, A의 개연성을 유추할 수 있다.

이러한 개연성은 거의 1에 근접하다 보니 제1상황이 영원히 지속할 것이라 장담할 수 있다. 내가 이러한 확신에 패를 걸고, 다른 사람은 이와 반대로 패를 걸었다고 가정해 보자. 그가 내기에서 이기리라는 희망을 조금이나마 가지려면 아마 억겁의 시간을 기다려야 할 것이다. 우리는 신에게 패를 걸어서는 곤란하며, 철저히 안심하기 위해 인간에게 패를 걸어야 한다. 신은 끈기 자체이기에, 우주가 수명을 다하는 날까지도 기다릴 수 있다. 이마기념이 판도라의 상자 속으로 되돌아오지 않는다는 것은 합리적인 확신이다. 인간 규모의 세계에서 시간은 되돌릴 수 없다.

우리는 기나긴 여정의 끝에 다가섰다. 긴 여정 속을 걸어오며 아원자 단계에서는 임의성을 발견했고, 인간 세상의 단계에서는 혼돈을 발견했다. 중간 지점 어딘가에서는 정상작용의 원리를 지나쳤다. 모페르튀의 꿈은 밑천이 드러나고 있다. 물리학이 아니라면, 모든 가능한 세상 가운데 최고의 세상을 어디에서 찾아야 할까? 아마도 생물학일까? 그래, 한 번 시도해 보자.

7

최선의 것이 승리하기를

"이 세상은 모든 가능한 세상들 가운데 최고", 또는 "이 학생은 우리 학급에서 최고"라는 말의 논리적 구조는 동일하다. 일정한 사물이나 사람을 다른 사물, 또는 다른 사람과 비교하는 것이다. 이러한 문장이 의미를 가지려면 비교되는 사물이나 사람의 집단을 규정해야 하고, 그들의 서열을 정의하는 데 활용할 "나은 것"의 기준을 정립해야 한다. 예컨대 학생들의 서열을 정하기 위해 여러 가지 방법을 사용할 수 있다. 일부 학생은 음악이나 과학이 우수하고, 다른 학생은 영어나 체육이 앞서간다. 존John이라는 학생이 작년에는 최고였다 할지라도 올해는 뒤처질 수 있다. 기준이 다르면 서열도 달라진다. 노력이 필요한 모든 분야에서 잭Jack이 질Jill을 앞서지 않는 이상에는, 질을 잭보다 낫다고 평가할 수 있는 기준은 얼마든지 정할 수 있다. "질은 학급에서 최고야"라는 말은 모든 서열에 대한 일정한 가중 평균치가 정의되어 있고, 이러한 기준에 따라 질이 가장 우수하다는 것을 뜻한다.

이러한 말을 수학적으로는 최적화 문제optimization problem라고 치환할 수 있다. 일정한 집단(물체, 사람, 상황, 등)을 상세히 기술해야 하고, 구성원의 서열을 정하기 위한 수학적 기준(예컨대 등급)을 정의해야 한다. 문제를 푼다는 것은 일등 요소(수학적 용어로는 기준의 '극대화')를 찾아낸다는 것을 뜻한다. 이러한 해답을 가리켜 최적의optimal 답 또는 단순하게 최적치optimum라고 표현한다. 한편, 기준을 최대화하기보다 최소화하는 사례도 있다. 말하자면, 가장 우수하기보다 가장 열등한 대상을 찾는 것이다. 그렇다고 해서 특별히 다르지는 않으며, 여전히 그 결과를 최적이라고 부를 수 있다.

모페르튀의 통찰을 이루는 근간은 우리가 사는 세상이 최적이라는 데 있다. 이러한 세상은 최소작용의 원리를 한껏 소모한다. 그에 따르면 비교군에는 모든 "가능한" 세상이 포함되며, 판단의 기준은 작용량이고, 이러한 작용량은 최대화가 아니라 최소화하려는 경향을 지닌다. 하지만 제6장에서는 모페르튀가 틀렸다는 사실을 보여 주었다. 작용량은 최대화하지도, 최소화하지도 않는다. 나아가 자연의 법칙은 사물의 규모에 따라 다른 양상으로 나타나며, 공통된 원리가 있다 해도(개인적으로는 있을 것 같지 않다.) 무엇인지 짐작하기 어렵고 이것이 왜 최적화의 문제로 귀결되어야 하는지 아무런 이유를 찾을 수 없다.

하지만 이 세상을 생각하는 사고방식 가운데, 확실한 진보라고 말할 수 있는 관념은 분명히 존재한다. 물리학의 영역에서는 아닐지라도, 최소한 생물학, 역사학의 영역에서는 분명히 그렇다. 보통 우리는 인류가 암흑시대로부터 등장했다고 생각한다. 사냥꾼과 채집꾼들이 적대적인 환경으로부터 근근이 살아남기 위해 분투하다가, 마침내 산업혁명에서 비롯된 부유한 사회를 일굴 수 있었다. 더 멀리 거슬러 올라가면, 최초의 유인원에서 현세의 인류로 진화하거나 단세포생물에서 다세포생물로 진화한 것을 두고 진보가 아니라고 말하기는 어려울 것이다. 실제로 지구 생명체의 역사는 인간이라는 가장 완벽한 실체를 갖기 위해 진행한 것처럼 보인다. 진화의 얼개는 사다리로 묘사할 수 있다. 원시적인 실체에서 복잡한 생명체로, 박테리아에서 인간으로 진행하며 마지막 발걸음을 딛게 된 것이다. 진화가 계속되어 인간을 뛰어넘는 생명체가 등장하고, 모종의 신성을 얻게 되리라는 생각도 유행할 수 있다. 하지만 이러한 생각은 그다지 각광받지 못하고 있다. 기독교적 이론(인간의 구원)의 기본 바탕과 생물학의 기초 사실(진화)을 타협하는 과정에서 도달한 자연스러운 합의일 수도 있다.

모페르튀는 창조주가 완벽한 세상을 끝내 창조한다고 생각했다. 진보를 추진하는 진화의 이론은 이러한 세계관을 역동적으로 각색했다. 이 세상은 모든 가능한 세상 가운데 최고가 아니다. 오히려 하루하루 좋아지고 있다. 최적은 아니라도 꾸준히 개선되는 것이다. 하루하루 작동하는 것은 이성적인 창조주의 은혜가 아니며, 이성의 통제로부터 자유로운 진화의 힘이 작동한다. 모든 생명체는 공간, 햇빛, 음식, 짝짓기 상대 등 희소한 자원을 차지하고 기생충이나 야수와 같은 적들을 물리치기 위해 끝없이 싸운다. 사람도 이러한 목적을 위해 다른 사람과 끝없는 경쟁을 벌인다. 이러한 "삶을 위한 투쟁"은 "적자생존"으로 귀결된다. 한편 패배자들은 화석으로 발견되거나 선사시대 혹은 고고학의 기록으로만 남을 뿐이다.

이러한 상황을 최적화의 문제로 해석할 수 있다. 여기에서의 기준은 "적합성"이다. 적합한 것이 적합하지 않은 것에 비해 낫다는 것은 당연하다. 대자연은 더 적합한 것을 살아남게 만들어 최적화의 문제를 해소한다. 논리적으로, 살아남는 모든 생명체는 살아남았다는 이유만으로 자신에게 패배한 다른 생명체에 비해 우월하다는 것을 보여 주었다. 이러한 발상을 역사 속으로 치환해 보면, 네안데르탈인은 열등한 종족이고, 유럽의 이주민들은 그들이 말살하고, 쫓아내고, 노예로 부린 인디언, 아프리카 원주민, 아시아인들에 비해 우월하다는 주장이 성립할 수도 있다. 또한 일반적인 관점에서 이들이 행사한 무력이 정당하다고 주장할 수도 있다. 사람들은 이러한 논리를 바탕으로 서구 문명의 우월성을 변호한다. 백인은 압도적인 군사력을 자랑하며, 이러한 군사력으로 땅과 자원을 빼앗아 자신들의 것으로 삼았다. 따라서 백인의 삶은 최고가 될 수밖에 없다. 백인들이 부담하는 짐은 그들의 문명을 모든 인류와 나누는 것이다. 하지만 무기마저 똑같이 나눠줄 수는 없는 일이다. 그렇게 한다면 백인의 도덕적 우월성을 포기하게 될 테니까.

최적화 접근법은 틀렸다. 한편, '더 적합하다'는 것은 더 능숙히 살아남는다는 것을 의미할 뿐, 더 복잡하고, 더 지적이고, 더 도덕적인 등 합리적인 의미에서 '우월하다'는 뜻이 아니다. 박테리아는 위대한 진화의 주인공이다. 박테리아는 기본적인 유전 구조를 거의 비슷하게 유지하면서 35억 년 넘게 자신의 능력을 보여 주었다. 현세의 박테리아는 해저의 열수 분출공과 같이 극한의 환경 속에서도 번식한다. 일부 종은 섭씨 400도를 넘나드는 고온과 300대기압에 이르는 고기압에서도 살아남는다. 반면 적합성(적응도)이란 세상 전체에 적용 가능한 하나의 기준이 될 수는 없다. 또한 적합성을 기준으로 공룡이 원시 대륙을 지배하던 과거와, 인간이 그 자리를 물려받은 지금을 나란히 비교하기도 어렵다. 적합성이란 종, 개인, 유전자를 환경과 비교하는 상대적인 기준이다. 환경이란 그들이 살아가는 세상을 의미한다. 환경이 바뀌면 적합성의 기준 또한 바뀐다. 북극에서는 북극곰이 방울뱀보다 우월한 적합성을 자랑하지만, 모하비 사막에서는 방울뱀의 적합성이 북극곰보다 우월하다. 공룡과 사람은 동일한 선상에서 비교할 수 없다. 공룡이 사람에 비해 더 적합하다고 말할 수 없는 것은 그들이 같은 환경에서 활동했던 적이 없기 때문이다.

다윈은 살아남기 위한 투쟁이 어떤 방식으로 이루어지는지를 두고 "변이를 동반한 대물림"이라는 표현을 사용했다. 그는 "진화"라는 표현을 쓰지 않았다. 다윈은 이 단어를 결코 좋아하지 않았고, 이 단어를 사용한 인물은 스펜서Spencer였다. 모든 세대는 2세를 생산하며, 2세의 생존이 보장된다면 종족 보존을 위해 필요한 수준 이상으로 많은 수의 2세를 생산한다. 모든 개인들은 각자 다른 모습으로 태어난다. 서로는 물론 자신의 부모와도 다른 모습이며, 자신의 변이된 내역을 자식에게 물려준다.[1] 세상에 태어난 2세들은 곧바로 적대적인 환경을 맞이한다. 긍정적인 변이를 물려받은 2세들은 삶의 투쟁에서 유리한 위치를 선점한다. 여기에서 확률적 효과를 엿볼 수 있다. 타고난 강점은 미미할 수도 있고, 단일한 개체로서는 뚜렷한 차별성을 보이지 못할 수도 있다.

하지만 여러 개체, 여러 세대에 걸쳐 누적된다면 한 종족을 특정한 방향으로 충분히 바꿀 수 있고, 아예 새로운 종이 생겨날 수도 있다. 이는 새로운 종이 이전의 종에 비해 절대적인 의미에서 우월하다는 뜻이 아니며, 그저 환경에 잘 적응했다는 것을 의미할 뿐이다. 이러한 환경은 이전의 종이 살았던 환경과는 다른 새로운 환경일 수도 있다. 기후가 변했을 수도 있고, 서식지를 이동한 개체들에게 돌연변이가 발생했을 수도 있다.

갈라파고스의 되새finch 사례는 유명하다. 다윈은 이 새들의 종류가 다양하고, 부리 모양이 서로 다르다는 것을 관찰했다. 견과류를 깨기 위해 짧고 두터운 부리를 지닌 새도 있었고, 큰 동물의 피를 빨기 위해 바늘처럼 날카로운 부리를 가진 새도 있었다. 그는 이 새들이 모두 본토에 사는 되새의 후손들이며, 섬에서 찾을 수 있는 먹이에 따라 달리 적응해 왔다는 것을 알아냈다. 기생충은 극도로 특화된 적응 사례다. 장에 붙어 사는 촌충은 운동기관이나 감각기관마저 상실했지만, 기생하는 환경에 완전히 특화되어 다른 조건에서는 살아남지 못한다. 실제로 기생충이란 숙주를 떠나면 철저히 무력해진다. 이러한 기생충의 모습을 보면 생존을 위한 투쟁에서 승리했다는 생각이 차마 들지 않을 것이다. 하지만 기생충이 숙주 속에서만 진화해왔고, 인간과는 달리 가능한 세상에 대해 아무런 신경을 쓰지 않는다는 사실을 안다면 생각이 달라질 것이다.

되새와 기생충의 상황은 단순하다. 되새는 먹이를 꾸준히 구하기 위해 경쟁하며, 기생충은 숙주에 적응하려 한다. 대부분의 종은 먹이 그물 속에서의 생태적 지위를 차지한다. 먹이 그물이란 포식자-먹이 상호작용이 이루어지는 복잡한 체계다. 이제 다른 모든 종들이 어우러져 각 종을 둘러싼 환경을 결정하는 복잡한 상황으로 들어가 보자. 달리 말하면, A 종의 적합성을 가늠해야 할 세상은 A를 비롯한 모든 생명체가 살아가는 무대일 뿐이다. 변이를 동반한 대물림의 과정은

A종을 B종, C종에 비해 특정한 세상에 더 적합한 개체로 변화시킬 것이다. 하지만 이러한 과정은 B종에게도 같이 진행되며, C종 D종 또한 마찬가지다. 이처럼 모든 종은 함께 진화하며, 그 결과 환경의 변화를 경험하고, 새로이 도래한 환경에 적응해야 한다. 이것은 단순한 최적화보다 훨씬 복잡한 과정이며, 전반적인 효과가 어떻게 나타날지 궁금하기 마련이다.

남아프리카공화국의 서부 해안 저편에는 말가스Malgas라는 섬이 있다. 이 섬은 해조류로 덮여 있고, 홍합과 소라를 먹고 사는 록 로브스터라는 이름의 바닷가재가 지배하고 있다. 가까이 있는 마커스Marcus 섬은 모든 면에서 말가스 섬과 거의 비슷하다. 하지만 이 섬의 해저에는 홍합과 소라가 촘촘히 붙어 매우 큰 면적을 차지하고, 가재와 해조류는 전혀 찾아볼 수 없다. 이 지역의 어부들에 따르면, 1965년 무렵에는 말가스 섬과 마커스 섬 모두에서 바닷가재를 잡을 수 있었다고 말한다. 1988년, 그들은 마커스 섬에 바닷가재를 번식시킬 계획을 세웠고, 말가스 섬 바닷가재 천 마리를 마커스 섬에 방사하는 유명한 실험을 시도했다.[2] 놀랍게도, 소라들은 자신의 몸집에 비해 훨씬 큰 바닷가재를 완전히 압도했다. 소라들은 바닷가재에 한꺼번에 달라붙어 깨끗이 먹어 치웠고, 일주일도 가지 않아 바닷가재 1000마리는 모두 자취를 감췄다. 이 사례로부터 얻을 수 있는 교훈은 각 개체와 지구 환경 사이에 피드백 루프가 존재한다는 사실이다. 한편으로 환경은 모든 종의 행동과 진화를 결정하며, 다른 한편으로는 생태계의 모든 종들이 활동하는 무대일 뿐이다. 누가 포식자이고, 누가 먹이이냐를 결정하는 기본적인 관계 또한 환경에 좌우된다. 말가스 섬에서는 바닷가재가 소라를 먹이로 삼고, 마커스 섬에서는 소라가 바닷가재를 먹이로 삼는다.

　이로써 기초적인 핵심이 명확해진다. 적응도는 상대적인 개념이며, 적자생존의 원칙이 곧 전반적인 최적화로 귀결되는 것은 아니다. 한 섬에서는 바닷가재가 먹이 사슬의 꼭대기를 차지하는 반면, 다른 섬에서는 살아남기도 힘들다. 말가스 섬과 마커스 섬의 사례는 동일한 지리학적, 지질학적 환경에서도 생물학적 해답이 달라질 수 있다는 것을 보여 준다. 이 답이 저 답에 비해 우월하다는 평가를 받기란 어렵고, 환경에 대한 적응도가 기준이 될 수 없는 것 또한 명백하다. 다윈은 이러한 사실을 잘 알고 있었고,《종의 기원》에서 이를 언급하며 여전히 조심스러운 태도를 보이고 있다. "자연 선택이란 각 유기체를 같은 환경의 다른 개체들만큼 완벽하게, 또는 조금만 더 완벽하게 만들려는 성질을 지닌다. 이러한 환경은 각 개체들이 생존을 위해 투쟁하는 공간이다. 이를 통해 대자연 속에서 어느 정도로 완성이 진행되는지를 알 수 있다. 예컨대 뉴질랜드의 고유한 생물군은 다른 곳에 비해 완벽하다. 하지만 유럽에서 건너온 동식물들이 영역을 넓혀 가면서, 이들에게 자리를 급속도로 양보하는 중이다."[3]

　따라서 모페르튀의 위대한 세계관은 생물학에서도 물리학만큼이나 운신의 여지를 찾지 못했다. 진화는 이 세상을 최적화 상태로 유도하지 않는다. 다윈의 변이를 동반한 대물림이 할 수 있는 최선은 생태계를 일종의 균형 상태로 유도하는 것이다. 이러한 균형 상태란 모든 종족이 함께 살아가는 다른 종족들에게 적응을 마친 상태를 의미한다. 이러한 균형 상태는 매우 복잡한 것은 물론, 상호 작용하는 모든 종족이 이러한 균형 상태를 결정한다. 마커스 섬에서처럼 한 번 바닷가재가 사라진 다음에는 결코 돌아오지 않는다. 오랜 균형은 깨졌고, 바닷가재가 운신할 수 없는 새로운 생태계가 형성된 것이다.

삶의 투쟁이 전반적인 균형을 이룬 다음에 영영 끝날 것이라는 생각 또한 틀렸다. 예상치 못한 사건들이 지구 생명체의 역사를 주도했다. 이러한 사태는 자리 잡힌 환경을 제자리에서 밀어내고, 변이를 동반한 대물림의 과정을 새로이 개시한다.

마커스 섬에서 바닷가재가 사라진 이유는 아직까지도 오리무중이다. 남획, 질병, 자연 재해 등 정확한 이유가 뭔지는 아직도 모르나, 말가스 섬과 달리 섬의 생물 분포를 다른 방향으로 바꿔 놓은 것만은 분명하다. 더욱 방대한 사례를 들어 보자. 6,500만 년 전, 공룡은 지구에서 자취를 감추고 포유류에게 자리를 넘겨주었다. 2억 2,500만 년 전, 또 다른 절멸이 일어났고 해양 생물의 96퍼센트가 사라졌다. 이러한 대규모의 절멸은 커다란 유성의 충돌, 초대형 화산 폭발, 지구 온난화 또는 빙하기 도래 등에서 비롯되었다고 생각된다.

이러한 사태는 전체 밑그림의 한복판에 임의성을 불어넣는다. 어찌 보면 우리는 태양 주위를 도는 천체들에게 운명을 맡긴 것처럼 보인다. 이들 가운데 일부는 우리들의 머리 위로 떨어지거나, 발밑으로 끝없이 들어간 미지의 움직임에 영향을 미쳐 막대한 양의 마그마가 지표를 뚫고 솟구치도록 만들 수도 있다. 다른 한편으로는, 이러한 사태가 벌어진다면(벌어질 때라는 표현이 더 적합할지도 모른다. 왜냐하면 이러한 사태는 언젠가 일어날 수밖에 없기 때문이다.) 마지막 결과는 그 과정만큼이나 제멋대로일 것이다. 왜냐하면 대재앙은 전혀 준비되지 않은 세상에 폭발하듯 일어나기 때문이다. 변이를 동반한 대물림은 수백만 년을 지속하면서 갑작스런 환경과는 거리가 먼, 일상적인 환경에 적응을 마친 균형 상태로 귀결되었다. 예컨대 유성의 충돌이나 화산의 폭발로 거대한 먼지 구름이 불어 몇 년간 햇빛을 가린다고 생각해 보자. 대부분의 생명체는 이러한 역경을 이기지 못할 것이다. 이러한 상황은 마치 풋볼 팀들에게 수구水球 시합을 시키는 것과 마찬가지다. 선수들의 이력만으로 이 시합의 결과를 예측하기란 매우 어렵다. 수구의 결과는 수영 능력에 따라 좌우되며, 이러한 능력은 풋볼 선수들의 기초 훈련과는 아무런 관련이 없어서 기록조차도 되지 않는다. 하지만 이러한 상황이 닥치면 수영 능력은 어느새 달리기 능력보다 훨씬 중요해진다. 이와 마찬가지로, 규조류가 6,500만 년 전의 대절멸을 이기고 살아남은 것은 홀씨로 변화할 수 있는 능력 덕분이었다. 다른 조류들은 살아남지 못했으나, 규조류는 차분하고 단단한 형태로 스스로를 바꿔 먹이 공급이 계절에 따라 들쭉날쭉한 현실을 극복할 수 있었다. 또한 그들이 지구를 덮은 암흑기를 이겨낼 수 있었던 것도 이러한 강점을 지닌 덕분이었다.

지구 생명체의 역사를 바꾼 주된 사건은 대절멸이 전부가 아니다. 스티븐 제이 굴드Stephen J. Gould가 종종 인용하지만, 5억 7,000만 년 전에도 대폭발이 일어났다. 이러한 대폭발로 말미암아 단단한 부위를 지닌 최초의 다세포생물이 탄생했다. 버지스Burgess 혈암이 이처럼 놀라운 기간을 가늠할 수 있는 증거이며, 이 혈암은 당시의 종 몇 가지를 보존하고 있다.[4] 이 가운데 8종은 오늘날 존재하는 그 어느 종에도 속하지 않는다. 해면동물, 산호류, 환형동물, 절지동물, 연체동물, 극피동물, 척색동물로 나뉘며 척색동물은 척추동물을 포함한다. 버지스 혈암에서는 절지동물도 발견되나, 이들 대부분은 오늘날 사용하는 네 가지 대분류에 포함될 수 없다. 세 가지 종은 현세에도 존재하지만, 한 가지 종, 삼엽충만은 화석으로만 볼 수 있다. 버지스의 동물상에는 놀라운 창의성이 엿보인다. 이것을 보고 있으면 마치 생명이 존재할 수 있는 형태를 최대한 넓히다가, 선택의 책임을 진화 과정에 맡긴 듯한 느낌에 휩싸인다. 이와 같은 사건은 두 번 다시 일어나지 않았다. 이후로는 대규모 절멸이 일어날 때마다 생태학적 틈새를 찾아 운신하는 종은 살아남은 생명체의 후손들이었다. 이는 곧 과거의 청사진들을 활용하며, 새로운 청사진을 실험할 여지는 없었다는 것을 의미한다.

굴드가 《놀라운 생명Wonderful life》의 맺음말에서 지적하듯, 버지스 혈암의 동물군에서는 척색 동물 하나가 발견된다. 피카이아Pikaia라는 이름의 이 생명체는 "2인치 길이의 납작한 리본 모양 생물이다."[5] 버지스 동물군은 생명체들로 넘쳐나며, 그 어떤 개체를 관찰하더라도 다른 생명체들에 비해 특별히 구분할 만한 요소가 발견되지 않는다. 하지만 이러한 생명체는 인간을 비롯해 물고기, 새, 포유류와 같은 거의 모든 동물들의 청사진이다. 버지스 동물군에서 발견되는 대부분의 종들이 오래전에 사라졌는데도, 왜 이처럼 특별한 청사진만 지금껏 살아남은 것일까? 이유가 하나만은 아닐 테고, 대규모 절멸이나 대륙의 이동과 같은 대규모 사건의 영향에서부터 유전자 변형으로 말미암아 삶의 투쟁에서 압도적인 강점을 갖게 되는 등, 몇 가지 임의성이 복합적으로 작용한 결과일 것이다. "피카이아의 생존은 '역사'에서 발생한 예상치 못한 사건일 뿐이다." 나는 더 '고차원적인' 해답이 있을 것이라 생각지 않고, 이것이 가장 탁월한 설명이라고 생각한다. 우리는 역사의 후손들이며 다양하고 흥미로운 상상 가능한 우주 속에서 우리만이 나아갈 길을 만들어야 한다. 우주는 우리의 고통에 무심하므로, 우리가 선택한 길에 따라 번성하거나 실패할 수 있는 극한의 자유를 허락한다."[6]

이러한 논리는 인류 역사에서도 똑같이 적용된다. 물론, 전체적인 기간은 훨씬 짧다. 인류 역사가 기록된 것은 메소포타미아 문자가 처음 등장한 다음으로, 우리는 기원전 4000년 이후의 역사만을 알 수 있을 뿐이다. 초기 수메르인의 역사는 오늘날까지 지속되다가 2003년에 약탈자들이 침략해 마지막 남은 그들의 유산을 파괴했다.(2003년 이라크 전쟁으로 수메르 유적이 파괴된 사건 - 옮긴이) 2003년까지 지속된 역사는 6,000년 정도이나, 45억 년이라는 지구의 역사와 비교해 보면 찰나의 시간에 불과하다. 하지만 짧은 기간을 살펴보면, 인류의 역사는 곧 생명의 역사를 반영하고 있다. 인류 사회는 여느 생명체와 마찬가지로 공간과 자원을 차지하기 위해 끝없는 투쟁을 벌여 왔다. 대부분 통제할 수 없는 사건들이 인류 활동의 무대를 결정한다 할지라도, 인류 역사의 변화를 이끈 요인은 변이를 동반한 대물림이 아니라 인간의 의지였다. 화산 폭발, 홍수, 가뭄, 벌레, 역병은 인류에게 엄청난 피해를 입혔다.

많은 사람들이 진화론과 유사한 시각에 따라 역사를 과학적으로 설명하려 했다. 필자의 생각이지만, 이러한 가설에 가장 근접했던 인물은 투키디데스(기원전 460~기원전 395)와 프란체스코 귀차르디니 Francesco Guicciardini, 1483~1540였다. 투키디데스는 펠로폰네소스 전쟁을 기술한 것으로 유명하다. 이 전쟁은 해상 제국 아테네가 그리스 본토의 도시국가 스파르타와 싸웠던 전쟁으로, 기원전 431년에 시작해 27년 동안 지속되다가 아테네의 패배로 끝을 맺었다. 하지만 투키디데스는 전쟁이 발발한 이후 21년까지의 역사만을 기록하고 있다. 프란체스코는 1492년부터 1534년까지 이탈리아를 유린한 전쟁의 역사를 기록했다. 오스트리아의 합스부르크 황제 카를 5세는 프랑스에 승리를 거두면서 반도의 지배권을 확보할 수 있었다. 투키디데스는 아테네, 귀차르디니는 피렌체 출신이었다. 두 사람 모두 전쟁이 치열했던 당시 모국에서 고위직을 맡았다. 따라서 전쟁의 마지막 결과는 두 사람 모두에게 재앙이었다. 그들이 사랑했던 아테네와 피렌체는 외세에 굴복하고 새로운 헌법을 따라야 했다. 그들은 식민지가 되면서 자유를 잃었다.

두 사람의 이야기를 같은 방식으로 구성할 수 있다. 사건이 진행되면서 일정 시점에 교차로를 만나게 된다. 여기에서 중요한 결정을 내려야 한다. 스파르타가 아테네에 전쟁을 선포해야 할까? 베네치아는 황제의 군대가 오스트리아에서 이탈리아로 진군할 수 있도록 길을 터 주어야 할까? 의사결정기구가 소집되고, 한 사람이 손을 들고 일어나 그럴 듯한 근거를 들며 한 가지 방안을 옹호한다. 다른 사람도 손을 들고 일어나 만만치 않은 근거를 들며 다른 방안을 주장한다. 이 기구는 어떤 방안을 따를지 결정하며, 채택한 방안은 새로운 사건이 되어 줄곧 진행하다가 또 다른 예측 불허의 사건들과 맞닥뜨리며 새로운 교차로에 도달하게 된다. 최종 결과는 주장한 사람이 예상했던 것과는 전혀 다를 수 있다. 원래의 생각이 틀렸을 수도 있고, 예상치 못한 사건이 방향을 바꿨을 수도 있다.

대표적인 사례로, 투키디데스의 기록에 따라 펠로폰네소스 전쟁의 발단을 살펴보자.[7] 코린트인들은 스파르타를 찾아와 아테네인들이 그들의 영토를 침범하고 있다고 불평하며, 아테네를 공격해 달라고 채근했다. 그들은 지금이 아니면 영원히 기회가 없다는 논리를 내세웠다. 아테네인들이 하루가 다르게 스파르타의 동맹국을 그들 편으로 만들고 있으니, 더 이상 지체하면 스파르타만 고립되어 더욱 강력한 적을 상대해야 한다는 논지였다. 당시 스파르타의 왕 아르키다모스는 전쟁에 회의적이었다. 그는 이 전쟁을 시작해 본들 이길 수 없다고 생각했다. 아테네는 바다를 통해 번영했고, 동맹국들 대부분은 에게 해 건너편에 있는 섬이나 소아시아에 분포되어 있었다. 하지만 스파르타에는 함대가 없었다. 방벽이 두터운 아테네를 무력으로 무너뜨리기란 어려웠다. 모든 물자는 항구를 통해 유입되므로 굶겨 죽일 수도 없었다. 그들이 할 수 있는 최선은 인접한 지역을 약탈하는 것밖에 없었다. 하지만 이러한 방법은 지주들을 불편하게 만들 수는 있어도, 아테네를 완전히 무릎 꿇리기는 어려웠다. 아르키다모스는 선택의 여지를 열어 두고 힘을 키우면서 아테네를 외교적으로 달래는 것이 좋다고 말했다.

하지만 스파르타는 왕의 생각과 달리 전쟁을 선포하고 아테네의 영토를 침략했다. 이후 모든 사태는 그의 예상대로 흘러갔다. 아테네인들은 싸움에 응하지 않고 성벽 뒤에 숨어 스파르타 군대가 농지를 약탈하고 집을 불태우는 장면을 지켜보았다.

하지만 다른 일들은 여느 때와 다를 바 없었다. 선박들은 항구에 자유롭게 드나들며 음식과 은을 들여보냈고, 함대도 항구를 자유롭게 출입하며 바다로 나아갈 수 있었다. 기나긴 전쟁이 지속되는 동안, 스파르타 군대는 한 해도 거르지 않고 아테네 인근의 부지에 난입해 농작물을 망쳐 놓았고, 그 결과 경작지는 완전히 초토화되었다. 이처럼 다른 어딘가에서 충돌이 일어나는 동안, 아테네는 인근의 섬나라를 꾸준히 정복하며 힘과 부를 축적했다. 하지만 이 와중에 누구도 예상치 못한 사태가 벌어졌다. 아테네에 대규모의 역병이 창궐한 것이다.

　아테네는 당시에 매우 큰 규모를 자랑했다. 시민과 난민들이 성벽 안에 바글대면 공중 보건에 문제가 생길 수밖에 없다. 하지만 이처럼 지독한 대규모의 전염병은 유례를 찾아볼 수 없었다. 당시 인구의 3분의 1 가량이 사망한 것으로 추산되나, 당시에 어떤 질병이 유행했는지는 아직까지도 불명확하다. 아테네는 전염병으로 치명타를 입었고, 아테네는 스파르타 연합군이 미칠 수 있는 피해보다 훨씬 큰 피해를 입었다. 전쟁이 아르키다모스의 합리적인 예측과 달리 종결된 주된 이유는 바로 이러한 역병 때문이었다. 또 다른 이유는 완전히 실패로 돌아간 아테네의 시칠리아 원정 때문이었다. 여기에서 다시 예상치 못한 사건이 핵심적인 역할을 담당한 것이다. 시라쿠사에서 몇 차례 패배한 아테네의 군대는 남은 병력을 이끌고 고향으로 돌아가야 했다. 하지만 출발하기로 예정된 밤, 월식이 일어났고, 제사장들은 신의 심기를 달래기 위해 27일을 더 기다리라고 지시했다. 이 기간에 적은 충분히 전열을 재정비해 아테네의 함대를 공격했다. 아테네의 함대는 완전히 붕괴되었고, 포획된 함선들은 부두에서 썩어가는 운명을 맞았다.

　여러 가지 대실패, 혹은 대성공은 인간의 실수나 재치가 아닌 운에서 비롯된다. 귀차르디니는《회상록Ricordi》에서 일생에 걸쳐 금과옥조로 삼은 좌우명을 언급하고 있다. "패배에 머무른 자들은 아무런 책임이 없는 수많은 사건들로 비난을 받는 반면, 승리에 다가선 자들의 주변에는 항상 신에게의 기도가 뒤따른다. 그들은 전혀 한 것이 없더라도, 어떻게든 칭찬을 받게 되기 때문이다."[8]

　그는 또 다른 종류의 우연이 얼마나 중요한지를 강조한다. 이러한 우연은 인간의 힘을 벗어난 사건이 아닌, 주의력이 닿지 않는 행동에서 비롯된 예상치 못한 결과 탓이다. "거의 눈치 채기 어려운 사소한 사건들로부터 엄청난 파멸이나 성공이 비롯되기도 한다. 따라서 아무리 사소해 보일지라도, 모든 상황을 고려하고 계량하는 것이 현명하다."[9] 여기에서 혼돈 이론이 떠오르지 않는가? 플로리다에서 나비형 투표용지(butterfly ballot, 투표자의 착각을 쉽게 일으키게 도안된 나비 모양의 투표지 때문에, 엉뚱한 후보에게 표가 돌아가는 일이 벌어졌다. - 옮긴이)를 사용하지 않았거나, 개표기가 제대로 작동했다면 2000년 미국 대통령 선거의 결과는 어떻게 되었을까?

물론 우연이 전부는 아니며, 인간의 의사 결정도 나름의 역할을 담당한다. 실례로 1507년, 베네치아의 상황을 생각해 보자. 합스부르크 황제 막시밀리안은 베네치아의 영토를 지나가게 해 달라고 요구했다. 당시 베네치아 국민들은 프랑스 왕과 동맹을 맺고 있었다. 막시밀리안의 군대는 알프스를 넘는 순간, 프랑스 왕을 겨냥해 북부 이탈리아를 공격할 것이 분명했다. 모든 것을 고려해 볼 때, 베네치아인들에게는 두 가지 선택이 놓여 있었다. 그들은 요청을 거절하고 황제가 프랑스와 연합해 자신들에게 칼날을 돌릴 위험을 감수하거나, 프랑스를 배신하고 황제의 편에 붙어 프랑스 왕과 싸우거나, 두 가지 방안 가운데 하나를 선택해야 했다.

베네치아 의회에서 울려 퍼진 두 번의 연설 가운데 첫 번째 연설이 중요한 핵심을 짚었다. 정작 중요한 것은 내 생각이 아닌 다른 이들의 생각이다. 내가 이것을 원하더라도, 다른 이들이 그렇게 생각하지 않는다면 무의미하다. 베네치아인들이 프랑스와의 동맹을 유지하고 싶더라도, 정작 프랑스 왕이 그들의 신의를 의심할 수 있다. 프랑스 왕 스스로가 배신을 쉽게 생각하는 사람이라서 다른 사람들도 자신과 마찬가지일 것이라 생각할 수 있으며, 자신이 줄 수 있는 혜택에 비해 합스부르크 황제가 더 많은 당근책을 제안했을 것이라 의심할 수도 있다. 프랑스 왕이 정말로 그렇게 생각했다면, 자신이 먼저 황제와 연합해 베네치아라는 전리품을 나누는 편이 낫다고 판단할 수도 있다. 여기에서 더욱 좋지 않은 상황을 상정해 볼 수 있다. 프랑스 왕은 베네치아인들이 자신을 배신하지 않을 것이라 믿고 있다. 실제로 베네치아인들은 프랑스를 배신하지 않을 생각이었다. 그렇다 하더라도 프랑스 왕은 베네치아인들이 다음과 같은 생각을 품지 않을까 의심할 수 있다. '프랑스 왕이 황제 쪽에 먼저 붙어 우리를 공격할 수도 있어.' 그렇다면 베네치아인들은 욕심이 아닌 의심 탓에 먼저 황제에게 손을 내밀 수도 있으며, 프랑스 왕은 이러한 가능성을 충분히 우려할 수 있다. 이 같은 상황에서 베네치아인들이 선택할 수 있는 가장 안전한 길은 황제의 요구를 들어주는 것이다. 들어주지 않는다 해도 프랑스 왕은 들어준 경우와 똑같은 행보를 선택할 것이기에, 베네치아인들 입장에서는 지금 당장의 안전을 보장받는 편이 여러 모로 낫다.

이는 아주 현대적인 분석법이며, 믿음이 대립 상황에서 얼마나 중요한 역할을 담당하는지 보여 준다. 특히 중요한 것은 다른 이들의 믿음에 대한 믿음, 즉, 다른 이들의 생각을 어떻게 넘겨짚느냐다. 이를 확인할 수 있는 방법은 어디에도 없으므로 서로간의 의심이 모든 상황을 유도하며, 일정한 상황에서는 정세를 안정시키는 효과를 가져올 수도 있다. 실제로 1492년에 로렌초가 사망하기 전까지는 이러한 형세가 지속되었다. 당시까지 이탈리아 반도는 다섯 국가로 나뉘어 힘의 균형을 유지하고 있었다. 그 어느 국가도 확실한 힘의 우위를 점하지 못했고, 어느 한 국가를 떼로 무너뜨리면 마침내 자신의 존립을 위협하게 된다는 것을 모두가 알고 있었다. 따라서 모든 국가들은 그처럼 위험한 선례를 만들지 않으려 노력했다. 귀차르디니는 다음과 같이 말했다. "모두 다른 국가들의 움직임을 조심스럽게 지켜보며 힘이나 명성을 확대하려는 행보가 보이는지 점검했다. 이로써 평화를 깨뜨리기는커녕, 분쟁의 불을 지필 조금만 불씨조차도 바로바로 끌 수 있었다." 이처럼 민감하게 도달한 힘의 균형은 밀라노 공작이 프랑스를 끌어들이면서 곧바로 무너졌고, 첫 침략 이후 40년간 서로에 대한 침략이 계속되면서 이탈리아 반도는 철저히 파괴되었다.

이러한 상황을 설명할 정형화된 틀을 가리켜 게임이론이라 부른다. 1950년 무렵, 존 폰 노이만과 존 내쉬가 게임이론의 수학적 기초를 닦았고, 그 이후로 이 이론은 경제, 사회 분야에서 유용한 분석 도구로 활용되고 있다. 이 모델에 따르면 개인 또는 단체의 집합에 속한 모든 구성원들은 행동의 방향을 결정해야 한다. 모든 결정이 이루어지면, 전반적인 상황은 모든 구성원에게 각기 다른 방식으로 영향을 미치게 된다. 모든 구성원들은 자신에게 가장 나은 상황을 만들려 한다. 하지만 마지막 결과는 자신의 행위뿐 아니라 다른 구성원들의 행위에 따라 달라진다는 것을 알고 있다. 자신의 행동이 모든 상황을 결정하는 단순 최적화의 경우와는 완전히 다르다. 잭의 관점에서 적합한 상황은 질의 관점에서는 아주 나쁠 수도, 아주 좋을 수도 있다. 전자의 경우라면 잭과 질은 서로의 의중을 탐색할 테고, 후자의 경우라면 두 사람은 서로 협력할 것이다. 이것이 바로 전략적인 행동이며, 이러한 행동을 설명할 새로운 관념이 필요하다.

균형equilibrium이란 각 구성원들의 행동이 다른 이들의 행동에 대하여 최선의 해답이 되는 상황이다. 이는 곧 서로서로를 안정적으로 조정한 상황이며, 모든 구성원들은 다른 구성원들의 행동을 예견하고 이러한 예견은 틀리지 않았던 것으로 드러난다. 달리 말하면, 이러한 상황은 구성원들이 다른 이들의 행동을 정형화하는 자성 예언의 무대로 작동한다. 이러한 상황이 사회생활의 중심을 차지하는 이유는 다른 상황들이 모두 불안정하기 때문이다. 균형 상태를 벗어났다는 것은 일부 예측이 틀렸고, 일부 행동이 실제 상황에 적합하지 않다는 이야기다. 그렇다면 개인과 단체는 이러한 불일치를 바로잡기 위해 예견 또는 행동을 바꾼다. 이윽고 모든 상황은 안정을 잃고 전반적인 체계는 크게 요동치기 시작한다. 한편 균형 상태에서는 모든 예견이 경험으로 확인되며, 모든 상황에서 이루어진 모든 행동이 적합했던 것으로 드러난다. 그러므로 이러한 예견과 행동은 시간이 흐르면서 고착화되고, 점차 굳건한 사회 규범으로 자리 잡는다.

신뢰, 권력과 같은 사회 조직의 기본적인 특색은 밑바탕에 깔린 균형 상태를 반영한다. 권력은 권력에 대한 환상에 불과하다. 말하자면 특정인이 복종할 것이라는 믿음, 특정한 규칙을 준수할 것이라는 보편적인 믿음일 뿐이다. 이러한 믿음은 예상한 대로 이루어진다. 누가 나에게 명령을 내린다면 그 명령을 따르게 되기 때문이다. 내가 명령을 따르는 이유는 내가 따르지 않을 경우 다른 사람이 따르게 되고, 그러한 결과가 나에게 썩 좋지 않다는 것을 알고 있기 때문이다. 신뢰란 다른 사람들이 일정한 규칙을 따를 것이라는 믿음을 뜻하며, 규칙을 따를 때마다 신뢰라는 보편적인 감정은 더욱 증폭되기 마련이다. 불신 또한 예상한 대로 이루어지는 것은 마찬가지다. 내가 그를 불신하면, 그 또한 나를 불신한다. 나는 그에게 예견되는 행동으로부터 나를 보호하기 위해 모든 주의를 기울일 것이고, 그 또한 이러한 나의 태도 탓에 더욱 나를 불신할 것이다. 신뢰가 균형인 것과 마찬가지로 불신 또한 또 다른 균형에 해당한다. 신뢰가 균형을 이루는 상황에서는 모든 사람이 다른 사람들을 신뢰하며, 그러한 신뢰를 보이는 것이 합리적인 행동이다. 불신이 균형을 이루는 상황에서는 모든 사람이 다른 사람들을 불신하며, 이러한 불신을 보이는 것이 합리적인 행동이다. 일부 사람들만 신의를 지키며, 다른 사람들이 이들을 이용하는 상황은 안정되기 어렵다. 왜냐하면 두 집단이 서로를 배우기 때문이다. 결국에는 사기꾼들이 마음을 고쳐먹어 모든 사람을 신뢰할 수 있는 사회로 변하거나, 또는 정직한 사람들이 속지 말자는 교훈을 깨달아 신뢰가 더 이상 상호 교류의 촉매제 역할을 하지 못하는 사회로 변할 뿐이다.

우리가 보편적이라고 생각하는 여러 규칙들은 사실 특정한 균형 상태와 관련될 뿐이다. 말가스 섬의 바닷가재들에게 생각할 능력이 있다면, 그들은 가재가 소라를 먹는 것이 자연의 기본 법칙이라고 생각하기 마련이다. 하지만 다른 섬에서는 이와 정반대의 법칙이 통용된다. 사람들 또한 이러한 착각 속에서 살아간다. 우리는 균형을 이룬 세상에서 태어나고 성장한다. 균형이 미치는 범위를 정확히 알 수는 없으나, 으레 그 균형이 자연스럽고 합리적인 유일무이한 균형 상태일 것이라 생각한다. 예컨대 여성의 해방을 생각해 보자. 남성들이 사회생활을 전담하고 여성들이 집안일만 하는 사회에서는 이러한 역할 분담이 단기간의 사회구조보다는 남성과 여성 사이에 놓인 본질적인 차이점 때문이라고 생각하기 쉽다. 이러한 믿음에 따라 행동한다면 소년은 사회생활을, 소녀는 집안일을 준비하도록 소년과 소녀를 달리 가르치기 마련이며, 그 결과 소년, 소녀는 훈련된 역할에 만족하며 서로 다른 모습으로 성장한다. 이것이 바로 균형의 실례이며, 이렇게 자리 잡힌 균형을 깨뜨리기란 매우 어렵다. 실제로 인류 사회에서 여성의 해방은 매우 더디게 진행되었고, 아직까지도 진행되는 중이다. 여성의 해방을 이룩하려면 여성을 위한 기회 창출뿐 아니라 교육에 따른 의식 전환이 필요하다.

균형 상태가 항상 최적의 상태를 의미하지는 않는다. 심지어 이러한 균형 상태는 바람직한 상태가 아닐 수도 있다. 이것은 게임이론이 발견한 가장 중요한 핵심일지도 모른다.

예컨대, 일정한 집단이 성취해야 할 과업이 있다고 가정해 보자. 집단에 속한 모든 구성원들은 적극 협력할 수도 있고, 몸을 사릴 수도 있다. 사회, 정치 현안에 관심을 두다 보면 이러한 선택이 주어지기 마련이다. 현안을 적극 해결하고자 힘들여 로비 활동에 나서고, 회의에 참석하거나 조직의 잡무를 맡을 수도 있다. 하지만 별 관심을 두지 않고 다른 사람이 알아서 해결하도록 나 몰라라 할 수도 있다. 금전적 가치를 결부시켜 생각해 보자. 한 단체가 세금 환급을 받으려 로비를 벌이고 있다. 로비 활동에 참가하려면 1인당 11달러가 소요된다. 이 단체의 구성원 가운데 n명이 참가할 경우, 세금은 참가 여부와 무관하게 모든 구성원들에게 n달러씩 환급된다. 새로운 참가자가 생길 때마다 모든 사람들은 1달러씩 더 받게 된다. 이는 곧 1인당 소요되는 순수비용이 10달러라는 이야기다. 한편 참가하지 않는 사람들은 미래의 수입에 무임승차를 할 수 있다. 참가하는 사람은 많은 비용을 부담하는 반면, 모든 사람들에게 작은 이익만 돌아가는 것이

갈등의 시발점이다.

한 그룹의 총인원을 100명으로 가정해 보자. 100명 모두가 로비 활동에 참가한다면, 인당 11달러를 부담해서 각자 100달러를 환급받게 된다. 얼핏 보기에 89달러의 이득을 볼 수 있는 좋은 기회이며, 그룹이 얻을 수 있는 이익의 합계는 8,900달러이다.

문제는 이러한 이익을 얻으려면 모든 사람이 참가해야 하지만, 참가하지 않으면 얻을 수 있는 이익이 더 커진다는 데 있다. 11달러를 아껴야겠다고 마음먹은 사람이 나 혼자뿐이라면, 내 수익은 99달러까지 올라간다. 하지만 다른 사람들이 얻는 수익은 인당 88달러로 떨어진다. 나 말고 다른 사람들은 별 차이가 없으니, 별 양심의 가책 없이 참가를 보류할 수도 있을 것이다. 하지만 문제는 이런 생각을 하는 사람이 나 혼자가 아니라는 것이다. 예컨대 나 같은 생각을 하는 사람이 50명이라면, 나를 비롯한 다른 무임승차자들은 50달러를 환급받을 것이며 참가하는 사람들은 39달러를 환급받을 것이다. 여전히 참가하기보다는 가만히 있는 편이 낫다. 왜냐하면 11달러를 쓴들, 내가 받을 수 있는 이익이 늘어나기는커녕 40달러로 줄어들기 때문이다. 실제로 다른 이들이 뭘 하건 간에, 내 입장에서는 협력하기보다는 가만히 있는 편이 낫다. 달리 말하면, 이러한 상황에서의 유일한 균형 상태는 모든 사람들이 몸을 사려 89달러라는 이익을 전부 포기하게 되는 상황이다.

너무 이상하지 않은가. 이 단체는 모두에게 89달러가 돌아갈 수 있는 기회를 놓치고 있다. 하지만 왜 이러한 결론에 도달했는지 납득이 불가능한 것은 아니다. 예컨대 이 단체의 구성원이 만 명이고, 참가비용은 1천 달러라고 가정해 보자. 얻을 수 있는 수익은 인당 9천 달러까지 늘어나지만, 구성원들이 협력하기는 더욱 어려워진다. 실제로 참가비용이라도 되돌려 받으려면 1천 명이 참가해야 한다. 구성원들의 유대 관계가 희박하거나 참가를 강제할 수단이 없다면, 이 정도 사람들을 모집하기란 아주 어려운 일이다. 구성원들이 공통된 목표를 인지하는 것만으로는 부족하며, 행동을 강제할 수단이 필요하다. 이는 고양이 목에 방울달기 원리라 불린다. 고양이 목에 방울을 다는 효과는 분명하다. 하지만 어떤 쥐도 자발적으로 이러한 위험을 감수하지는 않을 것이다. 실제로 이 원리는 현대 국가가 존속하는 밑바탕이다. 널리 알려진 막스 베버의 정의에 따르면, 국가는 폭력의 합법적인 사용 권한을 독점한다. 몸을 사리고 싶은 유혹이 너무나 큰 상황에서 강제력을 발휘하는 것 말고는 이러한 폭력을 사용할 데가 없을 것이다. 상기 사례에서, 1만 명 모두가 1천 달러를 납부하지 않는 사람은 총으로 쏴도 좋다고 동의하며, 이러한 형벌을 집행할 경찰을 선임한다.(1만 명 모두에게 경찰의 보수로 1달러씩 갹출한다.) 그들은 1천 달러를 납입하는 것 말고는 다른 방법이 없으며, 그 결과 1인당 8,999달러를 받게 된다. 한편 경찰은 아무 것도 하지 않고 1만 달러의 보수를 받지만, 존재 자체에 충분한 의의를 부여할 수 있다. 이것이 바로 탄탄한 국가가 되기 위해 효율적인 법률 집행 기관이 필요한 이유다.

고양이 목에 방울달기 원리는 폭넓게 적용될 수 있다. 특히, 강제 수단이 없고 구성원들의 선의에 의지해야 하는 자생적 조직의 경우 이러한 원리가 쉽사리 적용된다. 초창기에는 열정에 찬 헌신적인 구성원들이 모든 일을 도맡지만, 다른 대다수는 회의에 얼굴도 잘 비치지 않는다. 노동조합들 또한 각기 다른 정도로 유사한 문제에 시달린다. 우선, 회사나 조합을 조직하려면 과반수의 투표가 필요하다. 대다수의 노동자들이 조합을 결성하는 것이 이익이라 느끼더라도, 일터를 벗어나 투표를 요구하고 캠페인을 벌이는 것은 또 다른 차원의 문제다. 만일 실패한다면, 이른바 '왕따'가 될 위험을 감수해야 하기 때문이다. 내가 차마 용기를 내지 못하는 것은 물론, 다른 사람이 먼저 나설지 확신할 수도 없다. 가장 좋은 전략은 다른 사람이 먼저 나서기를 기다렸다가, 사람들이 웬만큼 모이면 그때 합류하는 것이다. 하지만 이야말로 진퇴양난의 상황이다. 모두가 이런 생각을 갖고 눈치만 보며 기다린다면, 다수가 모이기는 불가능하다. 게다가 프랑스처럼 단체 교섭의 결과가 노조에 가입하지 않은 노동자들에게도 돌아간다면, 노조에 참가할 유인은 더욱 감소할 수밖에 없다. 노조가 이미 설립된 상태라면, 노조원을 유지하기도 어려울 것이다. 어떻게 하던 교섭의 결과를 누릴 수 있는데, 누가 먼저 나서 회비를 부담하려 하겠는가? 그래서 미국에서는 이른바 "클로즈드숍closed shop" 조항을 두어 노동조합의 가입을 강제하며, 프랑스에서는 노동조합이 조합원들에게 요금 할인이나, 여행 서비스와 같은 부가 혜택을 제공하고 있다.

조직을 결성하는 것은 아주 복잡한 일이며, 우려해야 할 일이 한두 개가 아니다. 고양이 목에 방울달기 원리에 따라 국가는 효율적인 법률 집행 기관을 갖추어야 한다고 이야기했다. 하지만 이러한 기관이 부패하거나 구성원과 결탁한다면 어떤 일이 벌어질까? 마지막 사례에서 만 명의 시민 가운데 100명이 경찰에게 100달러씩 뇌물을 바치고 납입 의무를 이행하지 않는다면 어떻게 될까? 경찰은 1만 9,900달러의 수입을 올리고, 뇌물을 바친 사람들은 9,900달러의 이득을 올릴 수 있다.(세금 환급 1만 달러에서 뇌물액을 뺀 액수다.) 경찰이 필요한 것은 사실이지만, 경찰의 감시는 누구에게 맡겨야 할까? 경찰을 감독하는 기관을 두면 된다. 하지만 그러한 기관 역시 똑같은 문제를 일으킬 수 있다. 경찰을 감시하는 경찰을 두는 것도 방법이나, 감시하는 경찰과 감시받는 경찰의 사이가 좋을 리 없으므로, 서로를 통제하려 들 게 분명하다.

인간이란 복잡한 동물이다. 인간은 지구상의 무수히 많은 생명체 가운데 하나이며, 변이를 동반한 대물림의 과정에서 등장한 특별한 존재다. 인간은 스스로를 지적 행동이 가능한 존재라고 생각하나, 실제로 각 개인들은 다른 사람의 행동을 환히 예측하며 자신의 이익을 쫓으려 분투한다. 변이를 동반한 대물림 또는 전략적 행위가 인류 사회를 반드시 바람직한 결과로 이끄는 것은 아니다. 이 장에서는 오히려 그와 완전히 반대되는 증거를 많이 검토했다. 삶의 투쟁, 힘의 투쟁에서 살아남은 이들을 그렇지 못한 이들에 비해 우월하다고 볼 근거는 없으며, 그들의 승리가 그들의 패배에 비해 세상을 더 좋게 만들었다고 생각할 이유도 없다. 그들의 승리가 가장 가치 있도록 이끄는 보이지 않는 손이란 존재하지 않는다. 이들을 정말로 이끄는 것은 우연이다.

8
대자연의 목적

대자연은 무관심하다. 대자연 속의 그 누구도 우리를 지켜보지 않는다. 인간은 지구에 등장하고 사라지기를 반복한 무수히 많은 동물과 다를 바 없는 존재다. 태양 또한 우주 속의 무수한 별들과 다를 바 없는 평범한 별에 불과하다.

물리학의 법칙이나 생물학의 법칙을 아무리 살펴보아도, 우리를 돌보기 위한 조항이 있다는 단서는 보이지 않는다. 인류의 운명은 우주적 재앙에 좌우된다. 무수히 많은 천체들 가운데 어느 하나가 지구의 궤도에 끌려 충돌할 수도 있고, 대규모 전염병이 창궐하는 생물학적 재앙이 닥칠 수도 있다. 실제로 두 가지 사건 모두 지구를 휩쓸었고, 이러한 재앙은 언젠가 다시 찾아올 것이 분명하다. 설상가상으로, 인간이 품은 적개심이 인간의 운명을 좌우할 수도 있다.

매번 실패하는 것을 잘 알면서도, 우리는 절멸의 구렁텅이에서 인류의 손을 잡아 주는 보이지 않는 손처럼 대재앙으로부터 우리를 구원해 주는 무언가가 존재한다고 믿으려 한다. 이러한 사고방식의 극단적 사례를 들어 보자. 어떤 사람들은 신이 허락하지 않으므로 지구온난화를 전혀 걱정할 필요가 없다고 주장한다. 좀 더 상식적인 사례를 들어 본다면, 어떤 사람들은 '상상하기 힘들다'는 이유만으로 핵전쟁이 불가능하다고 주장한다. 말하자면, 전략적 핵무기를 대규모로 사용할 경우 인류를 비롯한 모든 지구상의 생물이 사라질 수도 있는 너무나 엄청난 결과가 닥칠 것이다. 바다 한복판에서 배를 침몰시키려 드는 승객들처럼, 인류가 스스로 살고 있는 터전을 파괴할 리 없다고? 그렇다면, 왜 미국과 소련은 반세기에 걸쳐 핵전쟁을 준비해온 것일까? 지난 반세기 동안, 하물며 지금까지도, 수천 기의 대륙간탄도탄 미사일이 탄두를 탑재한 채 발사를 대기하고 있다. 이 미사일들은 목표물을 명중시키기 위해 수단과 방법을 가리지 않는다. 필자가 글을 쓰고 있는 지금 이 순간에도, 바닷속과 비행 중인 폭격기와 요새화된 벙커 안에서 언제든 발사를 대기하고 있다. 이 모든 것은 몇분 내에 작동할 수 있는 거대한 편제로 구성되어 있으며, 이러한 무기들을 전혀 사용하지 않는다면 엄청난 자원을 낭비하는 셈이다.

이러한 핵무기는 실제로 사용되었고(원자폭탄 두 개가 히로시마와 나가사키에 떨어졌다.) 언제든 사용될 준비를 마친 상태이며(적이 먼저 사용하는 경우다.) 다시 사용될 일촉즉발의 위기를 겪은 적도 있다.(예컨대 쿠바 미사일 사태) 2004년, 미국 에너지부는 특별한 위기가 없는데도 핵무기에 65억 달러의 예산을 배정했다. 이는 전년 대비 35퍼센트가 늘어난 수치로, 레이건 정부가 냉전 시대에 늘린 국방 예산과 맞먹는 수준이다. 재래식 무기를 유지하는 것뿐 아니라 "미니누크mini-nuke"나 "벙커버스터bunker-buster"와 같은 최신식 무기도 개발될 계획이었다. 이러한 무기들은 일반 무기와 핵무기의 경계선을 무너뜨린다. 전략적 사고에 따라 이러한 개발을 진행하는지도 불분명하다. 보통, 기술을 개발하는 이유는 기술 개발이 가능하기 때문이다. 같은 맥락에서, 무기를 사용하는 이유는 무기가 존재하기 때문이다. 누가, 어떤 조건에서 무기를 사용할지 어떻게 알겠는가?

　인간이 유발한 대재앙은 인류 역사의 페이지를 빽빽이 채우는 중이다. 그 어떤 규제 체계도 위험한 정책을 방지하기 위해 개입하지 않는다. 이처럼 위험한 정책은 실제로 인류의 안전과 발전을 위협할 수 있다. 이스터 섬은 한때 매우 풍요로운 고장이었다. 하지만 욕심을 부린 주민들이 서로 싸우면서 황량한 섬으로 변해 버렸다. 원주민 가운데 누군가가 나서 마지막 나무 한 그루마저 베어 버린 것이다. 티그리스 강과 유프라테스 강 사이에 놓인 메소포타미아 지역도 풍요로웠다. 지금은 사막이지만, 과거에는 농업을 발전시키고 문자를 발명한 문명의 요람이었다. 땅을 과도하게 개발하거나, 관개시설을 일부러 파괴한 탓인지는 알 수 없으나, 지금 이 땅은 황량한 사막으로 변한 지 오래다. 오늘날의 인류는 이와 비슷한 전 지구적인 대재앙 속으로 돌진하고 있다. 지구 온난화는 가장 충격적인 사례다. 오늘부터 이산화탄소 배출을 아예 중지한다 할지라도, 대기의 이산화탄소 수준이 산업혁명 이전의 280ppm으로 회복되려면 수백 년이 걸린다. 지금은 370ppm이나, 2100년에는 무려 745ppm까지 높아질 것으로 예상된다. 그러면 평균 기온은 훨씬 높아져 화씨 37도에서 41도를 넘나들 것이고, 극지방의 빙산이 녹아 해수면이 0.5피트에서 3피트 가량 높아지면서 방글라데시와 같은 국가들과 일부 섬은 지도에서 사라질 것이다. 항상 이처럼 우울한 예측이 틀리기를 바라지만,

이는 문제를 외면하려 애쓰는 몸부림일 뿐이다. 우리는 오류를 범하는 두 가지 갈래를 염두에 둘 필요가 있다. 인간은 나쁜 쪽만큼이나 좋은 쪽에서도 쉽게 오류를 저지른다. 달리 말하면, 현실의 시나리오는 예상보다 나쁘게 드러나기 마련이며,(실제로 이러한 경우가 다반사다.) 불확정성 탓에 당장 무언가를 해야 한다는 주장이 설득력을 얻게 된다.

우리가 사는 세상은 더 이상 "자연"의 세상이 아닌 인공의 세상이다. 우리는 더 이상 환경에 적응하지 않고, 환경을 우리에게 적응시킨다. 원시림, 바닷고기, 오존층은 사라지고 있다. 기온은 올라가는 중이며, 지구 어디에든 인간의 흔적이 조금씩은 남아 있다. 심지어 지구 최극단의 벽지에서도 오염 물질이 발견되며, 먹이 사슬의 위쪽으로 점차 누적된다. 심지어 유전자를 조작해 종을 변형시키는 일도 가능하다. 인간을 복제하고, 자녀들의 유전자를 선택하고, 반인반수인 키메라를 만드는 시대가 공상에 그치지 않을 수도 있다. 이러한 새로운 가능성은 태초부터 우리 사회의 굳건한 토대로 자리 잡은 혈연관계의 근간을 건드린다. 실제로 우리가 이러한 일을 저지르게 될까? 그렇다면 그 결과는 어떨까?

역사가 아닌 신화 속에서 찾는다 하더라도, 우리 앞에 펼쳐진 가능성이 아예 생소한 것은 아니다. 완벽한 인간의 분신은 익숙한 이야기다. 일상에서도 쌍둥이는 종종 태어나며, 신이나 악마가 남편의 모습으로 가장해 그들의 아내와 사랑을 나누는 이야기도 흔히 찾아볼 수 있다. 불완전한 아이를 버림으로써 아이를 선택하는 이야기도 오래 전부터 들을 수 있었다. 실제로 많은 원시 부족이나 고대 그리스, 로마인들 사이에서는 장애를 안고 태어난 아기들을 죽이는 풍습이 있었다. 최근 중국 남아의 숫자가 중국 여아의 숫자에 비해 월등히 많은 이유도 의심스럽다. 키메라 또한 켄타우로스, 인어, 스핑크스, 하피 등 고대의 동물 우화에서 전신을 찾을 수 있다.

역사와 신화는 이러한 것들을 함부로 건드리지 못하도록 강력한 경고를 전달한다. 고대로부터 내려오는 가장 유명한 이야기가 있다. 다름 아닌 오이디푸스의 이야기다. 오이디푸스는 테베의 왕을 죽이고 스스로 왕위에 올라 여왕과 결혼한다. 역병이 도시를 뒤덮은 다음, 모든 사람들이 그가 아버지를 죽이고 어머니와 결혼했다는 사실을 알게 된다. 혈연관계가 흐트러진 것이다. 비극은 잽싸게 오이디푸스의 아이들로 옮겨간다. 아이들은 오이디푸스가 아버지인지, 형제인지 헷갈리며, 자신이 스스로의 고모인지, 삼촌인지 혼란스럽다. 개인의 재앙과 모두의 재앙이 뒤따른다. 오이디푸스는 스스로 장님이 되어 세상을 떠돈다. 그의 어머니 또는 아내는 스스로 목숨을 끊고, 그의 아들들은 왕위를 차지하려 싸우다 죽고, 도시는 역병에 시달리고 적군에 포위된다.

오이디푸스의 설화는 초반부에 전환점을 맞는다. 오이디푸스는 키메라, 정확히 말하면 스핑크스를 만난다. 스핑크스는 머리는 여성, 몸은 사자인 괴물이었다. 오이디푸스에게는 아주 위험한 순간이었다. 스핑크스를 대적하는 사람들은 그의 먹이가 되거나 세상을 하직할 것을 각오해야 했기 때문이다. 하지만 오이디푸스는 달랐다. 그는 스핑크스와 싸워 승리했고, 스핑크스를 제거했다는 소식과 함께 테베에 입성했다. 테베를 해방시킨 그는 왕으로 추대되었고, 남편을 잃고 홀몸으로 지내던 테베의 왕비와 결혼식을 올렸다.

오이디푸스 설화의 결말을 생각해 본다면, 그는 이 때 죽는 편이 나왔을 것이다. 진실이 드러나기 전에 스핑크스에게 목숨을 잃었다면, 오이디푸스 자신뿐 아니라 가족, 국가에게 그러한 재앙이 닥치지 않았을 것이다. 이는 인간/동물의 경계라는 한 가지 금기가 깨진다면, 아내/어머니의 경계와 같은 다른 금기도 깨지며, 대자연의 질서가 무너져 인류에 치명적인 결과를 초래한다는 경고의 메시지를 전달하고 있다.

이러한 경고는 요즘 세상에서도 유효할까? 확실한 답을 알기는 어렵다. 단, 여기에서의 핵심은 우리 또한 이러한 선택을 해야 하고, 한 번 내린 결정을 되돌릴 수 없다는 것이다. 유전자 조작이 새로운 가능성을 제공하지 못한다고 말하기란 어렵다. 그 밖에도 여러 가지 기술이 존재하며, 이러한 기술은 우리의 환경을 바꿀 수 있는 가능성을 지닌다. 많은 가능한 세상들이 우리를 기다리고 있다. 가능한 세상은 가상의 가능성에 머무르지 않는다. 신이 더 나은 세상을 선택하면서 구상하고 버린 가능한 세상들과는 달리, 실제로 우리 앞에 펼쳐질 세상이 될 수도 있다. 실제로, 이처럼 가능한 세상들은 '명백하고 현존하는 위협'이 될 수도 있고, 당장 붙잡아야 할 명백하고 현존하는 기회가 될 수도 있다. 또한 우리는 선택한 결과를 후손들에게 물려주어야 한다. 예컨대 현실로 다가올 가능성이 아주 높은 세상은 더워진 세상이다. 온실 효과로 지구 환경이 송두리째 변할 수 있기 때문이다. 기후가 변하면서 탁월풍과 해류의 방향이 변하고, 북극의 빙하가 녹고, 곳곳의 해수면이 상승해 섬과 저지대를 집어삼키고, 해안선은 내륙을 향해 전진한다. 대륙에서는 숲이 사라지고, 바다에서는 고기가 사라지고, 사바나에서는 들짐승이 사라진 현실을 목격할 수도 있다. 실제로 엄청난 비용을 들여 유지하고 있는 미사일 수천 기를 발사하면 지구 전체를 초토화시킬 수 있다. 방사능 낙진은 방대한 지역을 사람이 살 수 없는 곳으로 만들 수 있으며, 폭발이 야기한 먼지 구름은 지구를 몇 년 간 에워싸 햇빛을 가릴 수 있다. 이러한 일이 벌어진다면 핵겨울이 찾아와 수많은 동식물이 죽음을 맞게 된다. 상상할 수도 없는 일이지만, 결코 불가능한 일은 아니다. 인류의 역사에서는 나 자신의 파멸을 초래한다는 것을 잘 알면서도 주변 환경을 파괴한 사례들을 찾아볼 수 있다. 이스터 섬의 경우 전쟁이나 과도한 경작으로 인한 환경 파괴, 특히 숲의 파괴가 근 200년이라는 짧은 기간에 걸쳐 진행되었다. 따라서 사람들은 이러한 상황을 충분히 인지하고 있었다. 1722년, 유럽인들이 처음 이 섬을 발견했을 때, 나무로 만든 물건들이 많이 발견되었다. 하지만 새로운 물건을 만들 만한 큰 나무들은 전혀 보이지 않았다. 누군가가 마지막 남은 나무 한 그루마저 베거나 태워버린 것이 분명했다. 그는 자신이 무슨 짓을 하는지 잘 알고 있었을 것이다.

다양한 가능성들 가운데 어떠한 가능성이 현실로 드러나느냐는 우리의 결정에 달려 있다. 이러한 결정을 지체해서는 곤란하다. 우리의 환경에 생기는 변화는 이제 곧 되돌릴 수 없어지기 때문이다. 달리 말하면, 우리는 새로운 세상을 바로 지금 만들어야 한다. 라이프니츠 이후로 이렇게 세상이 변하다니! 그의 견해에 따르면, 창조주가 모든 가능한 세상들 가운데 우리가 사는 세상을 선택했다. 이제는 이 선택을 우리가 해야 한다. 이는 도덕, 또는 이론의 문제가 아니다. 이는 우리뿐 아니라 지구상의 모든 생명체를 위한 생존의 문제다. 이 질문은 더 이상 신의 섭리를 알고 이 세상에 악이 존재한다는 것을 깨달아 마음의 평화를 얻고자 하는 개인적 차원의 문제가 아니다. 오히려 오늘날의 인류 사회(어쩌면 그 가운데 작은 일부)의 문제로서, 후손들이 몇 백 년을 살아가야 할 생물학적, 사회적 환경을 만드는 문제인 것이다. 신의 섭리에 관한 질문은 기껏해야 윤리적인 문제일 뿐이며 천천히 답을 구해도 무방하지만, 두 번째 질문은 빨리 답을 내야 할 급박한 문제다. 우리는 이미 지구 온난화의 영향에 시달리고 있으며, 오늘 태어난 아이들이 중년이 되는 2050년이 되면 지구 온난화의 위기는 최고조에 달할 것이다. 우리는 이 답을 오직 우리 자신에게서 찾아야 한다. 이러한 상황을 대변하는 아주 유명한 경구가 있다. "우리가 아니면 누구? 지금이 아니면 언제?"

스토아철학은 "대자연의 질서를 바꾸기보다는 너의 생각을 바꿔라"고 말했다. 대자연이 인류에 비해 엄청난 힘을 자랑했던 과거에는 충분히 납득할 만한 이야기이나, 인류가 지도와 기후를 바꾸고, 많은 동식물을 절멸의 위기로 몰아넣고 있는 지금에서는 그다지 설득력을 갖지 못한다. 인간을 최소한 걱정스럽게 만들 대자연의 질서라는 것이 아직까지도 존재하는지도 의문이다. 까막눈이던 우리 조상들이 '신의 뜻'이라고 넘겨짚던 많은 현상들을 이제는 통제하고 뒤바꾸고 예측할 수 있다. 우리는 전염성 질병을 치료할 수 있고, 폭풍우를 예측해 배의 경로를 바꿀 수 있으며, 홍수를 방지하기 위해 댐과 수로를 건설할 수도 있다. 인간은 숲을 없애 커다란 동물들을 멸종의 위기로 몰아갔고, 얼마 안 남은 개체들을 면밀히 주시하고 있다. 우리가 어찌 해 볼 수 없는 일이란 이제 거의 존재하지 않는다. 자연 재해로 인류가 멸망하는 사태가 불가능한 것은 아니나, 그러한 사태가 벌어지려면 거대한 유성의 충돌과 같은 전지구적 규모의 대재앙이 닥쳐야 한다. 하지만 이러한 사태가 닥친다 해도 완전히 희망을 버려야 하는 것은 아니다. 지금도 지구 주변에 충돌이 우려되는 커다란 천체가 있는지 점검하며, 충분한 시간을 두고 예측할 수 있다면 궤도에서 벗어나게 만들거나 충돌 이전에 파괴하는 방법을 시도할 수 있다.

인류는 늘 대자연을 상대로 이처럼 적극적인 태도를 보여 왔다. 호모 사피엔스가 이 세상에 등장한 이후, 무기와 도구를 끊임없이 개발하며 대자연의 힘을 자신의 목적에 맞게 활용하려 애써 왔다. 태초의 인간은 호모 사피엔스라는 철학자보다는, 호모 파베르라는 기술자에 가까웠다. 외계인이 지구를 지켜본다면, 분명 우리의 지적 활동보다는 우리의 기술에 더 매료될 것이다. 아프리카 조상들은 노래와 신화보다는 도구와 무기로 기억되고 있다. 원시적인 모닥불과 핵발전소 사이의 기술 격차는 엄청나지만, 우리는 단지 선조들이 첫걸음을 내디딘 길에서 속도를 내고 있을 뿐이다. 페이스는 점점 더 빨라지고 있다. 오늘날에는 우리 조상들이 꿈도 꾸지 못했던 과학 지식과 에너지 자원을 마음대로 사용할 수 있기 때문이다. 하지만 우리는 더 나은 삶을 더 오래 즐기리라는 희망 속에서 여전히 도구와 무기를 만들고 있다.

고대의 과학이 기술의 진보로 귀결되지 못한 이유는 역사학자들의 수수께끼였다. 고대의 기술 수준은 거의 1,000년에 이르는 긴 시간 내내 정체되어 있었다. 과학은 최소한 첫 500년, 아니 그 나머지 기간에도 융성했으나 기술로까지 확대되지는 못했던 것 같다. 물론 아르키메데스와 같은 예외적인 인물도 있었다. 그는 시라쿠사가 로마군에게 포위되었을 당시, 해안에서 거울을 비추어 적의 함대를 불태우는 한편, 온갖 신기한 기계를 발명했다. 하지만 로마군은 결국 시라쿠사를 함락시켰고, 그는 로마 군인의 칼에 목숨을 잃었다. 이러한 일화는 종종 과학계의 교훈으로 언급된다. 과학자들은 별을 보는 일에 정신을 쏟아야지, 전쟁을 이기는 데 관심을 두어서는 곤란하다는 교훈이다. 달리 말하면, 과학자들은 속세에서 벗어나 지식을 위한 지식을 추구하는 철학자로 취급되었다는 이야기다. 그들은 사회적 책임을 부담하거나 사회에 영향력을 발휘할 필요가 없는 사람들이었다.

하지만 르네상스 시대에 이르러 상황은 급변한다. 르네상스 시대부터 과학은 기술과 나란히 발전했다. 과학자들은 기술자가 될 수 있다는 데 자부심을 가졌고, 기술자들은 과학을 배워 기술에 적용했다. 시간 측정은 과학적 발견이 기술을 바꿔 놓은 최초의 사례였다. 물시계나 추시계가 아무리 발전해도 해리슨의 크로노미터나 현대적인 수정 시계가 등장할 수는 없었다. 갈릴레오의 추시계 이론을 현실로 옮기려면 단절 후의 도약, 기술의 변화가 필요했다. 제1장에서 설명한 것처럼 갈릴레오의 이론은 조금 틀린 것으로 드러났고, 하위헌스가 기술의 진전을 이룬 다음에야 새로운 이론적 기반 아래 충분히 정확한 추시계를 제작할 수 있었다. 이러한 진전은 이후에 진행된 모든 발전의 토대를 마련했다. 모든 기술자들의 아버지인 레오나르도 다 빈치의 공책은 인간의 일을 돕고, 인간을 하늘과 바다 밑으로 데려다 주는 멋진 기계의 그림들로 가득 차 있다. 과학은 인간의 힘을 확장하고 더 많은 자원을 조달해 우리의 행운을 늘려 주는 수단이다. 과학자들은 더 이상 별만 쳐다보는 사람들이 아니다. 그들은 공공복지에 기여하는 사람들이다. 물론 전체적인 이야기를 단순화한 것은 사실이다. 갈릴레오는 실패한 시계 제작보다는 목성의 다섯 위성을 발견한 일로 더욱 큰 명성을 누렸고, 이 위성들을 메디치 가문에 헌정했다. 하지만 그 이후로 과학자들이 이전과는 달리 구체적이고 세속적인 문제에 관심을 보인 것만은 분명하다. 예컨대 파스칼은 계산을 정확하게 하기 위해 최초의 기계식 컴퓨터를 발명했다.

역사적 관점에서는 무엇이 과학과 기술의 끈끈한 관계를 촉발했는지 불분명하다. 과학과 기술은 한 번 인연을 맺은 다음부터는 계속 끈끈한 사이를 유지했다. 한 가지 확실해 보이는 것은 기술 진보가 이미 자체적으로 진행되었고, 과학자들이 이러한 흐름에 올라탔다는 사실이다. 르네상스 시대에는 15세기 이탈리아 전쟁이 발발했고, 프랑스와 스페인 군대는 이탈리아 반도를 차지하기 위해 전투를 벌였다. 전쟁 초반부에는 프랑스의 총포 기술이 워낙 압도적이다 보니 적들은 서둘러 여기에 적응해야 했다. 자연스레 탄도학을 연구하는 사람들이 늘어났고, 갈릴레오가 낙하체를 연구하기에 적합한 자료들이 누적되었다. 같은 맥락에서, 갈릴레오는 군사용으로 개발한 쌍안경을 밤하늘을 관찰하는 용도로 사용했다. 과학이 먼저였건, 기술이 먼저였건, 마지막 결론에서는 논란의 여지를 찾기 어렵다. 현대 과학은 기술적 문제로부터 상당 부분 영감을 얻었고, 기술은 과학적 발견으로부터 혜택을 받았다. 이러한 유대 관계는 디드로의 《백과전서 Encyclopédie》에 잘 나타나 있다. 이 책은 18세기 후반의 과학과 기술을 꼼꼼히 기록하며 지식을 논리 정연히 집대성했다. 교양인이라 자부했던 사람들, 예컨대 과학자와 기술자뿐 아니라 신사와 "상류층 여성"들도 이 책을 알고 있어야 했다.

오일러, 모페르튀, 라그랑주는 변분법을 창안해 발전시켰고, 그들의 목적은 고전역학의 견고한 수학적 기반을 쌓는 것뿐 아니라 일련의 기술적 문제에 대한 최선의 해결책을 찾는 것이었다. 그들이 고안한 수학적 방법은 곡선 또는 더욱 일반적인 외형을 찾는 데 쓰이고 있다. 여기에 쓰이는 기준은 정상stationary의 특성을 지닌다. 이러한 기준으로 최소작용의 원리를 선택해 창조주의 입장에서 생각해 본다면, 변분법은 모페르튀가 믿은 것처럼 모든 고전역학의 법칙이 부활할 수 있도록 도와줄 것이다. 또한 이러한 기법은 기술에도 적용할 수 있으며, 기계 제작이나 가장 효율적으로 작동해야 할 과정을 고안하는 상황에도 적용할 수 있다. 이를 위해서는 적절한 수행도의 기준을 규정한 다음,(기준의 수치가 높을수록, 수행도는 더욱 좋아진다.) 해당 기준을 최대화할 기계 또는 과정을 찾아야 한다.

과학자들이 기술자가 된 순간은 역사적인 전환점이었다. 지식은 더 이상 신의 뜻이나 신비로움을 이해하기 위한 수단이 아니었다. 지식은 사람의 일과 노력을 도와줄 기계를 만드는 데 활용되었다. 초기에 우리를 괴롭히던 어려움들은 사라졌다. 최소작용의 원리는 여전히 수수께끼였고, 이 원리에 깃든 더 깊은 의미를 천착하게 되었다. 하지만 기술자나 설계자들이 당면한 기술적 문제를 드러내기 위해 자신의 독자적인 기준을 선택하면서, 형이상학적 논의 및 정류점과 맥시마 사이의 미묘한 구분은 수면 밑으로 들어갔다. 기술자들은 정류점에는 아무런 관심 없이 퍼포먼스를 극대화할 방안을 원했다. 퍼포먼스가 아닌 비용의 측면에서 생각해 본다면(이 두 가지는 동전의 양면과도 같다.) 그들은 비용을 최소화하는 해결책을 찾고 있었던 것이다. 그들은 정류점은 안중에 없이 최소화나 최대화를 추구했고, 이를 가리켜 최적화optimizing라는 말로 표현했다.

페르마의 굴절의 법칙에 대한 증명은 최적화 문제를 푸는 것이 핵심이다. 한 마디로 두 점 사이의 가장 빠른 경로를 찾는 것이다. 모페르튀는 온 세상을 최적화의 문제로 생각했다. 하지만 앞서 검토한 것처럼 그의 생각은 틀린 것으로 밝혀졌다. 최적화의 원리에 따라 기술적 문제를 푼 최초의 과학자는 뉴턴이었다. 역제곱법칙을 수립한 그는 《프린키피아》에서 더욱 세속적인 과제로 시선을 돌리고 있다. 총알의 모양을 어떻게 만들어야 할까? 공기 저항을 최소화하려면 어떤 모양을 갖추어야 할까? 뉴턴은 공기 저항을 수학적 용어로 설명하는 것에서부터 실마리를 풀어 간다. 당시로서는 상당한 업적이었다. 다음에 그는 대칭을 이루며 회전하는 물체에 주의를 집중한다. 말하자면, 이 물체는 축을 중심으로 회전할 때 모양이 변하지 않는다. 이러한 물체의 외형은 옆모양에 전적으로 의지한다. 이로써 뉴턴은 높이와 표면적이 주어질 때, 공기 저항을 최소화하는 대칭형 물체를 알아낼 수 있었다. 달리 말하면, 총알의 길이와 구경을 알면 가장 효율적인 대칭형 구조를 제시할 수 있다.

뉴턴이 발견한 모형은 예상과 달랐다. 그가 제시한 총알의 끝은 납작했다. 보통 사람이라면 총알의 앞부분이 속도를 떨어뜨리므로 끝이 날카로워야 한다고 예상할 것이다. 공기 저항을 풀어낸 수학적 표현 속에서 이에 대한 설명을 엿볼 수 있다. 그가 이러한 결론을 도출하게 된 전제는 공기가 독립된 입자들의 집합체라는 가정이었다. 공기의 입자는 강체에 부딪히면서 강체의 속도를 늦춘다. 공기 저항은 이러한 탄성 충돌이 모인 결과일 뿐이다. 이 과정에서 뉴턴은 입자 사이의 상호 작용 및 충돌이 탄력적이지 않다는 사실을 간과하였고, 따라서 그의 공식은 느린 속도에, 또한 이상하게도 아주 빠른 속도 (음속의 몇 배에 이르는 속도)에만 적용할 수 있을 뿐이다. 달리 말하면, 총알보다도 우주선을 설계하는 데 더욱 적합한 공식이다.

여기에서 뉴턴의 천재성을 다시 한 번 엿볼 수 있다. 그가 최적 형태를 발견했을 당시에 변분법을 발견한 오일러와 라그랑주는 아직 태어나지도 않았다.

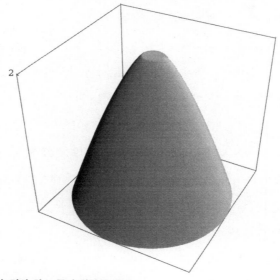

[그림 20] 뉴턴의 최소 공기 저항의 문제
뉴턴은 총알(또는 공기를 가르는 기타 물체)이 어떤 모양을 갖춰야 공기 저항을 최소화하
는지 궁금했다. 그는 총알의 너비와 길이가 같아야 한다는 해답을 제시했다. 총알이 더
길다면, 총알 끝의 평평한 부분이 좁아져야 하고, 총알이 더 짧다면(우주선의 사례) 평평
한 부분이 넓어져야 한다.

그가 이룩한 성과를 전체적으로 보기 위해 짚고 넘어가야 할 것이
있다. 300년이 지난 오늘날에도, 우리는 어떤 모양이 공기 저항(뉴턴
이 수학 공식으로 제시한 공기 저항)을 최소화시키는지 알지 못한다.
뉴턴이 발견한 것은 입체가 축을 중심으로 대칭이라고 가정했을 때
의 최적의 윤곽이었다. 하지만 최근에는 공기 저항이 더욱 적은 비대
칭형 물체가 존재한다는 사실이 밝혀졌다. 물론 비대칭형 물체 중에
서도 어느 형태가 최적의 형태인지는 여전히 오리무중이다.

《프린키피아》를 출판하고 나서 10년이 흘러, 앞서 언급했던 최속 강하선이라는 문제가 화두로 등장했다. 바젤 출신의 야코브 베르누이와 요한 베르누이 형제는 이를 누가 먼저 발견했는지를 두고 오랜 기간 다투게 된다. 이 문제를 해결하려면 일정한 높이에서 가장 빨리 미끄러져 내려오는 물체가 어떤 모양이어야 하는지를 찾아야 한다. 분명 학문적인 흥미 이상의 화두가 아니었는데도, 왜 두 형제가 첫 발견의 공로를 인정받기 위해 그토록 반목했는지 이해하기 어렵다. 아마도 그들은 신대륙에 첫 깃발을 꽂아 왕에게 바치는 탐험가처럼, 새로운 영역을 정복하는 문제라고 생각했는지도 모른다. 이후 100년간, 오일러와 라그랑주는 특정한 문제를 풀기 위해 개발된 방법론들을 체계화하고 통합해 변분법이라는 새로운 수학 분야를 완성했다. 18세기 말, 수많은 사례와 함께 일반 방정식이 알려졌고, 과학자들은 일정한 기준을 극대화할 곡선(반드시 곡선이 아닐 수도 있다. 일반적으로 말하자면 '모양')이 수학적 방법으로 찾아진다는 관념을 공유할 수 있었다.

당시의 철학과 지식에 따르면, 변분법에 따라 이러한 모양을 찾는다는 것은 우리 주변의 특별한 사례에 적용할 수 있는 오일러-라그랑주 방정식을 세우고 푼다는 의미였다. 앞서 지적한 것처럼, 후자는 가적분계에서만 가능하며, 이는 모든 가능한 체계 가운데 아주 작은 일부일 뿐이다. 변분법의 창시자들은 이러한 상황을 인지하지 못했고, 이러한 방식으로 풀 수 있는 극소수의 문제(대다수의 문제는 이러한 방식으로도 풀기가 불가능했다.)를 확인하는 데만 오랜 시간이 걸렸다. 그 이후로 이면에 깔린 수학적 문제들과 씨름하며 20세기를 맞게 되었다.

여기에서 고전역학과의 중요한 차이점이 드러난다. 고전역학에서는 일반적인 해법을 찾을 수 있는 운동방정식을 강조한다. 하지만 변분법에서는 모든 경우에 적용할 수 있는 일반적인 해법을 찾는 것보다는, 추가적인 조건을 충족하는 특별한 방정식을 해결하는 데 관심을 둘 뿐이다. 예컨대 고전역학에서는 한 점이 아무런 힘을 받지 않을 때 어떻게 운동하는지를 알려 한다. 이러한 점은 직선을 따라 등속으로 움직인다. 한편, 유클리드 기하학에서는 두 지점 사이의 최단 거리를 찾으려 한다. 이 경로는 A와 B를 잇는 아주 특별한 직선상에 위치하며, 실제로 이 두 점을 잇는 선분이 된다. 이처럼 단순한 사례에서는 두 문제 모두 워낙 쉽게 풀리다 보니 이 문제와 저 문제가 잘 구분되지 않는다. 하지만 여기에서의 핵심은 첫 번째 문제를 풀지 않고서도 두 번째 문제를 풀 수 있다는 것이다. 달리 말하면, 모든 가능한 운동의 궤적들을 찾는 고전역학의 과제와 일정한 지점에서 시작하고 다른 지점에서 끝나는 유일한 궤적을 찾는 것에는 분명한 차이점이 존재한다.

고전역학에서는 운동방정식을 푸는 것이 주된 관심사다. 말하자면, 모든 가능한 초기 조건들을 충족한다는 조건 아래 주어진 체계의 가능한 궤적들을 찾는 것이다. 이러한 방정식들이 적분 가능하지 않더라도, 대응하는 궤적들은 존재할 수 있다. 그저 이러한 궤적들을 효율적으로 계산하는 방법을 모를 뿐이다. 라그랑주가 지적한 것처럼, 이러한 관점에서 바라본다면 최소작용의 원리는 고전역학의 핵심을 차지할 수 없다. 최소작용의 원리는 운동방정식을 기술하고, 해당 체계가 적분 가능한지 아닌지를 알려 주는 간편한 방법일 뿐이다. 한편, 변분법에서 이 원리는 핵심적인 기준으로 작동한다. 여기에서의 핵심은 기준을 최대화(비용의 경우라면 최소화)하는 것이다. 이는 곧 풀이법이 오일러-라그랑주의 방정식뿐 아니라 일부 경계 조건(미분방정식의 일반해 一般解에 포함되는 임의의 상수 또는 임의의 함수를 정하는데 필요한, 영역의 경계에 부과하는 조건 - 옮긴이) 또한 충족해야 한다는 것을 의미한다. 예컨대 두 점을 잇는 조건이 부가된다면, 오일러-라그랑주 방정식의 기타 해법과는 차별화된 해법이 도출될 것이다. 하지만 이러한 해법이 정말 존재하는지는 미지수다. 방정식과 경계 조건이 양립할 수 있어야 하기 때문이다. 초기부터 회자되었던 이러한 난점은 날이 갈수록 당황스러울 정도로 불거졌다. 1900년, 다비트 힐베르트는 아직 풀리지 않은 수학의 중요한 문제들을 나열했다. 그가 열거한 23가지 문제는 20세기 수학의 발전에 엄청난 영향을 미쳤고, "변분법의 문제들을 풀 해법이 존재하는가, 존재하지 않는가? 단, 여기에서 해법이란 단어는 폭넓은 의미로 해석되어야 한다."라는 문제도 여기에 포함되었다.

오늘날, 이 문제를 비롯해 힐베르트의 문제들 대부분은 정복되었다. 이탈리아의 레오니다 토넬리Leonida Tonelli, 1885~1946, 프랑스의 앙리 르베그Henri Lebesgue, 1875~1941는 완벽한 변분법 이론을 완성했고, 오늘날에는 그들 덕분에 특정한 문제의 해답이 존재하는지, 그렇지 않은지를 알 수 있다. 1800년대 중반까지, 이러한 해법을 계산할 수 있는 강력한 수학적 방법론들이 개발되었다. 하지만 일부 문제들은 여전히 풀리지 않은 채로 남아 있다. 고전역학은 강체만을 다루었으나, 이러한 전제는 비현실적이다. 왜냐하면 강체는 힘이 표면에 작용하는 순간 변형되며, 이러한 변형은 내부에도 작용해 균열을 유발하기 때문이다. 그러나 우리는 이처럼 뒤틀린 물체를 여전히 알지 못한다. 이는 연속체 역학의 영역이며, 연속체 역학 또한 변분법의 문제로 정형화될 수 있다. 하지만 이를 설명하는 만족스러운 이론은 아직까지도 나오지 않고 있다.

이러한 난점을 차치한다면, 변분법은 최적화를 현대 수학의 핵심 개념으로 정립했다. 최적화는 특정한 문제의 모든 가능한 해법들 가운데, 적합한 기준이 내린 정의에 따라 수행력을 최대화할 해법을 찾아 준다. 최초의 역사적 사례는 공기 저항을 최소화시키는 뉴턴의 모형이었다. 그 이후로 기술자들은 다리, 배, 건물, 비행기와 같은 구조물을 어떻게 만들어야 최소한의 비용으로 정해진 성능을 내는지, 어떻게 만들어야 주어진 비용으로 최대한의 성능을 내는지를 알 수 있었다. 오늘날에는 기술이 진보하면서 새로운 설계상의 과제들이 끊임없이 등장하고 있다. 이러한 과제들을 최적화의 문제로 치환하는 이론이 나타났고, 해답을 찾아 주는 컴퓨터가 등장하면서 최적화 이론은 기계공학을 넘어 경제, 경영, 금융에까지 범위를 확장했다.

제2차 세계대전이 전환점이었다. 전쟁을 수행하려면 장비, 탄약, 식량을 생산해 온 세계에 퍼져 있는 수백만의 군사들에게 보급해야 했다. 인간의 머리로는 이처럼 복잡한 병참학을 관리하기가 불가능했다. 이 문제들을 수학적 개념을 활용해 공식으로 만들고, 최적화 이론을 차용해 공식을 푼다는 발상이 자리 잡으면서 운영연구operations research(계량적·과학적 기법을 이용해 최적의 해답을 얻는 것을 목적으로 하는 시스템 운영 기법. '작전연구'라는 군사 용어에서 유래되었으나, 전후 기업 조직에서 각종 의사결정 계획에 이용되고, 정책 개발을 위한 방법으로 연구·발전되었다. - 옮긴이)라 불리는 새로운 지식 분야가 싹틀 수 있었다. 50년 후, 수학 기법과 컴퓨터 기술이 꾸준히 발전하면서 많은 최적화 문제들이 풀이법을 찾았고, 기술자와 경영자들도 이러한 과정을 쉽사리 이용할 수 있었다.

대표적인 사례로, 항공사는 비행기와 승무원을 순환시켜야 한다. 매 비행마다 사전에 정해진 시간과 장소에 비행기와 승무원을 배치해야 하며, 이를 위해서는 수많은 제약 사항을 충족해야 한다. 조종사는 연속 비행시간이나 월별 비행시간을 무한정 늘릴 수는 없으며, 집을 떠나 있는 시간도 적정한 범위에서 관리해야 한다. 비행기도 오랜 비행 후에는 유지보수가 필요하며, 해마다 완전분해수리를 실시해야 한다. 이렇게 해도 시시때때로 비상상황이 발생하며, 이러한 경우 예비 승무원과 비행기를 최대한 빨리 지원해야 한다. 항공기와 노동력에 소요되는 비용을 최소화하면서 이 모든 제약을 충족할 스케줄을 찾아야 한다. 또 다른 사례로, 우주선을 화성에 보내는 경우를 생각해 보자. 이는 목표물을 똑바로 향하고, 도달할 때까지 연료를 추진하는 문제가 아니다. 화성까지 가기 위한 연료를 충분히 탑재하기란 불가능하다. 원자로의 전원을 켜는 시점은 발진 단계, 그리고 충돌을 방지해야 하는 착륙 단계다. 이 두 단계를 제외한 나머지 비행에서는 휴면 상태를 유지하며, 관성과 중력이 어우러져 우주선을 추진한다. 비행 중에 궤도에서 벗어나면 원자로에 다시 전원이 들어와 궤도를 찾아 주며, 이러한 과정은 단시간에 마무리된다. 물론 화성도 우주선이 오랜 시간 비행하는 와중에 운동을 멈추지 않는다. 따라서 절묘한 최적화의 문제가 등장한다. 연료를 최대한 아끼면서 화성으로 가려면 어떤 궤도를 따라야 할까?(또는, 지구에서 출발하는 우주선이 어떻게 방향을 잡아야 할까?) 이러한 문제를 풀려면 최소 소비의 기준을 적용해야 한다. 물론 최소 시간의 기준처럼 다른 기준을 적용할 수도 있다. 연료가 제한된다면, 화성까지 최대한 빨리 도착하기 위해 어떤 경로를 따라야 할까?

여기에서 변분법의 한복판에 놓인 어려움을 주목해야 한다. 최소 소비의 기준이건, 최소 시간의 기준이건, 여정이 끝나서 화성에 착륙하는 순간에만 이러한 기준의 진정한 가치가 드러난다. 여정이 지속되는 동안에는 최적화의 목적인 마지막 결과값을 알지 못한다. 적당한 아이디어에 의지하면서 목표를 향해 다가갈수록 오차가 줄어드는 것에 만족할 뿐이다. 우주선의 방향을 효율적으로 조절하려면 마지막 지점까지의 전체 궤적을 아는 것보다 당장 해야 할 일이 무엇인지를 알아야 한다. 소련의 수학자 레프 폰트리아긴Lev Pontryagin, 1908~1988이 발견한 현대적 형태의 변분법은 이러한 숙제를 해결할 수 있었다. 그가 발견한 변분법은 자신의 이름을 붙인 공식으로 정립되어 있다. 폰트리아긴의 원리를 적용하면, 엔진을 점화해야 할 지, 어느 쪽으로 방향을 잡을지, 매 순간 해야 할 일이 무엇인지를 알 수 있다.

오늘날의 최적화 이론을 마지막으로 검토한다면, 내재된 불확정성의 문제를 빠뜨릴 수 없다. 일정한 체계는 절대적으로 확실한 상태를 항상 유지하지는 못한다. 측정이 완벽히 정확할 수는 없으며, 우주선을 궤도에 올리는 작업도 다양한 관찰 결과들을 계산에 넣어야 한다. 하물며 배경 잡음은 이러한 모든 관찰 결과에 영향을 미친다. 특히 이륙 시점이 중요한데, 이륙 시에는 워낙 상태가 불안정하므로 조금만 궤도가 틀어져도 바로 알아채지 못하면 오차가 더 이상 손을 쓸 수 없을 정도로 확대된다. 잡음이 섞인 관찰 결과로 최적의 방향을 잡는 작업을 필터링이라 부르며, 이는 항공우주공학의 핵심을 차지한다. 얻을 수 있는 이득에 불확정성이 존재하는 상황은 이것 말고도 부지

기수다. 예컨대 금융에서는 1천 달러짜리 포트폴리오의 1년 전 가치가 얼마였는지를 알지 못한다. 하지만 여전히 전문가와 아마추어를 가리지 않고 많은 투자자들이 존재하며, 이들 모두는 시장에서 돈을 벌기 위해 분투한다. 그들은 불확실한 이익을 두고 최적화의 문제를 풀어야 하는 것이다. 이러한 문제를 풀기 위해서는 고전적인 변분법과 뒤이어 등장한 개연성 이론을 결합해 확률 제어stochastic control라 불리는 효과 만점의 응용 수학을 활용해야 한다.

최적화 기법이 오늘날 얼마나 고도화되었는지를 돌이킨다면, 이 기법을 산업과 경영뿐 아니라 경제, 사회 문제에도 활용할 수 있을지 궁금할 것이다. 부와 권력을 배분하는 문제는 생산 계획을 조정하고 소비재를 배분하는 것만큼이나 중요하다. 우리 정부는 이러한 목적을 달성하기 위해 기술자들처럼 최적화 이론의 개념과 방법론을 활용할 수 있을까? 생산 체계를 조직하듯, 이 사회를 효율적으로 조직할 수 있을까?

사회에 적용하는 것은 물론, 사회 이론을 창시하는 것은 우주 이론을 구성하는 것보다 더욱 야심찬 시도다. 하지만 수학적 모델링이 자연 과학에서 워낙 대성공을 거두다 보니, 사회과학에서도 어느 정도의 성공을 기대하는 것이 당연하다. 그 전에 대답해야 할 질문이 있다. 고장이 난 기계를 수리하거나, 새로운 기계를 만들 듯 사회 구성을 바꾸거나 새로운 사회를 만드는 일이 가능할까?

확실한 답을 알기란 어렵다. 이러한 일을 누가, 왜, 어떻게 할 수 있겠는가? 생존의 경계를 오가는 사회, 가혹한 제약이 존재하는 환경에서는 변화를 시도할 여지가 거의 없다. 기나긴 북극의 밤을 이겨내는 이누이트 족이나 마젤란 해협의 급류를 타며 생계를 유지하다가

물고기의 밥이 되어 영영 자취를 감춘 알라칼루프나 오나스 족 등이 그 실례다. 생존에 쫓기지 않는 부유한 사회에서도 사회적, 정신적 특성과 같은 다른 제약들이 존재한다. 이러한 특성 또한 사회 구성원들의 존재의 근거로 자리 잡은 지 오래다. 이들은 태어나자마자 일정한 사회 조직에 편입되며, 그들이 속한 사회를 바꾼다는 것은 하늘의 색깔을 바꾸는 것만큼이나 상상하기 어려운 일이다. 예컨대 프랑스의 왕정 당시에는 아버지와 조상들 대대로 왕이 신을 대리한다고 생각되었다. 페루의 잉카, 중국의 천자, 터키의 술탄과 마찬가지로 종교가 이러한 세계관을 뒷받침했다. 뒤이어 발발한 프랑스 혁명은 사회 질서가 바뀔 수 있다는 것을 보여 주었고, 이 당시에 솟아오른 희망은 줄곧 우리 곁을 떠나지 않고 있다. 철학자 리처드 로티는 이렇게 말했다. "약 200년 전, 진리란 발견되기보다 만들어진다는 발상이 유럽인들의 상상력을 지배하기 시작했다. 프랑스 혁명은 사회적 관계의 용어, 사회적 기관의 면면이 하루아침에 송두리째 바뀔 수 있다는 것을 보여 주었다. 이러한 선례는 이상적인 정치를 지성인들의 특별한 전유물이 아닌 보편적인 통칙으로 바꿔 놓았다. 이상적인 정치는 신의 뜻과 인간의 본성, 새로운 사회를 만드는 꿈이라는 화두를 보잘것없이 만든다."[1]

혼히 접하는 기록과는 달리, 프랑스 혁명의 주체들이 극단적인 입장을 취하지 않았다고 주장할 수도 있다. 그들은 기독교의 신이 아닌 일정한 자연적 질서의 신봉자로서, 사회의 자연적 질서를 회복하고 있을 뿐이라고 생각했다. 하지만 그 이후로 너무나 많은 혁명들을 겪다 보니, 사회의 자연적 질서가 존재한다고 믿기가 무색해졌다. 미국의 헌법, 구소련의 헌법들은 다양한 원칙에 따라 수백만 개인의 삶을 규율했다. 이는 곧 사회 조직이 변할 수 있고, 정치 체계 또한 항구적이지 않다는 사실을 보여 준다. 사회 조직은 하늘의 조직, 자연의 조직을 반영하지 않으며, 예술 작품 또는 과학 지식의 업적과 비견되는 역사의 산물일 뿐이다.

정치 체계가 인간의 창조물이라는 사실은 고대에 알려진 이후 잊혔다가 이탈리아에서 르네상스가 부흥하면서 다시 주목을 받았다. 그리스인들이 만든 폴리스는 통치자가 아닌 시민들이 다스리는 도시 국가였다. 이러한 근본적인 혁신은 2000년 후 유럽에서 결실을 맺는다. S. E. 파이너Finer는 《초기 정부의 역사History of Government from the Earliest Times》에서 다음과 같이 기술한다. "수메르와 이집트에서 인류의 역사가 처음으로 기록된 이후 3,000년이라는 세월이 흐르는 동안 등장했던 모든 국가들은 하나같이 군주제를 택했다. 중동과 동부 지중해뿐 아니라, 인도와 중국에서도 마찬가지였다. 모든 군주들은 신이 왕을 다스렸던 유대 왕국을 제외하고는, 신과도 같은 절대적인 권력을 누렸다. 그런데 갑자기 왕이 없는 국가기관이 생겨났다. 신에 비견될 왕은 없어지고, 시민의 힘으로 만든 공화국이 등장했다."[2] 또한 그는 다음과 같은 설명을 덧붙인다. 그리스인들은 "정부의 형태를 직접 제시했고, 그들 스스로 무슨 일을 하는지 완벽히 의식하고 있었다. 그 결과, 정부 조직은 명시된 목표를 달성하기 위한 완벽한 도구로 자리 잡았고, 신중한 검토를 거쳐 정비되는 경우도 많았다. 짧게 말하면, '예술작품으로서의 국가'가 첫 발을 내디딘 순간이었다."

중세 시대 후기의 이탈리아 도시국가들은 이와 비슷한 창의력을 보여 준다. 안타깝게도, 그리스와 이탈리아의 실험은 지속되지 못했다. 두 국가 모두 외세의 침략을 받았기 때문이다. 마케도니아의 필립 왕은 그리스를, 합스부르크의 카를 5세는 이탈리아를 침략해 도시국가의 운명을 바꿔 놓았다. 군사력을 앞세운 외세가 지배하면서 도시국가의 명맥은 끊어졌고, 아테네의 페리클레스 시대, 이탈리아의 르네상스 시대에 꽃피웠던 모든 분야에 걸친 남다른 창조성 또한 종말을 고했다. 그나마 다행스러운 것은 제7장에서 소개한 두 명의 위대한 역사가, 그리스의 투키디데스와 이탈리아의 귀차르디니가 자신이 겪었던 고난의 시간을 기록으로 남겨 위대한 두 가지 시도가 어떤 결과를 가져왔는지 후세에 알렸다는 점이다.

두 사람 모두 끔찍한 사건들을 묘사한다. 평생을 지속한 전쟁으로 도시가 파괴되고, 농경지는 초토화되며, 수많은 사람들이 목숨을 잃었다. 투키디데스의 말에 따르면, "이 전쟁은 해전과 육상전의 역사를 통틀어 페르시아 전쟁과 함께 2대 전쟁으로 자리매김했다. 하지만 펠로폰네소스 전쟁은 장기간 지속되었고, 그 과정에서 그리스인들은 유례없는 재앙을 겪었다. 이처럼 많은 도시들이 황폐화된 적은 없었다. 야만인들뿐 아니라 그리스인들도 서로 싸우면서 도시를 유린했다. 일부 도시국가들은 정복되고 나서 인구의 변화를 겪어야 했다. 전쟁의 결과이건, 시민들의 내분이건, 그토록 많은 사람들이 추방되고 그렇게 많은 사람들이 피를 흘린 것도 처음이었다."[3]

귀차르디니의 《이탈리아사 History of Italy》도 비슷한 서두로 시작한다. "나는 우리 시대에 일어났던 사태들을 기술하기로 마음먹었다. 지도자라는 사람이 몸소 프랑스 군대를 끌어들이면서 우리의 터전이 얼마나 막심한 혼돈과 소란 속으로 빠져들었는지를. 최악의 결과를 초래한 복잡하고도 중대한 사건이기에, 기록으로 남길 가치는 충분하다. 전쟁이 계속되면서 이탈리아는 가여운 중생들이 벗어날 수 없는 온갖 참화에 시달렸다. 한편으로는 신의 지당한 분노 탓이며, 한편으로는 이탈리아인들의 불경과 죄악 탓이리라."[4]

앞서 언급한 것처럼, 투키디데스와 귀차르디니는 군의 고위직을 맡고 있었다. 따라서 그들에게 전쟁의 패배란 매우 가혹한 결과였다. 투키디데스는 북부 트라케에서 아테네 군대를 지휘했고, 암피폴리스를 적에게 빼앗긴 책임을 지고 424년에 추방되었다. 그 이후의 소식은 알 길이 없다. 1527년, 귀차르디니는 교황의 군대를 이끌고 베네치아 및 프랑스와 연합해 스페인에 맞섰다. 이러한 동맹이 성사된 것은 상당 부분 그의 공로였고, 동맹이 성사된 이상 스페인을 이탈리아 반도에서 몰아낼 정도로 끈끈해야 했다. 하지만 이쪽은 망설이고 저쪽에만 적극적이다 보니 정반대의 결말이 찾아왔다. 1527년 5월, 로마는 함락되었고, 교황은 성에 갇히고 말았다. 이탈리아를 해방시키려는 귀차르디니의 꿈은 물거품으로 돌아갔다. 몇 년 후 그는 공인의 지위를 내려놓고 《역사》를 집필하기 시작했다.

왜 고위직에 있던 인사들은 공직에서의 삶이 실패로 돌아가고 나서 집필을 시작하는 것일까? 그러한 참사들은 피할 수 있었음을 보여주고, 겪었던 재난들이 신의 뜻이 아닌 인간의 어리석음에서 비롯되었음을 알리고, 미래 세대들이 교훈을 얻기 바라는 마음에서다. 투키디데스의 유명한 말을 소개한다. "이미 일어난 사건과 인간의 본성으로 말미암아 언젠가 비슷하게 일어나게 될 사건들을 명확히 알고자 하는 사람들이 내가 기술한 역사를 유익하다고 느낀다면 나는 그것으로 충분하다."[5] 귀차르디니는 앞서 인용한 서두에 이어 다음과 같이 덧붙인다. "이러한 사태들에서 비롯되는 지식은 다양성과 함의가 넘쳐난다. 사람들은 이로부터 많은 시사점을 얻을 수 있을 것이다.

이러한 사태들은 무수히 많은 사례를 통해 인간사가 얼마나 불안정한지를 보여 준다. 인간사는 마치 광풍이 휩쓰는 바다에 비유할 수 있다."[6]

달리 말하면, 두 사람 모두 포기하려 들지 않았다. 그들은 세상이 어떻게 돌아가는지를 관찰하면서 가장 어려운 수준의 의사 결정에 참여했고, 전쟁에 투입된 군사들의 행동을 두 눈으로 목격했다. 그들이 목격한 세상은 너무 최악이라서 아무리 미미하더라도 더 좋은 방향으로 바꾸고 싶을 뿐이다. 하지만 이것이 정녕 가능한 희망일까? 그들의 역작은 바로 이러한 문제를 다루고 있다. 두 사람이 기록한 역사는 경솔하고도 의욕만 앞선 잘못된 결정이 얼마나 큰 재앙을 초래하는지 보여 준다. 또한 그들은 아테네의 페리클레스, 피렌체의 로렌조 드 메디치와 같은 위인들이 시민들의 평화와 번영을 보장하기 위해 오랜 시간에 걸쳐 얼마나 꾸준히 영리한 노력을 기울였는지 보여 준다. 이들의 업적을 훗날 무능하고 경솔한 후손들이 망쳐 놓았다. 이것이 바로 투키디데스와 귀차르디니가 전하고자 하는 이야기이며, 역사는 무작정 진행하지 않고 개인들이 방향을 바꿀 수 있다는 교훈을 들려준다. 이 사회는 물리적 세상과는 달리 자연법칙이나 임의성만이 주도하지 않고, 인간의 의지에 이끌린다. 우리는 역사 속의 배우들이며, 인간의 운명은 신이 아닌 우리 스스로의 손에 달려 있다.

르네상스 시대에 이러한 견해를 드러내는 것은 지구가 태양 주위를 돈다고 주장하는 것만큼이나 위험한 일이었다. 따라서 귀차르디니는 이를 경건한 생각인 양 가장하기 위해 장황한 설명을 덧붙였다. 신이 이 세상에서 당신의 뜻을 펼치기 위한 또 하나의 멋진 방법으로 포장한 것이다. 그는《회상록》초반부에서, 신앙과 이성 사이에 아주 미묘한 균형을 찾아낸다. 그는 신이 인간사에 개입한다는 분위기를 비치면서도, 인간의 역할을 분명히 남겨 두고 있다.

신앙인들은 믿음이 있는 자가 큰일을 해낼 수 있고, 복음의 가르침대로 믿음만 있으면 산도 들어 올릴 수 있다고 말한다. 믿는 대로 이루어지는 이유는 믿음이 곧 끈덕짐으로 귀결되기 때문이다. 믿음을 갖는다는 것은 합리적이지 못한 확실하지 않은 것들을 강력히 믿거나, 합리적인 것들을 이성이 허락하는 범위보다 더욱 강력히 믿는 것에 지나지 않는다. 이로써 믿음을 지닌 자는 자신이 믿는 것에 확고한 태도로 변하고, 고난과 위험을 비웃으며 모든 어려움을 이겨낼 만반의 준비를 갖춘 채로 용감무쌍하고 결단력 있게 자신의 길을 나아간다. 세상의 사건들은 시간이 지나면서 일어나는 수많은 우연과 사건에 따라 변하므로 믿음을 원천으로 끈덕지게 참아 내는 사람이라면 어느 순간에는 예상치 못한 도움을 받기 마련이다.[7]

투키디데스와 귀차르디니는 역사에서 찾을 숨은 교훈이란 없으며, 사건은 진행 방향이 정해져 있지 않고, 개인이 의식적으로 이 방향을 조정할 수 있다고 가르친다. 중요한 것은 결과일 따름이다. 모든 협약, 헌법, 기관, 국가는 비항구적이며, 융성과 쇠락을 반복한다. 이들은 신의 질서 또는 자연적 질서를 나타내기보다는 수많은 사건을 겪으며 언젠가 죽음을 맞이하는 인간의 약속을 반영하기 때문이다. 모든 제국이 쇠락하는 것은 시간문제일 뿐이다. 투키디데스는 아테네 제국의 종말을, 귀차르디니는 피렌체 공화국의 종말을 목격했다. 식민지를 거느린 유럽의 제국주의 국가들이 몰락했고, 베를린장벽이 무너졌다. 인간사는 유동적이며, 끊임없이 변한다. 아침에 수탉이 울 자마자 사라지는 유령처럼, 어느 날 강력했던 권력이 다음 날 사라질 수도 있다. 이처럼 영원히 지속되는 흥망 덕분에 페리클레스나 위대한 로렌초와 같은 훌륭한 인물들이 역사의 방향을 바꿀 수 있는 기회도 생기는 것이다. 셰익스피어는 다음과 같이 말했다.

> 인간사에는 조류가 오고 가네.
> 밀물을 타면 행운이 찾아오고,
> 썰물이 오면 인생의 항로가
> 얕은 물에 갇혀 고통에 신음하네.
> 밀물이 한창인 바다 위를 떠도는 우리,
> 해류가 내 편일 때 올라타야지,
> 아니라면 모험에 실패할 테니까.[8]

이탈리아의 마키아벨리, 프랑스의 파스칼, 스페인의 그라시안 Gracian이 이러한 생각을 물려받았다. 몽테뉴가 일생에 걸쳐 여러 쇄를 출판한《수상록Essay》과 파스칼의 사망 이후 미완의 책을 위한 자료를 취합해 발간한《팡세Pensées》는 사회적 삶이 관습에 따라 제약된다는 것을 보여 준다. 그들은 민족과 시대를 아우르는 각종 관습과 규칙뿐 아니라 사회마다 정상적으로 취급되는 행동이 얼마나 다른지를 기록하며, 사회를 규제하게 된 원천은 신성한 힘이나 일부 변치 않는 인간의 본성이 아니라는 점을 분명히 시사한다. 보편적이거나 항구적인 것은 존재하지 않는다. 사람들이 몸소 나서 자제할 정도로 기이하거나 혐오스러운 것도 존재하지 않는다. 사회적 규율과 제도는 인간의 창작물에 불과하며, 이러한 것들이 존재하는 이유는 사회 구성원들이 자신의 행동을 타인의 행동에 맞추어 사회적 삶을 누린다는 사실에서 찾을 수 있을 뿐이다. 규율과 기관이 존재하며, 모든 사람이 그 존재를 알고, 나아가 모든 사람이 다른 사람들 또한 이들의 존재를 안다는 사실을 인지하면서 공통된 기대가 생겨나고, 이 과정에서 우리가 타인과 소통할 때 타인이 어떻게 반응할지 예측할 수 있다.

파스칼은 이러한 사실을 보여 주기 위해 무수히 많은 예를 들고 있다. 그는 이렇게 말했다. "모든 세상의 죄악 가운데 가장 큰 죄악은 내전이다. 내전은 확실한 죄악이다. 내전을 통해 주어지는 보상이 확실하다면, 누구나 보상을 받을 자격이 있다고 주장할 것이기 때문이다. 바보로 태어나는 자가 두려워할 죄악은 거대하지도, 확실하지도 않다."[9] 다른 사례를 소개해 보자. "이 세상에서 가장 비합리적인 것은 천방지축 같은 인간의 특성으로 말미암아 가장 합리적인 것으로 변한다. 여왕의 첫째 아들이라는 이유만으로 국가의 지도자에 오르는 불합리한 처사가 어디에 있겠는가? 가장 나이가 많은 승객에게 선박의 운항을 맡기는 일은 없다. 그렇게 법을 만드는 것은 아주 부당하고 우스꽝스러운 일이다. 하지만 인간이 천방지축이고, 영원히 그러한 모습으로 남을 것이기에 이러한 법률이 합리적이고 정당하게 변하는 것이다. 그렇다면 누구를 선택해야 하는가? 가장 덕망 있는 사람인가, 아니면 최고의 전문가인가? 사람들은 또 다시 싸우기 시작할 것이다. 모두가 자신이 가장 덕망 있고, 자신이 최고의 전문가라고 주장할 테니까. 하지만 갑론을박할 필요가 없는 사실에 권위를 부여해 보자. '저 사람이 왕의 장남이다.'라는 사실은 싸우고 말고 할 필요가 없는 분명한 사실이다. 이성의 판단이 작용한들 사태를 악화시킬 뿐이다. 왜냐하면 내분은 제일 극악한 죄악이기 때문이다."[10]

우리는 권력의 합법성을 더 이상 신적 권위에서 찾지 않는다. 우리가 권력이라는 제도에 집착하는 이유는 태어나면서부터 권력의 틀 안에서 교육받고, 다른 사람들이 권력에 순종하는 것을 보아 온 탓이다. 권력의 힘은 다른 사람들도 권력을 믿는다는 것을 믿는 사실에서 비롯된다. 쉽게 말하면, 권력이란 권력에 대한 착각에 불과하다. 권력의 행사는 겉으로 어떻게 드러나느냐를 두고 벌이는 싸움이다. 스페인의 발타자르 그라시안은 이와 관련한 생각을 다음과 같이 표현한다. "사람들은 모든 것들을 있는 그대로가 아닌 어떻게 보이느냐에 따라 받아들인다. 본질을 탐구하려 드는 사람은 드물고, 겉모습에만 신경을 쓰는 사람이 대부분이다. 의도가 좋았다 해도 결과가 나쁘면 인정받지 못한다."[11] 이탈리아의 니콜로 마키아벨리는 이렇게 말한다. "지도자는 내가 언급한 자질을 모두 갖춰야 하는 것은 아니다. 하지만 이러한 자질을 갖춘 것으로 보일 필요는 있다. 심지어 이렇게까지 말할 수 있다. 정말로 그러한 자질을 갖추고 계속 유지하는 것은 오히려 그에게 불리하며, 그저 갖추고 있는 것처럼 보이는 것이 더욱 유리하다. 자애롭고, 믿음직하고, 인간적이고, 너그럽고, 정직하고, 경건해 보일 필요가 있다. 만일 결심만 굳건하다면, 그럴 필요가 없는 경우라도, 정반대의 행동을 할 수 있어야 한다."[12]

이처럼 겉모습이 실체에 우선한다. 하지만 사람들이 오직 겉모습만을 인식한다면, 실체란 과연 무엇인가? 눈으로 보이는 현실을 넘어, 사람들을 따라다니는 보이지 않는 영혼이나 양심이 정말로 존재하는가? 보이지 않는 것이 존재한다는 가정은 얼마나 우리에게 유용할까? 정말로 그러한 가정이 필요할까? 아니면 그러한 가정이 필요없다는 라플라스의 대답이 맞는 것일까? 나폴레옹이 우주에 남은 신의 자리가 어디인지 라플라스에게 물었을 때, 그는 "황제 폐하, 그러한 가정은 필요하지 않습니다."라고 답하지 않았는가? 밖에서 관찰한 사실, 말하자면 인간의 행동만으로 인간이라는 존재를 연구할 수있을까? 이는 아직까지도 진행중인 코페르니쿠스적 전회다. 지구는더 이상 이 세상의 중심이 아니며, 신도 이 사회의 중심에서 자리를비킨 지 오래다. 투키디데스, 귀차르디니, 그들의 후학들은 역사가여느 물리적 체계만큼이나 혼란스럽고, 신이 내린 질서나 자연적 질서란 존재하지 않는다고 가르친다.

이내 다음과 같은 질문이 등장한다. 그렇다면 어떠한 질서로 대체해야 하는가? 역사적으로는 성직자와 신도들, 시민과 군인, 농노와도시민들 모두가 각자의 이익을 추구하며, 타인의 행동을 예견하고,그들의 행동에 반응했다. 이 사회를 가장 효율적으로 운영하려면 어떤 제도를 선택해야 할까? 투키디데스와 귀차르디니는 그들의 저서가운데 일부를 각국의 사회 체제와 헌법을 비교하는 데 할애하고 있다. 이는 상당히 중요한 내용으로 투키디데스는 스파르타의 전제정과 아테네의 공화정을, 귀차르디니는 신격화된 절대 군주가 다스렸던 페르시아 제국과 해체와 재건을 수없이 반복한 피렌체 공화국을비교했다. 이들은 최선의 헌법이 무엇이냐라는 과제를 고민했다. 이러한 생각은 18세기에 이르러 미국과 프랑스 제1공화정의 위대한 헌법을 싹 틔웠다.

르네상스 시대에도 이와 관련한 두 가지 질문이 등장했다. 앞서 자세히 논의했던 첫 번째 질문은 자연의 세상이 어떤 관점에서든 모든 가능한 것 가운데 최고인가라는 질문이었다. 이제 우리는 그 다음 질문에 답해야 한다. 이 사회를 조직하는 최선의 방법은 무엇일까?

9

공동선

물리적 세상과 사회적 세상의 근본적인 차이는 목적의 존재 유무다. 인간은 목적을 갖고 행동한다. 최소한 사람들은 특정한 행동을 취한 이유를 제시할 수 있다. 인간의 행동은 목적을 지향하지만, 물리적 사건들은 그렇지 않다. 방에서 불이 나면 사람도 연기도 방을 빠져나간다. 움직임은 동일하지만, 움직였던 이유는 분명히 다르다. 사람들은 빠져나가고 싶어서 빠져나가지만, 뜨거운 공기는 물리학의 법칙에 따라 빠져나갈 뿐이다. 후자의 경우 엔트로피와 같은 양적 실체가 최대화되거나, 작용과 같은 양적 실체가 최소화될 수도 있다. 하지만 이 과정은 사람이 불타는 방에서 허겁지겁 나가는 것과는 달리 일정한 의도가 개입되지 않는다. 갈릴레오 이후, 우리는 물리적 사건이 일정한 수학적 법칙을 확실히 따른다는 전제를 바탕으로 물리학에 대한 이론을 가질 수 있었다. 한편, 모든 인간의 행동에는 목적이 있다는 전제를 바탕으로, 인간의 행동에 대한 이론을 개발하기까지는 더 많은 시간이 걸렸다. 이러한 이론은 20세기 과학이 일군 가장 핵심적인 업적에 속하며, 경제학 이론의 발전과 밀접한 관련이 있다. 중부유럽에서 잉태한 이 이론은 나치의 등장 이후 미국으로 본거지를 옮겼다. 이 이론이 탄생하게 된 과정은 워낙 오랜 역사를 자랑하므로 여기에서 모든 내용을 다루기는 어렵다. 여기에서는 이 분야의 핵심 인물인 존 폰 노이만을 언급하는 정도로 그치려 한다. 그는 이 분야뿐 아니라 다양한 분야에서 이름을 남겼다. 그가 1944년에 오스카 모겐스턴Oskar Morgenstern과 공동으로 집필한 《게임이론과 경제행동Theory of Games and Economic Behavior》은 사회과학, 특히 경제학의 미래를 만들어 가는 데 엄청난 영향을 미치고 있다. 이 이론이 오늘날에는 어떤 모습으로 우리 곁에 있는지 알아 보자.

투키디데스, 귀차르디니, 그들의 후학과 마찬가지로, 이 이론은 모든 사회와 시대를 아우르는 보편적인 선의 개념을 장려하지 않았다. 무엇이 좋고, 무엇이 나쁜지에 대한 절대적인 기준은 존재하지 않는다. 오직 자신에게 무엇이 좋고, 자신에게 무엇이 나쁘다고 말하는 개인이 있을 뿐이며, 이 이론이 할 수 있는 최선은 그러한 개인의 취향을 기록하는 것뿐이다.

인간의 행위를 경제적으로 접근하는 기초적인 이론적 전제는 개인들이 선형적인 취향을 보인다는 것이다. 우리들 각자는 선호하는 순서에 따라 모든 가능한 사건들을 분류하는데, 가장 선호하는 것부터 가장 싫어하는 것까지 순서대로 서열을 매긴다. 이 목록은 모든 가능성을 망라한 목록이며, 사건 B가 사건 A보다 아래쪽에 있다면 이는 곧 사건 B보다 사건 A를 선호한다는 뜻이다. 보통 이러한 목록은 사람들마다 다르다. A사건과 B사건이 나와 그의 목록에 같이 있더라도 각기 다른 순서로 일어나기 마련이다. 나는 B보다 A를 선호하고, 그는 A보다 B를 선호하기 때문이다.

개인적 취향은 단순한 기록의 문제일 뿐이다. 어떤 취향도 불합리하거나 비윤리적이라는 이유로 금지되지 않는다. 내가 푸아그라보다 땅콩버터를 좋아하건, 땅콩버터보다 개고기를 좋아하건, 누군가의 눈치를 볼 일이 아니다. 어느 목록이 다른 목록에 비해 낫다고는 말할 수 없다. 하지만 이러한 정의에는 몇 가지 문제가 존재한다. 기본적으로, 각 개인은 일련의 가정적 상황들을 두고 서열을 매겨야 한다. 내가 잘 모르는 현실에 나의 모습을 투영하기란(예컨대, 영화배우가 된 내 인생은 어떨까?) 어려우며, 아무도 경험하지 못한 일에 투영하기란 더욱 어렵다.(20년 전에는 제임스 본드 말고 그 누구도 휴대폰을 사용하지 않았다.) 다른 한편으로, 사람들은 지금 알고 있는 지식을 바탕으로 의사를 결정하지, 나중에 배울 것을 바탕으로 의사를 결정하지 않는다. 개인적 취향이 현재의 취향을 단순히 기록한 것이라고 정의한다면 다른 모델들과 마찬가지로 한계에 부딪힌다. 하지만 나름의 목적을 달성하기에는 충분히 현실적이다.

개인들 각자는 자신에게 가장 좋은 것을 선택하는 유일한 심판관이다. 따라서 모든 가능한 세상 가운데 최고는 모든 개인이 선호할 수 있는 세상이다. 이러한 세상은 모든 개인의 바람이 이루어질 수 있으므로 대부분의 사람들이 낙원으로 생각할 수 있다. 안타깝게도 이러한 세상은 불가능하다. 우리 모두가 유명 영화배우, 위대한 예술가, 성공한 사업가가 될 수는 없는 일이다. 지구촌의 사람들 대부분은 배고픔, 질병, 전쟁에서 벗어나는 것으로 만족한다. 따분하다는 것 말고는 아무런 문제가 없었던 에덴동산과는 완전히 다른 세상이다. 그토록 교회와 대립하던 프랑스 계몽철학자들이 기독교의 낙원 이야기를 재창조한 것은 이해하기 어려운 일이다. 그들은 원래 인간이 대자연의 은총을 입어 평화롭게 살아갔으나, 문명이 인간을 타락시키고 인간이 범할 수 있는 모든 죄악을 초래했다고 생각했다. 장 자크 루소에 따르면 "참나무 밑에서 도토리를 먹고 잠을 청하며, 샘물을 마시는 원시인을 보면 부족한 것을 찾을 수 없다." 하늘에서 만나가 마지막으로 떨어진 것은 머나먼 과거의 일이다. 인간은 홀로 살아갈 수 없다. 인간은 다른 사람들에 의지해 물질적인 삶, 지적인 삶을 살기 위한 재료들을 조달하며, 모든 구성원이 공동선을 위해 협동하도록 사회를 조직해야 한다.

하지만 공동선이란 무엇일까? 개인의 취향은 사람들마다 다르기 마련이다. 루소는 개인들의 호불호가 한꺼번에 나타나므로 사회적 삶은 자연 상태에서도 태동할 수 있다고 생각했다. 그 어떤 사냥꾼도 혼자서 사슴을 쫓기에는 역부족이나, 몇 명이 힘을 합치면 가능해진다. 여기까지는 모두가 공동의 이해관계를 쫓았다. 하지만 사슴을 죽이고 나면 고기를 나눠야 하고, 여기에서 각자의 이해관계는 달라진다. 다른 사람의 몫을 빼앗지 않고서는 더 많이 가져갈 수 없다. 뚜렷한 공동의 이해관계는 자취를 감추고, 고기를 나누는 명확한 규칙도 존재하지 않는다. 똑같은 비율로 나누는 것은 최선의 방안이 아닐 수도 있다. 애당초 불가능해서일 수도 있고(사슴의 몸에는 여러 가지 부위가 있고, 사냥꾼들이 좋아하는 부위도 다를 수 있기 때문이다.) 공정하지 않아서일 수도 있고(사슴의 흔적을 처음 발견한 사람은 조금이라도 보상을 받는 것이 옳다.) 집단적인 요청을 충족하지 못해서일 수도 있다.(미혼의 젊은이들이 부양할 가족이 있는 가장과 똑같이 나눠야 하는

가? 사냥에 나설 수 없는 어린이, 여성, 노인들은?)

수많은 철학자들은 인간의 열망과 공동선이 일치한다고 가정하며 이 문제를 제쳐 놓았다. 루소와 그를 따른 프랑스 혁명가들은 민주주의가 이러한 문제를 해결해 줄 수 있다고 생각했다. 《인간불평등기원론Discourse on the Origin and Foundations of Inequality among Men》의 서문에서 그는 이렇게 기술하고 있다. "군주와 국민이 오직 하나의 공통된 이해관계를 지닌 나라에서 태어났다면 얼마나 좋았을까. 그런 나라에서는 국가의 모든 활동이 공동선을 위해 이루어질 것이다. 하지만 군주와 국민이 같은 사람이 아닌 이상에는 불가능한 일이다. 따라서 적당히 타협한 민주 정부에 태어났다면 좋았을 것이다." 안타깝게도 이 세상은 그렇게 간단하지가 않다. 민주주의에서도 다양한 이해관계가 존재하므로 다수결로는 이러한 문제를 해결하지 못한다. 프랑스 혁명은 이내 기존 질서를 고수하려는 자들과의 전쟁으로 치달았고, 오늘날의 민주주의에서는 대다수의 시민, 특히 빈곤층에서 투표를 포기하므로 이들의 이해관계가 고려되지 않는다. 하지만 그들은 최소한 마음만 먹으면 투표할 수 있으므로 정부를 통제할 방법이 없는 것은 아니다. 윈스턴 처칠(그는 관료주의자였다.)은 이렇게 말했다. "민주주의는 최악의 정치체제이나, 그나마 지금껏 시도된 다른 모든 정치체제들보다는 낫습니다." 민주주의는 결코 완벽하지 않으나 이 제도를 개선하는 것은 우리 시대의 주된 과제라 생각한다. 민주국가의 지도자들은 사람들의 바람과 달리 전쟁에 나서고 있다. 가난한 사람들의 목소리를 경청할 제도적 장치란 존재하지 않는 것 같다.

영국의 경제학자 프랜시스 허치슨이 18세기에 만든 문구는 그 이후로도 자주 인용되고 있다. 그는 공동선을 "최대 다수의 최대 복리"

라고 정의했다. 아주 재치 있는 문구이나, 쓸모가 있는 것은 아니다. 케이크를 나눌 때 "최대 다수에게 최대 분량을 나누라"고 지시하는 것이 얼마나 쓸모없는 일인가? 제일 큰 케이크 조각, 말하자면 케이크 전부를 한 사람에게 몰아주거나, 사람들 수로 나눈 케이크를 모두에게 배분하거나 둘 중의 하나일 뿐, 두 가지 방안을 동시에 선택할 수는 없는 일이다. 물론, 복리를 증진한다는 것은 케이크를 나누는 것과는 다른 문제다. 예컨대 공기의 질을 높이면 모든 사람들이 혜택을 받을 수 있다. 반면, 케이크 한 조각을 한 사람에게만 준다면, 다른 사람들은 아무도 케이크 맛을 볼 수 없다. 따라서 허치슨의 정의에는 모순점이 존재하며, 공동선이나 공익에 대한 정의로 사용할 수 없다.

공동선이란 정의하기 힘든 개념이다. 실제로 사람들은 사회가 해야 할 일이 무엇인지를 두고 제각기 생각이 다르다. 그렇다면 공동선이나 공익을 정의하겠다는 생각은 포기하고, 결정의 몫을 시민들에게 돌려 보자. 프랑스 인권선언은 "법이란 일반 의지의 표현이다."라고 말한다. 하지만 국가는 사람과 달리 자신의 의지를 입으로 말할 수는 없다. 따라서 국가의 의지를 알려면 제도와 절차를 그러한 목적에 부합하도록 시행해야 한다. 이를 위한 최적의 방법은 무엇일까?

인류는 오늘날까지 광범위한 정부 형태를 시도해 보았고, 집합적 의사 결정을 위한 많은 절차를 개발했다. 하지만 콩도르세는 1785년, 다수결처럼 가장 보편적인 절차들에도 문제가 있다는 사실을 보여 주었다. 의회는 이러한 절차를 택하더라도 자기모순에 빠질 수 있었다. 그가 1785년에 출판한《다수결 투표가 채택한 의견의 수용 가능성 분석 논의A Discussion on the Application of Analysis to the Probability of Decisions Taken by Majority Voting》는 이러한 연구의 이정표로, 인간의 행위를 수학적으로 모델링한 최초의 작품이다. 이 책은 오늘날 콩도르세의 역설이라 알려진 최초의 사례를 담고 있다. 앤드루, 브라이언, 캐서린이 공직에 출마했다고 가정해 보자. 유권자 가운데 3분의 1은 A, B, C 차례로, 3분의 1은 B, C, A 차례로, 3분의 1은 C, A, B 차례로 서열을 매긴다. 그렇다면 전체 유권자의 3분의 2가 B보다 A를 선호하며, 한편 또 다른 3분의 2는 C보다 B를 선호한다. 그렇다면 "이 의회는 캐서린보다 브라이언을 선호한다."와 "이 의회는 캐서린보다 브라이언을 선호한다."라는 두 가지 동의안이 통과될 수 있다. 두 동의안을 논리적으로 연결해 보면, "이 의회는 캐서린보다 앤드루를 선호한다."라는 세 번째 동의안도 통과될 수 있다. 하지만, 실제로는 이러한 일이 일어나지 않는다. 이러한 동의안은 3분의 2의 다수결로 기각될 것이기 때문이다.

다수결에는 이러한 문제가 있으나, 콩도르세의 역설로부터 자유로운 절차들도 있다. 1785년 슈발리에 드 보르다Jean-Charles de Borda는 프랑스 과학 아카데미의 회원을 뽑는 과정에서 한 가지 절차를 고안했다. 이 절차는 처음 채택된 이후 나폴레옹(그도 프랑스 과학 아카데미의 회원이었다.)에 이르기까지 사용되었다. 나폴레옹은 이 절차가 지나치게 민주적이라고 생각해 황제의 권위를 내세워 다른 절차로 변경했다. 보르다의 절차에서는 모든 유권자들이 제일 선호하는 후보부터 제일 꺼리는 후보까지 선호도에 따라 서열을 매긴다. 그 다음에는 각 후보자별로 투표자들이 매긴 서열을 합산한다. 예컨대, A, B, C 세 명의 후보자가 있다고 생각해 보라. 후보자 A가 1등으로 13회, 2등으로 18회, 3등으로 4회 지목되었다면 그의 점수는 13+36+12＝61이다. 여기에서 가장 낮은 점수를 받은 후보가 선거에서 이기게 된다.

보르다 절차는 엄청난 강점을 자랑한다. 한편으로는 투표자들이 얼마나 특정 후보를 선호하는지 가늠할 수 있다. 만일 후보자가 두 명뿐이라면, 이러한 효과는 느껴지지 않겠지만 후보자가 17명이라면 꼴찌에 놓는 후보는 치명타를 입게 될 것이다. 다른 한편으로는 콩도르세의 역설을 없앨 수 있다. 보다 절차를 활용해 A, B, C의 서열을 매긴다면 모순점이 생겨날 여지가 없다. B보다 A를 선호하고, C보다 B를 선호한다면, C보다 A를 선호한다고 생각해도 무방하다. 드디어 의회가 자신의 뜻을 표현할 일관적인 방법을 찾은 걸까? 안타깝게도 보다 절차에는 다른 문제점이 존재한다. 예컨대 A와 B, 두 후보자가 출마했다고 생각해보자. 유권자의 수는 30명이며, 이 가운데 19명이 A보다 B를 선호한다. 따라서 B가 승리할 것으로 예상된다. 보르다 절차를 활용한다면, A의 지지자들은 누구나 싫어하는 제3의 후보자 C를 끌어들여 선거의 결과를 뒤바꿀 수 있다. B의 지지자들은 C를 마지막 자리에 놓을 테지만, A의 지지자들은 오직 B를 이기기 위해 내심과 달리 C를 두 번째 자리에 놓는다. 그러면 A는 1등에 11회, 2등에 19회 지목되어 11+38=49점을 받으나, B는 1등에 19회, 3등에 11회 지목되어 19+33=52점을 받아 A가 승리하게 된다.

그 이후로 투표절차에 대한 수많은 연구가 이루어졌고, 이른바 애로Arrow의 불가능성 정리impossibility theorem가 이러한 연구들의 방점을 찍었다. 이 이론에 따르면 콩도르세의 역설과 조작의 가능성을 동시에 벗어날 수 있는 절차란 존재하지 않는다. 의회가 이 문제를 적절히 처리하려면 한 사람을 지명해 결정 권한을 전적으로 위임하는 수밖에 없다. 달리 말하면, 완벽한 절차란 존재하지 않는다. 하지만 주어진 조건에 적합한 최선의 절차를 선택하는 문제는 여전히 남아 있다.

집합적 의사결정에서 투표 절차는 투표자의 취향만큼이나 최종 결과에 지대한 영향을 미친다. 정치인들은 이러한 사실을 오래 전부터 알고 있었다. 모든 후보자들은 규칙서를 활용하고 투표지의 순서를 어떻게 배치하느냐에 따라 기적과도 같은 결과가 나타날 수 있다는 것을 알고 있다. 역사적인 사례를 들어 보자. 1991년 6월 20일, 독일 의회는 다음 세 가지 방안 중 하나를 선택해야 했다.

> A: 정부와 의회를 베를린으로 이전
> B: 두 기관을 본에 남겨둠
> C: 정부는 본에 남기고 의회는 베를린으로 이전함

여유 있는 과반수가 본에 머무르는 방안을 선호했다. 따라서 세 가지 방안을 한꺼번에 투표에 붙이면, 다수결을 따르건, 보르다 절차를 따르건 본에 남는 B안이 채택되었을 것이다. 왜냐하면 베를린으로 모두 이전하기를 원하는 사람들 대부분은 두 기관을 떨어뜨리기보다는 본에 남는 편을 선호했기 때문이다.[1]

하지만 이 절차는 위원회에 위임되었다. 위원회에서는 우선 의회가 절충안인 C안을 두고 투표를 진행한 다음, 과반을 얻지 못하면 A와 B안 가운데 하나를 선택하도록 제안했다. 투표자들은 우려를 씻을 수 있었고 최종 결과는 우리 모두가 알고 있는 것처럼 A안으로 결정되었다. 이는 역사적 의의를 지닌 이전이었으나, 공공선이나 공익의 관점보다는 투표 절차에 따라 정해진 것이 남다르다.

그러나 놓기 어려운 한 가지 방안은 남아 있다. 모든 구성원들이 B

보다 A를 선호한다면, 그 집단은 B보다 A를 선호하는 것이다. 이를 가리켜 파레토 기준이라 부른다. 이탈리아의 사회학자이자 경제학자인 빌프레도 파레토Vilfredo Pareto, 1848~1923가 만든 이 기준은 우리가 논의한 모든 집합적 의사결정 법칙(다수결, 보르다 규칙, 1인 결정 방식)을 충족한다.(1인 결정 방식에서 모든 구성원들이 B보다 A를 선호한다면 전권을 위임 받은 1인도 동일한 생각이므로 A를 선택할 것이다.) 안타깝게도 이러한 기준은 두 가지 대안 가운데 하나를 선택하는 데 별 힘을 발휘하지 못한다. 일부는 A를 선호하고 일부는 B를 선호한다면 어떨까? 우리는 몇 가지 집합적 의사결정 방식에 의지해야 하고, 앞서 언급한 어려움들을 해결해야 한다. 다른 한편으로 파레토 기준을 통해 뒤쳐진 결과들을 제거할 수 있다. 모든 사람들이 B보다 A를 선호하고, D보다 C를 선호한다면 B와 D는 고려할 필요조차 없고, A와 C 가운데 하나를 선택하면 된다.

파레토 기준은 효율성의 기준으로도 작용한다. A와 B가 어느 사회의 두 가지 가능한 상태이며, A가 B보다 파레토 우위에 있다면(말하자면 모든 사람들이 B보다 A를 선호한다.) A가 집단적 자원을 더욱 효율적으로 사용하는 것이다. 달리 설명해 보자. 모든 구성원들이 선호할 다른 상태가 존재한다면, 이 사회는 분명히 자원을 낭비하고 있다. 예컨대 케이크를 나누는 경우를 생각해 보자. 전권 위임 방식(한 사람에게 모든 분배 권한을 맡긴다.)에서부터 평등 방식(모든 사람에게 동일한 몫을 배분한다.)에 이르기까지 가능한 방법은 많다.

예컨대, 모든 사람들이 똑같이 나누는 방안을 한 사람에게 몰아주는 방안에 비해 만장일치로 선호하기란 불가능하다. 케이크 전부를 독식할 수 있었던 사람은 반대할 것이 분명하기 때문이다. 파레토 기

272

준은 케이크 조각을 분배하지 않고 남겨두는 것이 비효율적이라는 결론을 시사할 뿐이다. 남은 케이크를 분배한다면, 모든 사람들에게 조금이나마 더 많은 케이크를 제공할 수 있다.

경제적 효율성을 항상 이처럼 쉽게 달성할 수는 없다. 거대한 조직에서 낭비되는 자원을 알아내기란 어렵다. 따라서 많은 경제학자들은 효율성을 앞세우며 재분배를 방치한다. 예컨대 이러한 방안은 국민총생산GNP을 향상시키는 경제 발전 정책을 의미하며, 부유층으로부터 빈곤층에게 모종의 "트리클 다운" 과정이 일어나면서 전지구적인 성장의 혜택이 모든 사람에게 골고루 돌아갈 것이라 기대한다. 안타깝게도, 이러한 주장을 뒷받침하는 확실한 이유는 없으며 역사적으로는 오히려 이와 반대되는 증거가 존재할 뿐이다. 예컨대 러시아경제는 소련보다 효율적이나, 연금 수급자와 같은 일부 국민들은 공산주의 시절에 비해 더욱 가난해졌다. 나아가, 효율성에 대한 논거는 종종 정치적 목적으로 이용되었다. 예컨대 유럽인들은 식민지를 구축하면서 땅을 더 효율적으로 활용한다는 명분을 내세워 땅을 강탈하고 원주민을 살해했다. 이러한 교훈을 어렵사리 깨달은 저개발국가들은 국제 무역 협정이 아무리 세계 경제의 효율성을 증진시키더라도, 이러한 협약에 참가하기를 주저하게 된다. 그들이 재분배의 문제를 우려하는 것은 당연하다.

종합해 보면 파레토 기준은 최적화에 적합한 방법이 아니다. 차별을 두지 않으며, 극도로 불합리한 상황을 정당화하는 데 사용할 수도있기 때문이다. 최적화 이론을 경제적 의사결정에 활용하려면 또 다른 기준을 찾아야 한다. 우리는 도로를 내느냐 마느냐와 같은 단순한 문제를 두고서도 수많은 문제에 부딪힌다. 도로가 건설되면 승리자

(도로를 이용해 시간을 절약할 수 있는 사람들, 새로운 도로를 따라 들어설 가게들)와 패배자(토지를 수용당하는 사람들, 교통 구도가 변하면서 고객을 잃는 사업자들)가 동시에 생겨난다. 양 진영은 모두 양보하려 들지 않는다. 이렇게 서로 충돌하는 이해관계를 어떻게 조정해야 할까? 다만 이들 가운데 일부는 자신의 감정을 노골적으로 드러내지 않을 것이다. 도로 건설이 전 지구적으로 이로운 일이더라도, 건설비용을 더 효율적으로 쓸 수 있지 않을까? 예컨대 다른 지역에 도로를 건설하는 것이 더욱 이롭다면? 도로 건설을 포기하고 교육이나 보건에 돈을 투입한다면? 파레토 기준을 따른다 해도 어떤 프로젝트를 선택할지 알 수 없다. 이 기준은 오직 자원을 낭비하지 말라고 말해 줄 뿐이다.

따라서 우리의 선택을 도와줄 다른 기준이 필요하다. 몇 가지 가능한 기준이 있으며, 우리가 선택하는 기준은 우리의 공익, 또는 공공선에 대한 생각을 반영한다. 가장 일반적인 기준은 프로젝트가 개인에게 미칠 이익과 손실을 계산하는 것이다. 이 기준에 따르면 프로젝트가 창출하는 이익을 합산하고, 소요 비용 및 개인들이 입게 될 손실을 차감한다. 이를 가리켜 '공리주의적' 기준이라 부르며, 이 기준에 따라 산정한 결과값을 프로젝트의 '사회적 가치'라 부른다. 이 값이 양의 숫자로 나온다면, 프로젝트는 공익에 부합하는 것으로 간주된다. 하지만 그렇다고 해서 이 프로젝트를 반드시 실행으로 옮기는 것은 아니다. 사회적 가치가 더 높은 프로젝트가 다른 어딘가에 존재할 수 있기 때문이다. 실제로 문제가 되는 것은 어떤 프로젝트가 양의 사회적 가치를 지니는지가 아니라, 사회적 가치가 가장 높은 최적의 프로젝트를 찾는 것이다.

공리주의적 기준은 보르다 규칙을 화폐로 설명한 것이다. 각 이해 당사자들은 그들이 입을 이익과 손실을 가늠해 해당 프로젝트를 지지할 것인지, 반대할 것인지를 결정한다. 이러한 기준은 공공 경제학에서 많이 쓰이지만, 나름의 약점이 존재한다. 무엇보다도, 모든 것을 화폐적 용어로 표현한다는 점이 개운치 않다. 밀밭과 핵발전소는 자본적 가치를 수반하지만, 개인들이 생계를 유지하는 일터로도 기능한다. 개인이 이를 빼앗긴다면, 직업을 바꿔야 하는 비용을 고려해야 한다. 나아가 환경비용을 평가하는 것은 보통 어려운 일이 아니다. 깨끗한 공기와 고요한 밤이라는 가치에 어느 정도의 가격표를 붙일 수 있을까? 이는 어려운 문제라는 것 말고도, 온갖 사기와 조작에 노출될 수 있다. 사람들은 더 많은 보상을 받기 위해 자신의 손실을 과장하려 들고, 세금을 면탈하기 위해 이익을 숨기기도 한다. 적극적이고 정직한 사람이라도, 스스로의 행위에 대한 최고의 재판관이 되어야 할 이유가 있을까? 불로소득으로 쌓은 엄청난 재산을 펑펑 쓰면서 눈이 높아졌다면? 더 큰 비용으로 귀결될 수 있었던 리스크를 일찍이 감수한 것이라면? 부유한 사람은 가난한 사람에 비해 불편을 보상하는 비용의 가치가 더욱 크다고 느낀다. 잠을 못 자는 비용은 테레사 수녀에 비해 빌 게이츠에게 더욱 크게 다가온다. 이러한 차이점을 어떻게 다뤄야 할까?

《정의론A theory of Justice》이라는 유명한 책이 있다. 존 롤스John Rawls가 집필한 이 책에서는 공동선에 대한 기준을 제시한다. 어느 사회의 가능한 두 가지 상태, A와 B를 비교하기 위해 각각의 상태에서 무엇이 최악인지를 살피기로 한다.

A국가는 제1그룹이 모든 사회 구성원 가운데 가장 가난하며, i_1이

그들의 소득 수준이다. B국가는 제2그룹이 가장 가난하며, 그들의 소득 수준은 i_2다. i_1이 i_2보다 높다면 A국가가 B국가에 비해 낮다고 말할 수 있다. 요컨대, 한 국가에서 일정한 사회의 극빈층(이 사회는 국가별로 다를 수 있다.)이 다른 국가의 극빈층에 비해 더 나은 대우를 받고 있다면 그 국가가 다른 국가에 비해 낫다고 볼 수 있다. 그 다음으로는 롤스의 기준을 생각해 볼 수 있다. 그는 사회를 향해 일정한 기본권을 존중하도록 요구한다. 이러한 조건을 충족시킨 다음에야 경제적인 요소를 고려할 수 있다. 그는 이러한 기준에 따라 가능한 국가를 분류한다. 공리주의적 기준과 롤스의 기준 사이에도 많은 기준들이 존재한다. 각 기준들은 프로젝트의 사회적 가치를 계산할 때 개인에 따라 다른 비중을 부여하면서 얻게 된 기준들이다. 예컨대, 가난한 시민 한 명이 부자 시민 두 명만큼 중요하다면, 가난한 시민의 이익(또는 손실)을 두 배로 곱해 전체 손익에 반영할 것이다. 이러한 방식에 따라 일정한 프로젝트가 가난한 시민에게 미치는 영향을 더욱 깊이 고려하게 된다. 한편, 롤스의 기준에 따르면 오직 이 영향만을 고려해야 한다.

저절로 선택되는 기준이란 존재하지 않는다. 우리가 선택하는 기준은 우리들의 공익에 대한 생각을 반영한다. 공리주의자라면 첫 번째 기준을 선택할 것이고, 롤스주의자라면 두 번째 기준을 선택할 것이다. 우리 또한 나름의 기준을 정의할 수 있다. 특정인을 지지하는 유권자들이나 재선을 돕는 후원자들이 더 많은 관심을 받아야 한다고 생각한다면, 프로젝트의 사회적 가치를 계산하면서 그들에게 더욱 큰 비중을 부여할 수 있다. 이는 사회 설계를 위한 핵심적인 과정이다. 개인이 선택하는 기준은 다양한 목표들 사이의 타협을 구체화하기 때문이다. 이러한 숙제를 해소하더라도, 겨우 한 가지 장애물을 넘었을 뿐이다. 이내 다른 장애물이 등장한다. 이러한 기준을 어떻게 실행할 것이냐의 문제다. 최적화 문제를 해결하기 위한 결정 공식을 확보했고 올바른 해결책만으로는 부족하다는 사실을 깨달았다면, 사회 설계자는 이러한 해결책을 어떻게 실행으로 옮기는지 보여 주어야 한다. 기술자 또한 동일한 문제를 겪는다. 다리를 건설하는 기술자는 구조와 모양을 제시하는 것만으로는 부족하며, 현존하는 장비를 활용해 건설할 방법을 설명하거나 새로운 기계를 조립해야 한다. 여기에서 기술자는 기계와 재료를 다루지만, 사회 설계자는 인간을 다룬다는 점을 생각해야 한다.

지난 30년간, 경제학은 연구의 초점을 상당 부분 사회 설계자들이 직면한 문제에 맞췄다. 이 문제는 정보의 대칭과 개인의 전략적 행동이라는 두 개의 범주로 분류할 수 있다. 이러한 문제들을 제쳐 놓으면, 이 사회가 어떻게 돌아가는지를 도통 알 수가 없다. 정치적 사고에서 이러한 분위기가 팽배한 것은 안타까운 일이다. 최소한 프랑스에서는 이러한 현상이 두드러진다. 모든 공무원은 시민들에 대한 사랑만으로 자신의 일을 완벽하게 수행해야 하며, 금전적 보상을 바라서는 곤란하다. 시장, 경찰, 장교, 판사들은 엄청난 재량권을 갖고 있지만, 자신의 일에 대한 자부심을 갖고 이러한 재량권을 개인적인 목적에 남용하지 말아야 한다. 모든 사업 주체는 정부 기관에게 세금 계산에 필요한 모든 정보를 즉시 제공해야 한다. 특히 부정적인 외부효과를 수반하는 환경세의 경우 예외를 두기 어렵다. 사법체계는 충분한 효율성을 갖추고 공공계약에서 수반될 수 있는 모든 종류의 결탁, 부패, 불평등을 방지할 수 있어야 한다. 특정 부류의 시민을 지원하는 정부 정책은 다른 부류의 시민들에게는 무용지물이다. 하지만 정부 정책에서 염두에 둔 수혜자가 아니더라도, 이들 또한 수혜를 달라고 요구할 수 있다.

공무원이나 관료들이 부패하거나 공익에 무관심하다는 뜻이 아니다. 그들 또한 다른 사람들과 마찬가지로 공익이 무엇인지 나름의 생각이 있다는 뜻이다. 장군은 국방에 더 많은 돈을 써야 한다고 생각한다. 반면, 한 자동차 제조업자는 다음과 같은 유명한 말을 남겼다. "제네럴 모터스에게 이로운 것은 미국에게 이로운 것입니다." 모든 사람은 자신의 경험을 바탕으로 말하며, 사회 속에서 처한 자신의 입장에 따라 공익을 판단한다. 직접 경험해 보지 않은 사실이나, 익숙하지 않은 생각을 고려하기는 어렵다. 나아가, 권력을 개인적인 목적으로 유용할 사람이 권력을 거머쥘 수도 있다. 실제로 이런 사람이 책임자를 맡아 권력을 누리려 드는 상황을 우려할 수 있다. 이를 방지하는 전형적인 수단은 개인 또는 기관을 감시자로 두어 공익이라는 명분을 허투루 사용하지 않고, 개인적인 야망을 통제하도록 관리하는 것이다. 하지만 여기에서 또 하나의 해묵은 문제가 등장한다. 누가 감시자를 감시할 것인가? 감시자들은 인간의 약점에서 자유로우며, 영원히 부패하지 않을 것이라 믿어도 좋을까?

사회 속 어딘가에 참된 의미의 공익에만 봉사하는 개인 또는 단체가 있다고 가정해 보자. 우리는 이들에게 국가 경영의 책임을 맡길 것이다. 이러한 발상은 철학자들이 다스리는 플라톤의 공화국, 공산당이 지배하는 소련처럼 유토피아를 표방한 수많은 국가들의 사상적 바탕이었다. 플라톤이 자신의 생각을 실험으로 옮기지 못한 것은 어찌 보면 행운이었다. 하지만 이러한 생각을 현실로 옮긴 소련은 창시자들이 표방했던 사회주의 천국은 고사하고 극악한 독재국가로 탈바꿈했다. 이는 더욱 일반적인 문제의 특별한 단면일 뿐이다. 제도는 특정한 목적을 염두에 두고 설계되지만, 의도한 바와는 완전히 다르게 작동할 수 있다. 흥미로운 예로 제4차 십자군전쟁을 들 수 있다. 전 세계의 기독교 국가들은 이방인의 손에 들어간 예수의 무덤을 수복하기 위해 이 전쟁을 일으켰다. 그러나 십자군들은 예루살렘으로 가기는커녕 비잔틴 제국의 수도인 콘스탄티노플의 성벽에서 여정을 마쳤다. 그들은 1204년, 같은 기독교인을 마구잡이로 학살하고 약탈해 콘스탄티노플을 함락시켰다. 이 여정은 동방에서 기독교의 입지를 강화하기는커녕, 비잔틴 제국의 몰락을 부추겨 오스만튀르크에게 정복당하는 결과를 초래했다.

역사적 사례를 찾지 않더라도, 사회 조직의 목적이 하나가 아니라는 증거는 차고 넘친다. 하지만 조직의 구성원들은 끊임없이 권력을 쟁취하려 들고, 자신의 경력을 확대하고 야망을 펼칠 수 있는 방향으로 조직을 몰아간다. 지극히 세속적인 이해관계를 좇아 전쟁이 일어나고, 많은 사람들이 학살되었다. 이러한 경험으로부터 다음과 같은 교훈을 얻을 수 있다. 신의 섭리를 따르고 천사가 이끄는 조직, 시민들의 마음을 읽고 시민의 복리를 위해 온전히 희생하는 조직이란 존재하지 않는다. 현실에서는 제도가 평범한 사람들을 중심으로 돌아간다. 그들은 자신의 의무를 알면서도, 경력에 정신이 팔려 있는 평범한 사람들이다. 그들은 주어진 환경에서 최대한 열심히 살아가지만, 그들이 지닌 지식에는 근본적인 한계가 있기 마련이다. 필요한 정보에서 소외되고, 직장 생활에 허덕이고, 이러한 일상이 반복되면서 쳇바퀴 도는 삶이 펼쳐지고 사고방식도 경직될 수밖에 없다. 매일 다른 목적을 갖고 다른 일에 정신이 팔린 사람과 조직을 접하게 된다. 이러한 교류가 반복되면서 서로 간에 적응이 이루어진다. 마치 해변의 자갈이 파도와 조류에 의해 서로 부딪히며 둥글게 연마되는 것과 마찬가지다.

경제학자들은 어떤 모델에는 지나치게 낙관적이고, 어떤 모델에는 지나치게 비관적이다. 그들의 모델은 멀리 내다보고, 자신의 이익을 추구하며, 무한한 계산 능력을 지닌 개인들로 가득 차 있다. 이러한 개인들은 행동의 결과와, 그 결과가 초래하는 결과를 예견할 수 있다. 그들은 끊임없이 모든 것들을 이해하려 들고, 그들의 지식은 인과관계의 사다리를 쉽사리 오르내린다. 열정이나 조급함은 명료한 그들의 이성을 방해할 수 없다. 그들은 세상 모든 사람들이 똑같이 형성되었다는 것을 알고 있으며, 이러한 정보와 다른 모든 정보들을 바탕으로 행동한다. 그들은 자신의 행동에 사람들이 어떤 반응을 보일지 고려한다. 그들은 다른 사람도 자기와 비슷하다는 사실을 알고, 다른 사람의 입장에 서 보며 그들의 반응을 이해한다. 이는 마치 체스를 두며 몇 수 앞을 예측하는 것과 마찬가지다.

사기업이건 정부이건, 조직을 운영하는 방식은 거대한 체스 게임이나 포커 게임과 비슷하다. 각 플레이어들은 다른 이들의 움직임을 바탕으로 자신의 움직임을 맞추려 든다. 모두 이렇게 행동하기에 모두가 자신에게 기대하는 바를 정확히 수행하는 상황이 굳어지며, 다른 이들도 그가 기대한 대로 행동했다면 그는 자신의 이익을 극대화하는 방향으로 행동한 셈이다. 이것이 바로 제7장에서 자세히 설명한 균형 상태equilibrium다.

균형 상태를 분석한 전반적인 내용이 비현실적이라 생각할 수도 있을 것이다. 사람들은 정말 이성적으로 행동하며, 행동의 결과를 생각하는 걸까? 습관이나 주변 환경, 일시적인 충동에 이끌리는 것은 아닐까? 이러한 접근 방식은 균형 상태를 분석하는 특정한 방식에 불과한 것으로 드러났고, 합리적인 존재가 동시에 같은 결론에 도달하는 상황을 가정한다. 하지만 특정한 대리인에게 배워 가면서 균형 상태에 이를 수도 있다. 대리인들은 예전의 정책이 성공적이었는지를 가늠하며, 성공적이었다면 동일한 정책을 유지하고 실패했다면 정책을 바꿀 수 있다. 일찍이 우리는 종이 서로에 대해, 그리고 환경에 어떻게 적응하는지 살펴보았다. 종합하면 개인들은 지적인 전략을 발휘하기보다는 타고난 본능으로 평형을 유지하는지도 모른다.

균형 상태란 지극히 인위적이다. 타인의 행동에 대한 예상이 균형 상태를 좌우하기 때문이다. 이러한 예상은 모든 상황에 깃든 객관적인 요소만큼이나 지대한 영향을 미친다. 마치 주가나 환율이 국가나 기업의 펀더멘털보다는 경영자나 정치인의 생각에 좌우되는 것과 마찬가지다. 균형 상태는 이 밖에도 다양한 양상으로 존재할 수 있고, 모든 균형 상태는 각자의 방식에 따라 구성원의 기대와 행동을 조율한다. 기대에 따라 행동은 달라지며, 모든 균형 상태에서는 다른 사람에게 품는 기대가 나, 그리고 남에 대한 전략을 결정하고, 모든 전략들이 어우러져 모두의 기대를 확정하게 된다.

달리 말하면, 균형 상태에 도달한 조직의 구성원은 타인의 행동에 전혀 놀라지 않는다. 외부인들의 눈에는 사회적 상호관계를 규율하는 일련의 제도가 존재하고, 모든 구성원들이 이러한 제도를 준수하는 것처럼 보인다. 이러한 제도는 타인들도 제도를 따르는 한 나의 이익도 제도를 따라간다는 점에서 자기실현적이라 평가할 수 있다.

핵심은 이러한 제도에 자연적인 원리가 전혀 깃들어 있지 않다는 것이다. 수학적으로 표현하자면, 초기에는 다양한 균형 상태가 가능하다. 몽테뉴를 비롯해 그 이후로 등장한 많은 학자들은 서로 다른 민족들의 관습과 규범을 비교하며 당연하다고 교육받은 것들이 서로 얼마나 다를 수 있는지를 강조한다. 교육의 목적은 특정한 사회에서 살도록 훈련하는 것이다. 말하자면, 태어나면서부터 몸을 담은 균형 상태가 유일한 '자연적' 균형 상태이며, 다른 균형 상태에 비해 '도덕적으로 우월하다'는 전제 아래, 일련의 습관과 가치를 습득해 나가는 과정인 것이다. 우리가 이러한 균형 상태를 자연적이라 느끼는 이유는 편안을 찾을 수 있는 유일한 상태이기 때문이며, 도덕적으로 우월하다고 생각하는 이유는 다른 균형 상태에서 비롯되는 가치를 나눠본 적이 없기 때문이다. 더 가치 있는 대안이 없다는 말은 아니다. 사회 제도는 이 사회를 살아 숨쉬게 만드는 묵시적 합의이며, 모든 사람에게 어떤 역할을 부여하고 다른 사람에게 무엇을 기대할지 알려준다. 우리는 대부분 나름의 역할을 띠고 이 세상에 태어났다. 어떻게 그런 역할을 맡게 되었는지는 중요하지 않다. 중요한 것은 역할이 주어졌고, 모든 사람들이 자신의 역할을 이해하고 있다는 사실이다.

파스칼은 이렇게 말했다. "사람을 내면이 아닌 외모에 따라 구분하는 것이 얼마나 합리적인가! 우리 두 사람 가운데 누가 더 앞서는가? 누가 양보할 것인가? 가장 못난 사람인가? 서로 비슷하게 잘났다면 싸움이 일어날 것이다. 그는 하인이 네 명이고 나는 한 명이라면, 하인의 수에 따라 내가 양보할 차례이며 이 문제를 왈가왈부하면 바보가 되고 말 것이다. 이처럼 간단한 장치를 통해 평화를 얻을 수 있으며, 이것이 바로 최고의 선이다."[2] 마찬가지로, 파스칼은 법률 또한 제도의 문제임을 지적한다. 법률의 권위는 그것이 법률이고, 법률로 인식되고 있다는 단순한 사실에서 비롯된다. 법률의 정당성이 모종의 신성한 권위 또는 자연법으로부터 유래한다는 주장은 아무런 근거를 찾을 수 없다. 법률에 복종하는 이유는 그것이 법률이기 때문이다. 다음과 같은 논거는 법률에 복종하는 이유가 될 수 없다. "관습이 정의로 탈바꿈하는 이유는 오직 사람들에게 받아들여지기 때문이며, 이는 관습이 권위를 지탱하는 신비로운 근간이다. 관습을 원칙의 문제로 되돌리면 관습을 파괴하는 결과를 초래한다. 잘못된 것을 바로잡는 법률처럼 잘못된 것도 없다. 법이 정당하다고 생각해서 법을 준수하는 사람들은 법의 본질보다는 자신이 생각하는 정의에 복종하는 것이다. 법은 법 자체에 온전히 내재한다. 이것이 바로 법이며, 그 이상의 의미를 찾기란 불가능하다. 인간의 상상력을 과도평가할 정도로 때문지 않은 이상에는, 법의 근간을 살피면 너무나 취약하고 엉성하다는 사실을 발견하게 된다. 법을 이토록 거창하게 포장하고 권위를 부여하는 데 100년밖에 걸리지 않았다는 사실은 더욱 놀라울 뿐이다."[3]

이제 다시 원점으로 돌아왔다. 우리는 이 장을 시작하면서 최적화 이론을 인간 사회를 규제하는 데 사용할 수 있을지 고민했고, 최적화에 대한 기준이 필요하다는 사실을 발견할 수 있었다. 말하자면 공동선(또는 공익)에 대한 납득할 수 있는 정의가 필요한 것이다. 하지만 이러한 정의가 부재하므로 다른 방안을 시도했다. 조직에 속한 개인들은 자신의 최선의 이익을 어디에서 찾을지 알아야 한다. 그들을 합리적인 존재라고 가정해 보자. 각자가 자신의 이해관계를 증진하기 위해 일관적이고 전략적으로 행동한다면, 그들이 속한 조직은 어떤 방향으로 흘러갈까? 일정한 균형 상태로 흘러간다는 것이 정답이다. 하지만 이러한 균형 상태는 여럿일 수 있다. 그렇다면 우리는 어떠한 균형 상태를 선택해야 할까? 여기에서 공동선을 판단하는 기준이 필요하며, 이것이 바로 우리가 처음부터 놓친 부분이다.

물론 이러한 기준을 부과하거나 일정한 조직이 받아들이도록 교육할 수도 있다. 예컨대 일부 균형 상태는 비효율적인 것으로 드러나며, 사회를 다른 균형 상태로 전환하고 부를 재분배하면 모든 구성원들이 이익을 누릴 수 있다. 하지만 이처럼 명쾌해 보이는 생각도 실행으로 옮기기는 아주 어려울 수 있다. 사람들은 자신의 상황을 거짓으로 이야기해 전반적인 과정을 왜곡시킬 수 있고, 이러한 경우에 실질적인 재분배가 이루어진다고 장담하기는 어려울 것이다. 공동의 이해관계가 불명확한 또 다른 사례를 들어 보자. 지구 온난화를 예로 들면, 과학계에서는 온실가스 배출량이 지금과 같은 수준을 유지한다면 21세기 초까지 일어나는 기후 변화가 대부분의 국가들에게 재앙을 초래할 것이라고 말한다. 방글라데시는 지도에서 사라지고, 세계 각지의 해안선은 후퇴하고, 유럽은 온난한 겨울을 잃고 미국 동부와 비슷한 기후를 갖게 될 것이다. 다른 나라들은 더 좋아질 수도 있다. 러시아는 영구 동토층이 사라지면서 시베리아에 방대한 경작지를 얻을 수도 있다. 우리들 대부분은 이러한 사태를 막는 것이 공통된 이해관계이며, 당장 온실가스 배출량을 줄여야 한다고 생각하기 마련이다. 하지만 이는 개발도상국에게 너무나 불공정한 처사다. 개발도상국은 작금의 상황에 아무런 책임이 없으며, 경제 성장이 늦은 대가로 지구 온난화에 대한 비용마저 강요받는 셈이다. 현 상황의 주된 수혜자인 미국 또한 이러한 방책을 불공정한 것으로 받아들인다.

미국은 현재의 삶을 유일한 '자연적' 삶으로 받아들이며, 나머지 지구의 지속 가능성을 해치더라도 탄소배출을 줄여야 하는 이유를 납득하려 들지 않는다. 이러한 상황에서는 두 가지 결과가 가능하다. 온실가스를 줄이자는 일반 협정을 체결하고 국제기관이 준수 여부를 감독하거나, 미국이나 유럽이 새로운 식민지 시대를 개척해 상당한 면적의 땅을 차지하고 중국이나 인도와 같은 새롭게 급부상하는 국가들을 저개발 상태에 가둬 두는 것이다. 첫 번째 방안은 공동선에 대한 생각을 실행으로 옮기는 작업이다. 한편 두 번째 방안은 역사 속의 다른 사례들과 마찬가지로 군사력으로 쟁취한 균형 상태일 뿐이다. 정치적 발전이란 두 가지 방안의 지지자들 사이에 이루어진 투쟁의 역사로 해석될 수 있다.

지금 우리는 여정의 말미에 도달했다. 이 여정의 시작은 기독교적 가치에 물든 르네상스 시대였다. 갈릴레오와 라이프니츠의 생각을 이해하려면 그들이 창조론을 믿었다는 사실부터 이해해야 한다. 이 시절 대자연의 법칙은 신이 세상을 창조하면서 따랐던 법칙에 불과했다. 또한 과학의 목적은 관찰에 따라 이들을 되살리는 일이었다. 여기에서 더 심오한 과학이 등장한다. 신이 세상을 창조한 목적이 무엇인지 찾는 일이다. 모페르튀는 한참 승승장구할 무렵, 이 해답을 찾았다고 생각하며 과학과 종교의 영원한 화합을 시도했다. 그에 따르면 과학은 물리적 세상에서, 종교는 도덕적 세상에서 신의 뜻을 찾는 과정이었다.

우리의 여정은 신이 한 걸음 물러난 세상에서 마지막을 경험한다. 신은 인류가 선택하지 않은 세상에 인류를 남겨 두었다. 하지만 기술이 발전하면서 인류는 신과도 같이 스스로와 주변의 환경을 좌우하고 있다. 인간의 기술력은 이미 전 지구에 영향을 미칠 정도이며, 유례없는 속도로 성장하고 있다. 우리는 이러한 힘으로 무엇을 하고 싶을까? 우리는 수많은 가능한 세상들 가운데 어떤 세상을 창조하고 싶을까? 이는 인류가 완전히 새로운 상황에서 맞닥뜨리는 완전히 새로운 질문이다. 오랜 계발을 거친 지식의 범주와 도덕적 가치는 과학이 인류에게 초래한 변화를 반영해야 한다. 예컨대 사람의 신원과 특징은 화학 처방으로 바뀔 수 있다. 겉모습은 성형 수술로 바꿀 수 있으며, 우리의 취향과 견해도 마케팅, 광고, 대중 매체, 언론에 등장하는 전문가나 대변인의 영향에 노출된다. 막대한 돈과 아이디어가 투입되어 구매욕을 부추기는 한편, 사람들을 권력자의 의중으로 유도한다. 그렇다면 윤리학의 고전적인 화두, "너 자신을 알라."의 뜻은 무엇일까? 우울한 기분이나 근시가 어떤 결과를 가져오는지 고민해야 할까, 아니면 항우울제를 복용하거나 라식 수술을 받아야 할까? 베토벤은 납중독으로 사망했고, 이 질환이 창의력을 촉진했다고 전해진다. 그를 치료해야 했을까? 오늘날이었다면 분명 치료가 가능했을 것이다. 그렇다면 누가 진정한 베토벤인가? 디아벨리Diabelli 변주곡과 제9번 교향곡을 작곡한 귀머거리 천재인가, 치료를 받고 건강을 회복한 더욱 평범한 작곡가인가?

유전 공학이 발전하면서 인류 전체가 개인에 못지않은 가변적인 존재로 탈바꿈할 것이다. 우리는 이미 태아의 열등한 유전자를 탐지할 수 있고, 그 결과 유례없던 윤리적 문제가 등장했다. 기술의 발전을 감안하면 몇 십 년 후에는 탐색한 유전자를 바꿀 수 있을 것이다. 이는 곧 우리들의 자녀를 입맛에 맞게 바꿀 수 있다는 이야기다. 2세를 준비하는 평범한 사람들이 철학자, 신학자, 윤리학자들이 인간의 영역이 아니라고 생각했던 과제를 결정해야 하는 시대가 다가오고 있다. 창세기와 천지창조의 신화들 말고는 이러한 결정의 선례를 찾아보기 어렵다. 하지만 이러한 과제가 인간의 일이 되면서부터 어떤 식으로든 기준이 마련될 것이고, 이 기준이 어떻든 인간은 스스로의 모습을 바꾸고 진화의 과정을 통제할 수 있다. 이것이 바로 오늘날의 공동선에 대한 관념이 입게 될 마지막 타격이다. 명확한 목표와 취향을 지닌 합리적인 개인들로 구성된 사회의 공동선을 정의하기란 충분히 어려운 일이다. 하지만 오늘날의 개인들이 더 나은 인류로 나아가기 위한 디딤돌에 불과하고, 미래의 인류는 지금의 우리와 다르다는 사실밖에 모른다면 그러한 과제는 물로 조각상을 빚는 것만큼이나 불가능한 일이 되고 말 것이다.

10
나름의 생각

이 책에서 말하는 것은 실패담이 아니며, 아무도 예상하지 못했던 엄청난 성공담이다. 지구 위 수천 마일을 유영하며 수십억 광년 밖에 있는 은하수의 사진을 보내오는 허블 망원경과, 갈릴레오가 달 표면의 산맥과 바다, 토성의 고리를 관찰했던 원시적인 망원경 사이에는 겨우 400년이라는 시간차가 존재할 뿐이다. 오늘날의 물리학자들은 더 이상 돌을 떨어뜨리기 위해 탑 꼭대기에 오르지 않는다. 그들은 지름이 몇 미터에 이르는 원형가속기 속에 아원자를 넣고 충돌시킨다. 갈릴레오의 낙하체의 법칙(낙하체는 경과 시간에 따라 가속도가 붙는다는 법칙)은 아인슈타인의 일반상대성이론으로 설명되는 시공간의 성질에서 파생된 자그마한 편린일 뿐이다. 모페르튀는 최소작용의 원리를 창조의 청사진이라고 생각했다. 한편으로 이 원리는 대자연의 모든 비밀을 담고 있었다. 왜냐하면 물리학의 법칙은 수학적 논거로부터 도출될 수 있기 때문이다. 다른 한편으로 이 원리는 확실한

목적이 있으므로 이면에 의지가 있는 것이 분명했다. 자연적인 운동
은 이를 이끄는 보이지 않는 손이 없는데도 어떻게 "작용"의 소비를
최소화할 수 있을까? 모종의 고등한 지능이 이끌지 않는데도, 눈밭
에 흔적을 남기는 스키 선수처럼 빛이 많은 경로들 가운데 최단 경로
를 선택하는 방법은 무엇일까? 오늘날 우리는 이러한 주장이 틀렸고,
현실은 이보다 훨씬 방대하다는 사실을 알고 있다. 빛은 최단 경로로
진행하지 않으며, 자연적 운동은 작용을 최소화하지 않는다. 최소화
보다는 정상성stationarity이 운동을 올바르게 설명할 수 있는 개념이
며, 정상성을 이해하려면 복잡한 수학 공식이 필요하다. 이 개념의
적용 범위가 넓어졌다는 것에 자위하려 해도, 그 적용 범위가 일상의
경험에서는 한 발짝 물러나다 보니 뭔가 손해를 본 것 같은 느낌이다.
오늘날의 물리학과 수학은 모페르튀의 시절보다 훨씬 풍부하고 광범
위하다. 하지만 최소작용의 원리는 그대로 명맥을 유지하고 있다.(물
론 작용을 최소화한다는 개념을 작용을 정상화한다는 개념으로 교체한 발
전된 원리를 뜻한다.) 이 원리는 더 이상 대자연의 근본법칙이 아닌,
새로운 발견(그로모프의 불확정성 원리 등)을 위한 수학적 도구로 간
주되고 있다. 빛이 정상 경로를 찾기 위해 보이지 않는 손이 필요한
것은 아니며, 빛이 정상 경로를 따라 진행하는 이유는 빛이 파동으로
이루어진 데서 비롯된 사실일 뿐이다. 파동은 모페르튀보다 훨씬 앞
서 활동한 하위헌스가 제시한 법칙에 따라 진행과 간섭을 반복한다.
마찬가지로, 양자물리학의 등장은 최소작용의 원리에 확고한 근거를
제공했다. 이 내용은 파인먼이 60년 전에 지적한 것처럼, 미소 세상
에서의 물질 구조가 초래하는 거시적인 결과로 국한된다.
　최소작용의 원리는 모페르튀가 짐작한 것과는 확연히 다른 방향으

로, 하지만 훨씬 흥미로운 방향으로 끝을 맺었다. 형이상학은 사라졌으나 물리학과 수학은 더욱 심오해지고, 더욱 큰 발전을 이룰 수 있었다. 모페르튀는 이 결과에 실망했을지도 모른다. 하지만 그보다 위대했던 페르마, 하위헌스, 오일러, 라그랑주와 같은 과학자들이 대자연의 본질을 연구한 오늘날의 과학을 접했다면 전율에 휩싸였을 것이다. 한편 그들은 인간의 사회도 과학적 지식과 나란히 발전하리라 기대했을 테지만, 그렇지 않다는 사실을 알고서 대단히 실망했을 것이다. 그들이 살아 있다면 20세기의 참상을 들을 수밖에 없다. 양차 세계대전에서 희생된 수많은 사람들, 민간인들에 대한 경고 없이 두 도시를 초토화시킨 원자폭탄, 독일과 베트남에 투하된 폭탄 수백만 기, 유럽, 중동, 아프리카의 수많은 난민들, 아르메니아, 유대인, 캄보디아, 르완다에서 자행된 대학살의 이야기를 들었을 것이다. 인간의 살상은 진보된 기술과 경영 기법으로 이익을 누리듯 일종의 산업 공정으로 자리 잡은 지 오래이며, 이 특수한 산업은 다른 산업들에 비해 결코 뒤처지지 않았다. 호모 사피엔스라는 종족은 부족들의 싸움이 시작된 이후부터 아무런 진화를 이루지 못한 것 같다. 적을 공격하던 수단이 창에서 폭탄으로 바뀐 것 말고는 아무것도 바뀌지 않았다. 설상가상으로, 대량 살상을 주도하는 사람들은 최종 결과로부터 워낙 멀리 떨어져 있어 나쁘거나 이례적인 일을 벌인다는 느낌조차 갖지 못한다. 이들은 아돌프 아이히만Adolf Eichmann처럼 책상 앞에서 이러한 결정을 내린다. 한나 아렌트Hannah Arendt가 말한 '악의 평범함'은 이제 우리 곁의 현실로 자리 잡았다.

기술이 발전해도 인간을 학대하는 현실은 지속되고 있다. 두 현실 사이의 괴리는 매우 곤혹스러운 문제임이 분명하다. 사악한 창의력의 피해자 쪽에 섰던 사람들 또한 이 문제를 나 몰라라 할 수는 없다. 지난 400년간 꾸준히 쌓여 인류를 달에까지 보내는 데 성공한 엄청난 지식들이 응당 이 지구를 평화와 번영으로 이끌 것이라 생각하기 마련이다. 하지만 현실은 냉정할 뿐이다. 모든 대륙들 가운데 가장 문명이 발달했던 유럽은 두 차례 세계대전을 일으켰고 상당수의 유대인들을 살상했다. 인류는 이 비극의 교훈을 제대로 배우지 못했다. 필자가 성인이 된 이후로 지켜본 바에 따르면, 세상 곳곳에서는 사람들을 겁박하기 위한 고문을 아무렇지도 않게 자행하고 있다. 이는 남미, 아프리카, 중동의 독재국가들뿐 아니라 프랑스, 이스라엘, 미국과 같은 민주국가에서도 벌어지는 일이다. 필자가 보기에는 매우 불안한 현실이 지속되고 있다. 서로를 살상하는 더욱 효과적인 수단뿐 아니라, 더욱 효과적으로 고통을 안기고 이를 이용하는 수단을 옆에 두고 있는 것이다. 이처럼 고통을 이용하기보다는 죽음을 안기는 것이 더 자비롭게 보일 수도 있다. 9·11 사태 이후 상황은 더욱 악화되었다. 인신보호 영장이 태동한 영국에서도 이제는 고발 사유가 무엇인지, 고발자가 누구인지 모른 채로 구금될 수 있다. 국제적으로는 미국 정부가 복잡한 국제 협약에서 벗어나려는 행보를 보이고 있다. 미국은 일부 국제 협약을 강제하려는 UN헌장에서 벗어나, 위협이 될 수 있다고 생각하는 그 누구에게라도 즉각적인 군사적 행동을 취할 수 있는 예방적 타격을 주장하고 있다. 이들의 주장은 로마 제국이 실행으로 옮긴 원칙과도 비슷하다. 2000년 동안 자연 과학은 엄청나게 발전했으나, 정치학은 분명 그 정도의 발전을 이루지는 못한 것 같다.

이처럼 안타까운 상황에 절망할 수밖에 없는 걸까? 과학적 지식이 강한 자에게 더 강력한 무기를 안겨 준다면, 과학적 지식의 가치를 어디에서 찾을 수 있을까? 양자역학은 무엇을 성취해야 원자폭탄을 등장케 한 원죄를 씻을 수 있을까? 레이저, CD와 DVD플레이어 등 디지털 기술들이 삶의 한복판에 자리 잡았고, 원자력을 평화롭게 사용한다면 화석연료가 고갈되거나 지구 환경에 악영향을 끼칠 때 인류 스스로를 구할 수 있다. 이는 부인할 수 없는 사실이다. 사람들의 평균수명이 길어지고 건강도 좋아지는 등, 과거에 비해 모든 면에서 나아졌다. 하지만 오늘날의 인류는 과거의 인류에 비해 더 행복하지 못할 수 있다. 행복이란 개인의 경험과 어울리는 사람들에 따라 상대적이기 때문이다. 지금 우울하더라도, 200년 전 내 나이까지 살았던 사람이 거의 없었다는 사실로 위안을 받을 수는 없을 것이다. 이 세상을 지구촌으로 변화시킨 대중매체가 생생한 역경의 순간들을 집집마다 배달해 주기 때문이다. 지구는 오래 전부터 기근과 대학살에 시달려 왔으나, 요즘 사람들은 인터넷과 정보망을 통해 이러한 소식을 즉시 알 수 있다. 경제가 글로벌화된 것처럼 인간의 경험 또한 전 지구적인 범위로 확대되었다. 신문, 라디오, TV가 우리들의 경험을 구축하므로 행복과 안녕은 무엇을 읽고, 듣고, 보느냐에 따라 달라진다. 결국 우리는 과거에 비해 비극적인 상황을 더욱 많이 목격할 수 있다. 이라크전쟁은 나아질 기미가 없이 계속되고 있다. 이러한 상황을 늘 접한다면, 이 세상을 안전하고 행복한 세상으로 바라보기는 어려울 것이다.

보통은 과학이 인간의 수명을 연장시키고 더 나은 삶을 선사했다고 생각한다. 하지만 과학은 우리에게 살아가는 방법을 가르쳐 주지 않았다. 분명 인류는 수학에서부터 인류학에 이르기까지, 다양한 지식 분야에서 엄청난 발전을 이룰 수 있었다. 또한 과학은 각자의 규칙을 지닌 몇 가지 분야로 나뉘어 나름의 성과를 일구고 있다. 하지만 이 세상을 바라보는 통합된 시각이 등장한 것은 아니다. 실제로 대부분의 과학자들은 특정한 분야에 과도하게 특화되었다. 그들은 자신의 분야가 아닌 다른 분야에서는 문외한에 가까우며, 세상을 전체적인 시각에서 바라보지 못하는 것은 물론이다. 과학자들이 자신의 견해를 개인적인 욕심에 맞추다 보니 온갖 주장들이 난무하고, 정체가 의심스러운 기업들에 코가 꿰인 과학자들 또한 부지기수다. 달나라까지 여행했던 인류는 실망스럽게도 모든 인간이 맞닥뜨린 기초적인 질문에 답하지 못하고 있다. 나는 누구인가? 나는 무엇을 해야 하는가? 과학이 풀어낸 해답보다는 과학이 던지는 질문이 더 많아 보인다. 하지만 인간은 확실성을 추구하는 존재다. 인간은 과학에서 확실성을 찾지 못하면 종교나 이념과 같이 다른 곳에서라도 이를 찾으려 든다. 실제로 20세기 전반부는 이념의 시대로 특징되며, 그 결과는 파시즘과 공산주의가 일으킨 피의 충돌이었다. 20세기 후반부는 종교들이 세상 한가운데 등장했고, 문명의 충돌이라 불리는 유일신 종교들 사이의 분쟁으로 귀결되고 있다.

나는 이러한 태도가 아주 잘못되었다고 생각한다. 절망할 이유도 없고, 종교적 근본주의가 집단적인 파괴로 귀결되도록 방치해서도 곤란하다. 갈릴레오가 최초의 망원경으로 밤하늘을 탐구한 이래, 인간은 달에 가는 방법을 능가하는 엄청난 지식을 쌓을 수 있었다. 인간은 연구의 방법론을 습득했다. 사실에 의지하고, 이를 바탕으로 올바른 논거를 주장하는 것이 이러한 방법론의 내용이다. 사실을 정리하는 것은 그 자체가 목적이다. 이상적으로는 전통과 사회로부터 전해 내려온 모든 확실성을 의심의 잣대로 바라보며, 반복된 관찰과 실험으로 무사히 수립할 수 있는 진리를 찾아야 한다. 이러한 진리는 끝없이 뒤집히고 재검증될 수 있다. 이것이 바로 르네 데카르트가 이론화한 과학적 방법론이다. 데카르트가 1637년 집필한《방법서설 A Discourse on the Method to Orient One's Reason and to Seek Truth in Sciences》에서 명시한 것처럼, 이 방법론은 보편성을 특징으로 한다. 이 방법론은 과학에서 엄청난 성공을 거두었기에 철학에서도 쓰이지 못할 이유가 없으며, 우리의 집단적, 개인적 삶을 안내하는 원칙을 수립하는 데도 충분히 적용할 수 있다. 이것이 바로 데카르트가 시도했던 바이자, 우리가 나름의 방식대로 시도할 것들이다. 우리는 경험을 바탕으로 믿는 것을 재검증해야 한다. 우리들은 데카르트가 도달했던 일부 결론들에 스스로 도달해야 한다. 그는 자신의 방법이 특별한 도덕 또는 윤리로 귀결되지 않는다는 것을 깨닫고 받아들였다. 마치 과학이 우리들의 인생을 어떻게 살아야 할지 알려 주지 않는 것과 마찬가지다. 하지만 그는 'morale par provision'이라는 관념을 소개했다. 이는 '임시 도덕'이라는 관념으로, 더 나은 윤리 규범이 등장하기 전까지 지금의 윤리를 실천해야 한다는 관념을 의미한다. 마치 과학에서 기존의 이론이 낡은 이론이 되기 전까지 유효한 것과 마찬가지다. 달리 말하면, 과학과 마찬가지로 도덕에서도 확실하고 보편적인 진리를 찾지 못한 것은 물론 언젠가 이러한 진리를 찾을 수 있을 것 같지도 않다. 하지만 역사를 돌이켜 보면 불완전하고 덧없는 진리도 과학에 지대한 영향을 미칠 수 있다는 것이 드러났고, 윤리와 철학 또한 이와 다르게 생각할 이유가 없다. 달리 말하면, 태초부터 인류가 씨름하던 문제를 당장 해결하지 못한다고 실망하지 말라. 부분적인 해답을 불완전하지만 통용될 수 있는 이론으로 엮은 다음, 더욱 완벽한 이론을 만들어 가는 것으로 충분하다.

   필자가 여기에서 주장하는 것은 합리주의, 즉 논지나 경험으로 뒷받침되지 않는 무언가를 받아들이지 않으려는 합리주의는 고유의 힘을 간직한 채로 우리를 끝까지 끌고 갈 수 있다는 사실이다. 어찌 보면, 이는 또 다른 믿음일 수 있으며 모든 믿음과 마찬가지로 이성적이지 못할 수도 있다. 개인적으로는 이러한 이성에 대한 믿음이 부활이나 환생에 대한 믿음과는 달리 경험으로 뒷받침된다고 생각한다. 하지만 이러한 논거가 기독교인이나 힌두교인을 바꾸지는 못할 것이다. 그들이 경험을 따르려 들지 않는다면, 말하자면 그들이 합리주의자가 아니라면, 이러한 논거로 그들을 바꾸는 일은 요원할 뿐이다. 그렇다면 왜 우리는 합리주의와 과학적 방법론을 신뢰하는 걸까?

   대안이 무엇인지를 생각해 보면 첫 번째 이유를 짐작할 수 있다. 이성이 행동의 원천이어야 하고, 우리의 선택이 초래하는 결과를 고려해 이성적인 논거에 따라 결정해야 한다는 사실을 인정하지 않는다면 어떨까? 그렇다면 우리는 감정과 열정에 모든 것을 맡겨야 한다. 인간에게 비합리적인 면이 있는 것은 사실이며, 이러한 비합리성은 인간으로부터 최고의 모습을 끌어낼 수도, 최악의 모습을 끌어낼 수도 있다. 하지만 마지막으로 인간을 지배하는 것은 최악의 모습이다. 합리적 주장이 받아들여지지 않는다면 힘의 논리에 따라 해결되기 마련이며, 토론을 위한 공통된 기반이 구축되지 않는다면 어쩔 수 없이 폭력에 의지하게 된다. 칼 포퍼는 이를 다음과 같이 표현했다. "합리주의란 인류가 하나라는 믿음과 밀접하게 연관되어 있다. 일관성 있는 규칙에서 벗어난 비합리주의는 인류애에 대한 믿음을 비롯해, 그 어떤 종류의 믿음과도 결부될 수 있다. 하지만 비합리주의가 매우 다른 믿음과 쉽게 결부될 수 있다는 사실, 특히 대중과 지도자로 선출되는 부류가 따로 존재하며, 자연스럽게 자연적인 지배자와 자연적인 노예로 나뉘게 된다는 낭만적인 믿음에 굴복한다는 사실은 윤리적인 결정이 비합리주의 또는 합리주의의 선택과 결부되어 있다는 것을 보여 준다."[1] 포퍼는 다음과 같이 덧붙인다.

이성을 믿는다는 것은 우리들의 이성뿐 아니라 다른 사람의 이성을 믿는다는 것을 뜻한다. 합리주의자는 자신의 지적 능력이 다른 사람들에 비해 뛰어나다고 믿더라도 권위로 내리누르는 모든 주장을 거부할 것이다. 자신의 지력이 다른 사람에 비해 뛰어나려면(그 스스로 판단하기는 어려운 문제다.) 나와 남이 저지른 실수나 제3자의 비판으로부터 무언가를 배울 수 있어야 한다. 또한 타인을 존중하고 타인의 의견을 진지하게 받아들여야 이러한 배움을 얻을 수 있다. 합리주의자가 권위에서 비롯되는 주장을 거부하는 이유는 이러한 사실을 알고 있기 때문이다. 합리주의는 나 아닌 다른 사람들의 의견도 존중되며, 각자의 의견을 펼칠 자유가 있다는 생각과 결부되어 있다. … 궁극적으로, 합리주의는 비판의 자유, 사고의 자유를 비롯한 인간의 자유를 보호하는 사회적 제도가 필요하다는 인식과 밀접하게 연관되어 있다.

내 생각에 사람이 동물과 명확히 구분되는 이유는 이성적인 주장을 펼치는 능력 및 과학을 창조하고 이해하는 능력을 갖추었기 때문이다. 먼 미래에 만나게 될 생명체는 상식을 벗어나는 패턴으로 행동하지만, 대자연을 나름의(짐작이 불가능한) 목적에 따라 활용할 수도 있다. 스타니스와프 렘Stanislaw Lem은 《솔라리스Solaris》라는 책에서 이러한 상황을 그리고 있다. 이 책에서는 솔라리스라는 행성이 곧 생명체다. 이 행성은 자신에게 침입한 인간들을 인간이 개미를 취급하듯 다루며, 인간이 자극에 어떻게 반응하고 서로 어떻게 소통하는지를 파악하려 든다. 이 이야기는 이성의 관념을 둘러싼 심오한 질문을 제시하고 있지만 이는 어디까지나 공상과학소설일 뿐이다. 인류에게는 더욱 급한 문제가 당면해 있다. 다시 한 번 강조하지만, 인류는 다양한 상황에서 항상 이성적으로 생각하고 행동하지는 못하더라도 이성적으로 생각하는 능력을 서로 인정해야 하고, 인정할 수 있어야 한다. 이것이 바로 개개인을 이어 주는 가장 강력한 연결고리다. 현세의 과학을 한 번도 경험하지 못한 사회에서조차 이러한 역량의 흔적이 엿보인다. 클로드 레비-스트로스Claude Lévi-Strauss가 몇 번이고 지적했듯이, 인류는 모든 재료들을 종합해 지식 체계를 하나로 잇는다. 마치 전문 장비가 없는(심지어 그러한 장비가 있는 것조차 모를 수 있다.) 아마추어 잡역부들이 손에 든 도구를 어떻게든 필요에 맞춰 활용하는 것과 마찬가지다. 다양한 인간의 경험은 일정한 질서를 갖추어야 한다. 과학이 이러한 목적에 이바지하지 못한다면 인간 사회는 신화, 종교, 이념에 의지하게 될 것이다. 이러한 신념 체계를 손질하고, 지속적으로 가다듬어 명맥을 유지하고, 다양한 측면을 이어 줄 방법을 고안하고, 그들 간의 모순과 괴리를 매만지려면 상당한 지적 재치가 필요하다. 이븐 시나Ibn Sina, Avicenna의 《안전서Book of Safety》와 모세스 마이모니데스Moses Maimonides의 《당혹자에 대한 지침Guide of the Perplexed》, 토마스 아퀴나스의 《신학대전Summa Theologica》은 기독교와 아리스토텔레스 철학의 신앙 체계를 조율하기 위한 작품들이다. 이러한 책들을 집필하는 데 얼마나 고도의 지적 능력이 필요한지 생각해보면, 이 책의 저자들이 최고 수준의 지적 성취를 이룬 것만은 분명해 보인다. 이븐 시나와 마이모니데스는 무엇보다도 내과의사로 알려진 인물들이며, 의학이 그들의 업적 대부분을 이루고 있다. 실제로 그들은 당대 최고의 과학자들이었다. 그들이 지금 살아서 종과 유전자의 진화를 공부했다면, 이러한 방대한 지식의 보고로부터 어떠한 체계를 이끌어 냈을지 궁금하다.

우리는 그들을 비롯한 위대한 지성들이 후세를 향해 알려준 방향으로 나아가야 한다. 우리는 이성의 힘을 모든 예속으로부터 사람들을 해방시키는 데 사용해야 한다. 이러한 예속은 대자연의 힘과 인간의 압제에 대한 예속 모두를 포함한다. 필요한 것은 용기다. 스스로 생각한 것보다는 들은 것을 받아들이기가 훨씬 쉽다. 임마누엘 칸트는 다음과 같이 기술하고 있다. "대자연이 그토록 많은 사람들을 외부의 규범으로부터 해방시켰는데도, 그들의 인생은 나태와 겁 때문에 아직까지도 예속에서 벗어나지 못하고 있다. 따라서 남들이 가정교사처럼 행세하기가 더욱 더 쉬워진다."[2] 하지만 해결책 또한 우리 곁에 있다. 게오르크 크리스토프 리히텐베르크Georg Christoph Lichtenberg는 다음과 같이 말한다. "그래요, 여러분. 내 신발을 내가 직접 만들 수는 없어요. 하지만 내 철학만큼은 다른 사람에게 맡기지 않을 겁니다." 해결책을 골라 주는 사람들은 매우 어려운 작업이라 생각하기 바라겠지만, 중요한 문제라 해도 내 생각에 따라 의사를 결정하는 것은 그다지 어려운 일이 아니다. 노엄 촘스키는 다음과 같은 주장을 강력히 펼쳤다. "나는 사회적 이슈에 대한 분석을 과학적 문제와 연관 짓지 않을 것이다. 과학적 문제들을 제대로 다루려면 특화된 기술적인 훈련 및 지적인 참고안이 필요하다. 이념을 분석하려면, 사실을 바로 보며 논거를 도출하는 것으로 충분하다. 오직 '세상에서 가장 상식적인 것'을 찾는다는 데카르트적 사고가 필요할 뿐이다. … 열린 마음으로 사실을 바라보고, 가정을 점검하고, 그에 따른 논거를 바탕으로 결론을 도출하는 것이 데카르트의 과학적 접근 방식이다. 이것으로 충분하며, 존재하지도 않는 '깊이'를 탐험하려는 비밀스러운 지식은 필요 없다."[3]

　물론, 정부의 힘을 사적인 이익으로 전용하려는 사람들은 공공정책을 대중들의 관심에서 배제시켜 스스로를 방어하려 든다. 과거에는 초인간적인 합법성을 부여해 지배자들을 윤리의 수호자, 전쟁의 지도자, 지상에 내려온 신의 대리인으로 형상화했다. 그들의 행동을 비판한다는 것은 그들이 대변하는 고도의 가치를 비판하는 것이나 다름없었다. 더욱 교묘한 방법이지만, 전지구적인 문제를 평범한 사람들이 감당하기 어려운 것처럼 가장할 수도 있다. 전문가들의 심오한 지식이 필요하다는 이유를 들 수도 있고, 평범한 사람들은 정치인처럼 생각이 명확하지 않거나 공동선을 위해 헌신하지 않는다는 이유를 들 수도 있다. 하지만 이러한 이야기는 어불성설이다. 지구 온난화를 이해하는 것만큼 복잡한 일도 없으나, 평범한 시민들은 정치보다는 지구 온난화를 훨씬 더 걱정하고 있다. 또 다른 방법으로, 사적 이해관계를 고상한 이상으로 포장할 수 있다. 늘 그렇지만, 약소민족의 땅을 침범하고 자원을 빼앗기 위해 군대를 파병하면서 종교나 문명이라는 명분을 내세워 탐욕을 포장한다. 여기에 깃든 동기는 미사여구로 행동의 진실을 가릴 수 있는 무한한 능력, 인간 정신의 풍부한 상상력에 바치는 찬사일지도 모른다. 과거에는 이교도의 영혼을 구원하려 들었으나, 오늘날에는 민주주의를 안겨 주고 폭압 체제에서 해방시키려 든다는 명분을 내세운다. 때로 필자는 로베르트 무질Robert Musil의 《특성 없는 남자The Man without Qualities》에 나오는 주인공과 같은 심정에 휩싸인다. 이 책에서 주인공은 "감수성, 이상, 종교, 숙명, 인류애, 미덕을 최후의 악으로 바라본다. 그는 우리 시대가 몹시 무감각하고, 물질적이고, 비종교적이고, 비인간적이고, 타락했다는 사실을 그 이유로 들었다."

감수성이 윤리적 행위를 보장하지는 않는다. 이교도들을 우리의 종교나 삶의 방식으로 끌어들이기 위해 군대를 동원하는 현실을 보라. 도덕률의 세상에서는 대자연의 법칙이 지배하는 세상과 마찬가지로 과학적 방법만이 안전할 따름이다. 여기에서 포퍼의 말을 다시 한 번 상기해 보자.

이와 반대로, 추상적인 윤리적 결단을 내릴 때마다 선택 가능한 대안들이 어떤 결과를 초래하는지 자세히 검토해야 한다. 현실을 배경으로 자세히 그려보지 않고서는, 어떤 결과를 초래하는지 모른 채 까막눈으로 결정을 남발하게 된다. 쇼Shaw의 《성녀 조안 Saint Joan》에 나오는 구절을 인용해 보자. 여기에서 채플린은 조안을 처형하라고 강력히 요구했으나, 형의 집행이 목전에 다가오자 극심한 혼란에 휩싸인다. "악의는 없었어…. 이렇게 될지 몰랐어…. 내가 뭘 하는지도 몰랐어…. 만약 알았다면, 그들의 손아귀에서 그녀를 빼냈을 거야. 당신은 몰라. 본 것도 아니잖아. 모르니까 쉽게 말할 수 있는 거야. 오직 남의 말만 듣고서 스스로를 분노로 몰아간 거야. 하지만 뼈저리게 느끼는 순간, 당신이 무슨 짓을

했는지 깨달을 테지. 눈이 멀고, 숨구멍이 막히고, 심장이 갈기갈
기 찢기는 고통 속에서 오열하게 될 거야. 이렇게 말이지. 오, 신이
시여. 이 장면을 저에게서 거두어 주십시오!" 물론 쇼의 연극에서
는 자신이 하는 일이 무엇인지 정확히 알고서 결정을 내리고, 훗날
후회하지 않는 사람들도 등장한다. 동료들이 화형당하는 장면을
혐오하는 사람들도 있고, 그렇지 않은 사람들도 있다. 이러한 내용
이(빅토리아 시대의 낙관주의자들이 간과한 부분이다.) 중요한 이
유는 다음과 같은 사실을 알려 주기 때문이다. 어떠한 결과를 가져
오는지 이성적으로 분석했다는 이유만으로 결정 자체가 이성적이
었다고 말하기는 어렵다. 결정의 몫을 부담하는 주체는 우리들 자
신이다. 하지만 구체적인 결과와 다양한 '상상'을 뚫고 드러나는
생생한 현실을 분석해 보면, 두 눈으로 내리는 결정과 까막눈으로
내리는 결정의 차이가 명확히 드러난다. 우리가 까막눈으로 결정
을 남발하는 이유는 상상력을 극도로 자제하기 때문이다. 이는 현
학적인 철학에 취한 자들이 특히 새겨들어야 할 부분이다. 현학적
인 철학이야말로, 쇼의 표현을 빌리자면, 남의 말만 듣고서 스스로
를 분노로 몰아갈 가장 강력한 방편에 속하기 때문이다.[4]

진리를 찾으라, 진리가 너희를 자유롭게 할 것이다. 이 말은 철학
자체만큼이나 오래된 격언이다. 하지만 과학이야말로 진리의 얼개를
가르쳐 주었다. 물론 숭고한 권위나, 우리를 전통으로부터 내려온 보
편적인 진리를 뜻하는 것은 아니다. 이는 엄청난 노력을 들여 조금씩
정복해 온 파편화된 진리일 뿐이며, 이러한 진리들 하나하나가 그토
록 소중한 이유는 각각의 진리들을 너무나 힘들게 깨달았기 때문이

다. 유명한 오토 노이라트Otto Neurath의 비유를 인용해 보자. "인류는 망망대해에서 배를 뜯어고치는 선원들과도 같다. 처음부터 다시 출발할 방법은 어디에도 없다. 철심을 뽑아낸 자리에는 새로운 철심을 반드시 끼워 넣어야 한다. 하지만 새로운 철심을 조달하려면 선체 속에서 뽑아내야 한다. 배는 기존의 철심과 목재를 활용해도 완전히 새로운 모양으로 탈바꿈하나, 단번에 바꿀 수는 없으며 조금씩 바꿔나가야 한다."[5] 공해를 떠도는 바보들의 배는 종종 인간의 자화상으로 비추어진다. 모든 철심을 시험해 보지 못한 것은 물론, 설계는 이상적인 형태와 동떨어져 있다. 우리의 결정을 의지하는 지식의 틀이 과학적 지식만으로 구성된 것은 아니며, 아는 것, 생각하는 것, 할 수 있는 것을 일관된 틀로 맞추기는 시기상조다. 이러한 틀이 필요하지만, 아직 우리 곁에 없는 것이 안타까울 뿐이다. 그렇다고 진리를 양보할 필요는 없다. 모리스 메를로-퐁티Maurice Merleau-Ponty가 말한 것처럼, "철학자라고 해서 자신이 본 것 이상을 알 수 있다거나, 확신하기 어려운 것을 가르치리라 기대할 수는 없다. 사람들의 열망을 평계로 삼아서는 곤란하다. 불확실한 진리와 애매한 자세로 사람들을 인도할 수는 없으니까."[6] 이처럼 지식인이 가장 우선해야 할 의무는 진리를 말하는 것이다.

이는 무질이 소설 속의 주인공이자 수학자였던 울리히를 두고 묘사한 내용과 일맥상통한다. 이 부분은 필자가 말하려는 바를 매우 잘 요약해 준다.

니체의 말을 빌리면, 그는 "진리를 향한 영혼의 목마름이 없는" 사람들을 증오했다. 그들은 진리 앞에서 주저하고, 토론을 피하고,

편한 것만 찾으며, 영혼을 동화로만 채우려 들고, 따뜻한 우유 속에 담긴 빵조각 같은 종교적, 철학적, 공상적 감성만을 마음의 양식으로 삼으면서 지성이 양식으로 삼는 것은 빵이 아니라 돌이라고 위선을 떠는 족속들이다. 그의 견해는 다음과 같이 요약된다. 이 시대의 우리는 모든 인류와 더불어 여행을 떠난 것이고, 자신감으로 무장해 모든 쓸모없는 질문에 "아직은 시기상조"라 대답해야 한다. 우리는 사람들의 일생을 덧없는 법칙에 따라 인도하는 수밖에 없지만, 이러한 과정에서도 우리의 후손들이 성취할 목표를 늘 염두에 두어야 한다. 과학이 일궈 온 사고는 명료하고도 생생한 지적 능력이 뒷받침한다. 이러한 사고 덕분에 오랜 형이상학적, 윤리적 설명을 더 이상 용납하기가 어려워졌다. 비록 그 자리를 대신할 것이 막연한 희망뿐이더라도, 언젠가는 지성의 정복자들이 정신적 풍요의 계곡에 안착하는 날을 맞게 될 것이다.

부록 1

볼록한 당구대의 단축 찾기

당구대의 장축에서부터 시작해 보자. 장축은 AB선분이며, A와 B 사이의 거리는 당구대의 두 점이 이룰 수 있는 최대 거리다. 당구대의 상단부에 M_1점을 찍고(AB선분의 윗단), 하단부에는 M_2점을 찍는다.(AB선분의 아랫단) AM_1의 길이를 x로, BM_2의 거리를 y로 표시해 보자.

x와 y가 변하면 M_1M_2선분 또한 움직인다. x의 최소값은 0이며 ($x=0$, 이 때 M_1은 A점에 놓이게 된다.) A와 B 사이의 거리를 d로 표시한다. x의 최대값은 d이며($x=d$, 이 때 M_1은 B점에 놓이게 된다.) y의 최대값 또한 d ($y=d$, 이 때 M_2는 A점에 놓이게 된다.)다. 여기에서 (x, y)로 M_1M_2선분의 위치를 표시할 수 있다.

$(x=0, y=0)$이면, M_1M_2선분은 AB선분 위에 있다.

$(x=0, y=1)$이면, M_1M_2선분은 AA선분 위에 있다.

$(x=1, y=0)$이면, M_1M_2선분은 BB선분 위에 있다.

$(x=1, y=1)$이면, M_1M_2선분은 BA선분 위에 있다.

위 네 가지 사례에서 A와 B 사이의 거리는 쉽게 알 수 있다.

$(x=0, y=0)$이면, M_1과 M_2 사이의 거리는 d이다.

$(x=0, y=1)$이면, M_1과 M_2 사이의 거리는 0이다.

$(x=1, y=0)$이면, M_1과 M_2 사이의 거리는 0이다.

$(x=1, y=1)$이면, M_1과 M_2 사이의 거리는 d이다.

더 일반화하면, $f(x, y)$ 함수를 M_1과 M_2 사이의 거리로 정의할 수 있다. 여기에서 AM_1의 길이는 x, AM_2의 길이는 y다. 위 수식을 간단히 정리하면 다음과 같다.

$f(0, 0) = d$

$f(0, 1) = 0$

$f(1, 0) = 0$

$f(1, 1) = d$

$0 \leq x \leq d$, $0 \leq y \leq d$인 직사각형 위에 $f(x, y)$ 함수를 도시하면, 대각선의 양끝, 즉 $(x=0, y=0)$과 $(x=1, y=1)$의 위치에 맥시마가 생기는 것을 알 수 있다. 이는 그래프의 두 모퉁이에 봉우리가 하나씩 존재한다는 사실을 뜻하며, 섬의 사례에서 도출한 일반 정리에 따르면 직사각형 어딘가에는 산고개가 존재해야 한다. 산고개의 위

치를 $(x=a, y=b)$로 표시해 보자. A점으로부터 a만큼 떨어진 곳에 M_1을 표시하고, B점으로부터 b만큼 떨어진 곳에 M_2점을 표시하면 우리가 찾고 있던 두 번째 지름을 얻을 수 있다.

이러한 두 번째 지름이 거리를 최대화하거나, 최소화하지 않는다는 사실을 주목하라. 또한 두 번째 지름은 여럿일 수 있으므로 고개의 수 또한 하나로 국한되지 않는다는 사실을 유념해야 한다. 네 귀퉁이를 둥글게 깎아낸 직사각형 모양의 당구대에서 이러한 현상이 발생할 수 있으며, 이러한 경우 네 가지 지름이 존재할 수 있다. 그래프의 봉우리에 상응하는 두 장축, 그래프의 고개에 상응하는 두 단축이 바로 이 네 가지 지름에 해당한다.

일반적인 체계에서의 정상작용의 원리

고전역학의 가장 단순한 체계는 당구공 하나가 돌아다니는 당구대다. 쿠션에의 첫 충돌이 당구공의 모든 움직임을 결정한다. 말하자면, x와 y의 조합 (x, y)에 따라 당구공의 모든 움직임이 결정되는 것이다. 여기에서 x는 쿠션에의 충돌점을, y는 입사각을 나타낸다. 여기에서 당구대의 최초 상태를 (x, y)로 표시해 보자.

일반화된 체계라면 더욱 많은 변수가 필요하다. 예컨대, 강체는 움직이면서 회전이 발생한다. 특정한 시점에서의 강체의 상태를 표시하려면 10가지 변수가 필요하다. 세 가지 변수는 중심점의 위치를, 두 가지 변수는 회전축의 방향을, 세 가지 변수는 중심점의 속도를, 마지막 두 가지 변수는 회전 속도와 축의 변위를 표시한다. 고전역학에서는 변수들의 값으로 해당 체계의 모든 상태를 표시할 수 있다. 여기에서 변수의 개수는 짝수를 이룬다. 예컨대 $(x_1, y_1, \cdots, x_n, y_n)$으로 표시한다면 변수 x_n은 위치를, 변수 y_n은 속도를 나타낸다. 위상 공간이라 불리는 $2N$차원의 공간 속에서는 이 수식을 따라 한 점에 대한 정보를 나타낼 수 있다. 여기에서 자유도라 불리는 숫자 N은 복잡한 체계라면 상당히 큰 값을 지닐 수 있다. 특정한 체계의 운동을 묘사하려면 한 가지 요소가 더 필요하다. 이 요소는 위상 공간에서의 H함수라 불린다. H함수, 즉 $H(x_1, y_1, \cdots, x_n, y_n)$ 수식으로 도출되는 값은 $(x_1, y_1, \cdots, x_n, y_n)$ 상태의 '에너지energy'라는 용어로 불리고 있다. 위상 공간과 에너지는 해당 체계와 관련된 모든 정보를 담고 있다. 이러한 정보를 발견했다면 운동방정식을 도출할 수 있다.(하지만 이 방정식을 풀지는 못할 것이다.) 이러한 방정식들은 미분 방정식이며, $t = 0$인 상태가 주어진다면 일정한 시간이 흐른 상태를 미리 알 수 있다.

여기에서 가장 놀라운 것은, 이러한 방정식들이 보존량을 가진다는 사실이다. 무슨 말인즉, 운동 과정을 통틀어 에너지값은 초기값으로 고정되어 있다. 이 초기값을 h로 표시해 보자. 그렇다면 운동의 궤적은 위상공간에서의 초곡면 S를 이루는 $H(x_1, y_1, \cdots, x_n, y_n) = h$의 집합 속에 완전히 포함된다. 달리 말하면, 일정한 에너지 수준에서 시작하는 궤적은 항상 그 에너지 수준을 유지한다. 이러한 궤적 가운데 일부는 닫힌 궤적일 수 있으며, 특정 체계의 주기 운동을 따를 것이다.

초곡면 S 위에 그린 닫힌 곡선에 일정한 숫자를 대응시킬 수 있다. 이 숫자는 해당 곡선을 따르는 작용action을 의미한다. 모페르튀의 원리에서는 작용을 정상으로 만드는 닫힌 곡선들이 해당 체계의 궤적이라고 주장한다. 말하자면, 이러한 궤적들은 운동방정식을 충족한다. 그 이후 이러한 정상 곡선의 존재를 입증하는 일이 중요한 과제

310

로 부상했다. 1986년에 이르러 클로드 비테르보Claude Viterbo가 마침내 이를 입증하는 데 성공했다. 그의 업적 덕분에 지금 우리는 일반적인 상황에서 적용 가능한 주기적 해법을 얻을 수 있었다.

비테르보의 방법은 볼록한 당구대의 단축을 발견하기 위해 사용했던 방법과 관념적으로는 비슷하다.(하지만 기술적으로는 확연히 다르다.) 비테르보의 발견 이후 필자와 호퍼는 일반적인 체계에서 지름을 정의하는 방법을 떠올릴 수 있었다. $H(x_1, y_1, \cdots, x_n, y_n) = h$ 방정식으로 정의되는 초곡면 S를 생각하면 된다. 비테르보의 발견에 따르면 S는 최소한 한 개 이상의 닫힌 궤적으로 구성되나, 실제로 S를 구성하는 닫힌 궤적들의 수는 무한에 가깝다. 각 궤적의 작용량에 따라 모든 궤적들을 순서대로 나열한다. 작용량의 최소값을 S의 "최초 지름", 그 다음 값을 S의 "두 번째 지름"으로 부르며, 이 방식에 따라 계속 이름을 붙여 나갈 수 있다.

이러한 지름들은 놀라운 성질을 지닌다. 당구대의 경우 지름은 두 개뿐이다. 큰 지름 L과 작은 지름 l이다. 이제 당구대를 두 개로 늘려 보자. 제1당구대의 지름은 L_1과 l_1, 제2당구대의 지름은 L_2와 l_2다. 제1당구대가 제2당구대 속에 들어간다면 제1당구대의 두 지름은 제2당구대의 두 지름보다 작아야 한다. 즉, $L_1 < L_2$, $l_1 < l_2$가 되는 것이다. 더욱 일반적인 체계의 "지름"에서도 같은 성질이 적용될 수 있다.

이것이 바로 그로모프의 불확정성 원리를 푸는 비결이다. 실제로 $(x_1, y_1, \cdots, x_n, y_n)$ 주변의 불확정성 영역은 수학적으로 에너지 수준과 구분하기가 불가능하다. 영역의 경계는 초곡면 S와 동일하다. 필자는 이러한 사실을 만족스럽게 설명할 수 있는 물리학적 해석을 찾지 못했다. 하지만 수학적 해석만큼은 명확하다. 불확정성 영역에는 에너지 수준과 같은 "지름"이 존재한다. 이러한 지름들을 올바로 활용한다면 제2불확정성원리의 증거를 찾을 수 있다. 이는 그로모프의 정리와는 다르며, 정상작용의 원리와 밀접하게 연관되어 있다.

주

1장_____

1 *Discorsi*(Leyden: Elsevier, 1638), second day.
2 *History of the Roulette*(1658).

2장_____

1 *Il saggiatore*(1623), chap. 6.
2 Wigner, "On the Unreasonable Effectiveness of Mathematics in the Natural Sciences," *Communications in Pure and Applied Mathematics* 13(1960): 1-14.
3 *Discours de la méthode*(1637), chap. 1.
4 Scene 10.
5 앞으로 "등속"은 "일정한 속도로 움직이는 것", "선형"은 "직선을 따라 움직이는 것", 그리고 "원"은 "원을 따라 움직이는 것"을 가리킨다.
6 "관성 운동"이라 불린다.
7 케플러 3 법칙: 행성의 궤도운동 주기의 제곱은 행성궤도의 장반경의 세제곱에 비례한다.(태양까지의 거리에 K를 곱하면 1년의 길이는 $K^{3/2}$씩 늘어난다.)
8 "Scholium generale", 《프린키피아》 제2판(1713)에 부가됨.
9 www.newtonproject.ic.ac.uk를 보라.
10 *Phaedo*, 98.
11 Annie Bitbol-Hesperies and Jean-Pierre Verdet, eds., *Le monde, l'homme* (Paris: Editions du Seuil, 1996), conclusion.
12 1686년 7월 14일자 아놀드에게 쓴 편지.
13 "The Babel Library," from *Fictions*, 1944.

14 "Life-sustaining Planets in Interstellar Space?" *Nature* 400(1999): 32.

15 Translations by Paul Schrecker and Anne Martin Schrecker, in *Monadology and Other Philosophical Essays*(Indianapolis: Bobbs-Merrill, 1965).

3장_____

1 November 10, 1619; "Ut comoedi, moniti ne in fronte appareat pudor, personam induunt sic ego hoc mundi teatrum conscensurus, in quo hactenus spectator exstiti, larvatus prodeo." *Cogiationes Privatae*(1619), in *Oeuvres de Descartes*, ed. C. Adam and P. Tannery (Paris, 1897-1913), 10:213.4-6.

2 데카르트는 일생의 대부분 네덜란드에서 활동했고, 스웨덴에서 세상을 떠났다.

3 *Rules for Directing the Mind*; rule 1. 이 책은 1701년에 출판되었으나, 집필된 시점은 1628년으로 추정된다.

4 *Principles of Philosophy*(1644).

5 Pierre Bayle에게 보내는 편지, February 26, 1693.

6 현대식 테니스는 없었지만 그 조상격인 롱그폼 longue paume이 데카르트가 살던 시절에 유행했다. 지금도 많이 하는 라켓스포츠이다.

7 P. Tannery and C. Henry, eds., *Oeuvres de Pierre de Fermat* (Paris: Gauthier-Villars et fils, 1891-1894).

8 *Essay on Moral Philosophy*(1741).

9 모페르튀는 브르타뉴 북쪽의 생 말로에서 태어났다.

10 그리스어로 명예애(love of honors).

11 그리스어로 권력애(love of power).

12 Voltaire, *Histoire du Doctor Akakia et du natif de Saint-Malo* (Paris: A. G. Nizet, 1967).

13 위와 같음.

14 Ernst Mach, *Die Mechanik in ihrer Entwicklung historisch-kritisch dargestellt* (Leipzig: Brockhaus, 1883); 영문 번역은 Thomas J. McCormick, *The Science of Mechanics: A Critical and Historical Exposition of Its Principles* (Open Court, 1893).

15 *Analytical Mechanics*(1788), 179.

16 우리가 방금 살펴본 구의 사례.

17 *Lectures on Dynamics*(1866).

18 *Method to Find Curves Which Are Maximizing or Minimizing*.

19 "On a general Method of Expressing the Paths of Light, and of the Planets, by the Coefficients of a Characteristic Function," *Dublin University Review* (1833).

20 *Lectures on Dynamics*.
21 *Tractatus logico-philosophicus*(1921).

4장_____
1 1806년은 오스트리아 황제인 합스부르크의 프란츠 2세가 신성 로마 황제 칭호를 포기한 해이다.

5장_____
1 러시아 수학자 L. A. Lyusternik와 L. Schnirel'man의 선구적인 업적이 효시가 되어 이 이론이 정립되었다.
2 이 공식은 오일러에서 시작되어 모스에서 마무리될 정도로 오랜 역사를 자랑한다.
3 정류점의 정의를 알려면 제4장을 참조할 것.
4 우리가 찾는 것 이상을 발견했는지도 모른다. 실제로 산고개 이론에 따르면 이 섬에는 최소한 한 개 이상의 경로가 존재한다. 하지만 이미 살핀 것처럼 이 경로는 한 개가 아닌 여러 개다. 이러한 경우 각 경로는 M_1M_2선분이 모서리, 말하자면 당구대의 단축과 수직을 이루는 M_1점, M_2점에 대응한다. 아울러 길이가 다른 단축 몇 개가 존재할 수 있고, 이러한 단축은 각 경로들의 높이에 대응한다. 여기에서는 봉우리도 두 개 이상일 수 있고, 각 봉우리는 당구대의 장축에 대응한다. 따라서 길이가 다른 장축 몇 개가 존재할 수 있고, 이러한 장축은 각 봉우리들의 높이에 대응한다. 예컨대 모퉁이를 둥글게 깎은 마름모꼴 당구대를 생각해 보라. 이 당구대는 장축 두 개와 단축 두 개를 갖게 된다.

7장_____
1 하지만 오늘날에는, 다윈이 주장하지 않았던 유전 형질의 임의 돌연변이를 뒷받침할 실체적인 증거가 존재한다.
2 A. Barkai and C. McQuid, "Predator-prey role reversal," *Science* 242(4875)(October 1988): 62-64.
3 *The Origin of Species*(London: John Murray, 1859), chap. 6.
4 *A Wonderful Life*(New York: W. W. Norton, 1989), chap. 3.
5 위와 같음, epilogue.
6 위와 같음.
7 Tucydides, *History of the Peloponnesian War*, trans. Charles Forster Smith, Loeb Classical Library(Cambridge: Harvard University Press, 1956-1959), 1.67-87.
8 *Ricordi*(1512-1530), ed. G. Masi(Milan: Mursia, 1994), 176.
9 위와 같음, 82.

8장_____

1 *Contingency, Irony, and Solidarity*(Cambridge: Cambridge University Press, 1989), 3.
2 S. E. Finer, *The History of Government from the Earliest Times*(Oxford: Oxford University Press, 1997), 316.
3 *History of the Peloponnesian War*, 1. 23.
4 *History of Italy*(1537-1540), 1. 1.
5 *History of the Peloponnesian War*, 1. 22.
6 *History of Italy*, 1. 1.
7 *Ricordi*, 1.
8 *Julius Caesar*, 3막 2장.
9 *Thoughts*(1670), frag. 295.
10 위와 같음, frag. 296.
11 *Oraculo manual y arte de la prudencia*(1647), frag. 99.
12 *The Prince*(1515), in *Oeuvres complètes*(Paris: Gallimard), chap. 20.

9장_____

1 W. Leininger, "The Fatal Vote: Berlin versus Bonn", *FinanzArchiv* N.f. 50.1(1993):1-19.
2 *Thoughts*, frag. 320.
3 위와 같음, frag. 230.

10장_____

1 Karl Popper, *The Open Society and Its Enemies.* 4th ed. rev.(Princeton, NJ: Princeton University Press, 1962), chap. 24.
2 Kant, "Was heisst:sich im Denken orientiren?" *Berlinische Montatsschrift* 8(1786년 7월-12월).
3 *Dialogues avec Mitsou Ronat*(Paris: Flammarion, 1977).
4 *The Open Society and Its Enemies.* chap. 24.
5 *Anti-Spengler*(Munich, G. D. W. Callwey, 1921).
6 *Eloge de la philosophie: Leçon inaugurale faite au Collège de France*(Paris: Gallimard, 1953).

322

가능한 최선의 세계

초판 1쇄 발행 | 2016년 8월 10일
초판 2쇄 발행 | 2017년 9월 8일

지은이 | 이바르 에클랑
옮긴이 | 박지훈
펴낸이 | 이은성
편　집 | 이채영, 김영랑, 고정용
디자인 | 백지선
펴낸곳 | 필로소픽

주　소 | 서울시 동작구 상도동 206 가동 1층
전　화 | (02) 883-3495
팩　스 | (02) 883-3496
이메일 | philosophik@hanmail.net
등록번호 | 제 379-2006-000010호

ISBN 979-11-5783-048-0 93400

필로소픽은 푸른커뮤니케이션의 출판브랜드입니다.

이 도서의 국립중앙도서관 출판시도서목록(CIP)은 서지정보유통지원시스템 홈페이지(seoji.nl.go.kr)와
국가자료공동목록시스템(www.nl.go.kr/kolisnet)에서 이용하실 수 있습니다. (CIP제어번호: CIP2016015833)